四川歷史
名人叢書

文獻系列

LITERATURE SERIES

∞

《数書九章》校正彙考

吴洪澤　整理

巴蜀書社

圖書在版編目(CIP)數據

《數書九章》校正彙考/吳洪澤整理. —成都:巴蜀書社,
2022.12
    ISBN 978-7-5531-1867-3

    Ⅰ.①數… Ⅱ.①吳… Ⅲ.①古典數學-中國-南宋
Ⅳ.①O112

中國國家版本館 CIP 數據核字(2023)第 003975 號

SHUSHUJIUZHANG JIAOZHENG HUIKAO

《數書九章》校正彙考

吳洪澤 整理

責任編輯 陳 禮
出 版 巴蜀書社
        成都市錦江區三色路 238 號新華之星 A 座 36 層
        郵編 610023   總編室電話:(028)86361843
網 址 www.bsbook.com
發 行 巴蜀書社
        發行科電話:(028)86361852
經 銷 新華書店
照 排 成都完美科技有限責任公司
印 刷 成都新恒川印務有限公司
        電話:(028)85412411
版 次 2022 年 12 月第 1 版
印 次 2022 年 12 月第 1 次印刷
成品尺寸 240mm×170mm
印 張 29.5
字 數 450 千
書 號 ISBN 978-7-5531-1867-3
定 價 128.00 圓

振興 2035 行動計劃"儒釋道融合與創新"項目

四川大學古籍整理與經典文獻研究中心成果

"四川歷史名人叢書" 總序

——傳承巴蜀文脈，讓歷史名人 "活" 起來

文化是民族的血脈，是哺育民族成長壯大的乳汁，是一個國家、一個民族的靈魂，文化興國運興，文化強民族強。從十八大到十九大，習近平總書記以政治家的戰略眼光，以唯物主義的科學態度，從中華文化的思想內涵、道德精髓、現代價值和傳承理念等方面多維度、系統化地闡述了對待中華文化的根本態度和思想觀點。他將中華優秀傳統文化提升到 "中華民族的基因" "民族文化血脈" "中華民族的根和魂" 和 "中華民族的精神命脈" 的嶄新高度，指出 "一個國家、一個民族不能沒有靈魂"，"優秀傳統文化是一個國家、一個民族傳承和發展的根本，如果丟掉了，就割斷了精神命脈"，要 "加強對中華優秀傳統文化的挖掘和闡發"，從傳統文化中提取民族復興的 "精神之鈣"，"對歷史文化特別是先人傳承下來的道德規範，要堅持古爲今用、推陳出新，有鑒別地加以對待，有揚棄地予以繼承"，努力實現傳統文化的 "創造性轉化、創新性發展"。總書記的一系列著名論斷，從中華民族最深沉精神追求的深度、國家戰略資源的高度、推動中華民族現代化進程的角度，把中華文化的發展提升到一個新高度，升華到一個新境界，推向了一個新階段。

中華文化源遠流長，積澱着中華民族最深層的精神追求，是中華民族獨特的精神標識，爲中華民族生生不息、發展壯大提供了豐厚滋養。滄海桑田，古印度、古埃及、古巴比倫文明早已成爲陽光下無言的石柱，而中華文明至今仍然噴湧着蓬勃的生機。四川作爲中華文明的重要發源地之

一，歷史文化源通流暢、悠久深厚。舊石器時代，巴蜀大地便有了巫山人和資陽人的活動。新石器時代，巴蜀創造了獨特的灰陶文化、玉器文化和青銅文明。以寶墩文化爲代表的古城遺址，昭示着城市文明的誕生；三星堆和金沙遺址，展示了古蜀文明的不同凡響；秦并巴蜀，開啓了與中原文化的融通。漢文翁守蜀，興學成都，蜀地人才濟濟，文章之風大盛。此後，四川具有影響力的文人學者，代不乏人。文學方面，漢司馬相如、王褒、揚雄，唐陳子昂、李白，宋蘇洵、蘇軾、蘇轍，元虞集，明楊慎，清李調元、張問陶，現當代巴金、郭沫若等，堪稱巨擘；史學方面，晉陳壽、常璩，宋范祖禹、張唐英、李燾、李心傳、王稱、李攸等，名史俱傳。此外，經過一代代巴蜀人的篳路藍縷、薪火相傳，還創造了道教文化、三國文化、武術文化、川酒文化、川菜文化、川劇文化、蜀錦文化、藏羌彝民族風情文化等，都玄妙神奇、浩博精深。瑰麗多姿的巴蜀文化，是中華文化的重要組成部分，有着鮮明的地域特徵和獨特的文化品格，是四川人的根脉，是推動四川文化走向輝煌未來的重要基礎。記得來路，不忘初心，我們要以"爲往聖繼絕學"的使命擔當，擔負起傳承歷史的使命和繼往開來的重任，大力推動巴蜀文化的傳承、接續與轉生，讓巴蜀文化的優秀基因代代相傳，"子子孫孫無窮匱也"。

四川歷史文化異彩獨放，民族文化絢麗多姿，紅色文化影響深廣，歷史名人燦若星辰，這是四川建設文化强省重要的文化資源。四川省委、省政府秉持高度的文化自覺和文化自信，藉助四川文化資源富集的優勢，持續深入推進文化强省建設，先後出臺《四川省"十三五"文化發展規劃》《關於傳承發展中華優秀傳統文化的實施意見》《建設文化强省中長期規劃綱要》等一系列戰略規劃及措施，大力推進古蜀文明保護傳承、三國蜀漢文化研究傳承、四川歷史名人傳承創新、藏羌彝文化保護發展等十七項優秀傳統文化傳承發展工程，着力構建研究闡發、保護傳承、國民教育、宣傳普及、創新發展、交流合作等協同推進的文化發展傳承體系，不斷探索傳承守護中華文脉的四川路徑。

　　"四川歷史名人文化傳承創新工程"是四川啓動最早、影響最廣的一項文化工程。自 2016 年 10 月提出方案，經過八個多月的論證調研、市（州）申報、專家評審，最終確定大禹、李冰、落下閎、揚雄、諸葛亮、武則天、李白、杜甫、蘇軾、楊慎爲首批十位四川歷史名人。這十位歷史名人，來自政治、文化、科技、藝術等多個領域，他們是四川歷史上名人巨匠的首批傑出代表，各自在自己專業領域造詣很高，貢獻傑出：李冰興建都江堰，功在千秋；落下閎創製《太初曆》，名垂宇宙。李白詩無敵，東坡才難雙；諸葛相蜀安西南，杜甫留詩注千家。大禹開啓中華文明，則天續唱貞觀長歌。揚雄著述稱百科全書，千古景仰；升庵文采光輝耀南國，萬世流芳。

　　十大名人之所以值得傳頌，不僅在於他們具有雄才大略、功勛卓著、地位崇高、聲名顯赫，更在於他們身上所承載的思想理念、人文精神、氣質風範、文化品格等，是中華民族和巴蜀文化的集中表達。大禹公而忘私、爲民造福的奉獻精神，李冰尊崇自然、求真務實的科學態度，落下閎潛心研究、孜孜不倦的探求意志，揚雄悉心著述、明辨篤行的學術追求，諸葛亮寧靜淡泊、廉潔奉公的自律品格，武則天巾幗不讓鬚眉的豪邁氣概，李白"直掛雲帆濟滄海"的博大胸懷，杜甫心繫蒼生、直陳時弊的憂患意識，蘇軾寵辱不驚、澄明曠達的坦蕩胸襟，楊慎公忠體國、堅守正義的愛國情懷，都是中華民族優秀文化的濃縮和凝聚，是四川人民獨特氣質風範的體現，是社會主義核心價值觀的本源和本質，是四川發展的寶貴資源和突出優勢。

　　歷史名人要有現實意義才能活在當下。今天我們宣傳歷史名人，不能停留在斯土有斯人的空洞炫耀，而要用歷史的、發展的、辯證的思維去深入挖掘、揚棄傳承、轉化創新，不斷賦予時代内涵，不斷呈現當代表達，讓歷史名人及其文化"站起來""活起來""動起來""響起來""火起來”，真正走出歷史、走出書齋、走進社會，走向世界、走向未來。“四川歷史名人文化傳承創新工程”實施三年多來，全社會認知、傳承、傳播歷史名人文化的熱潮蓬勃興起，成效顯著：十大名人研究中心全面建立，一批中長期規劃先後出臺，一批優秀成果陸續推出；十大名人故居、博物館、紀念館加快保護修復，展陳品質迅速提升；十大名人宣傳片全部上綫，主題突出，畫面精美；名人大講堂、東坡藝術節、人日游草堂、都江堰放水節、廣元女兒節等品牌文化活動多地開花，萬紫千紅；以名人爲元素打造的儲蓄罐、筆記本、手機殼、冰箱貼等文創産品源源上市，深受民衆喜愛；話劇《蘇東坡》《揚雄》，川劇《詩酒太白》《落下閎》，歌劇《李冰父子》，曲藝《升庵吟》，音樂劇《武侯》，交響樂《少陵草堂》等一大批舞臺藝術作品好戲連臺，深入人心……

　　“四川歷史名人叢書”的編纂出版，是實施振興四川出版戰略、實現文化强省目標的重要舉措，其目的是深入挖掘提煉歷史名人的思想精髓和道德精華，凝練時代所需的精神價值，增强川人的歷史記憶、文化記憶，延續中華文化的巴蜀脉絡，推動中華文化傳承創新，彰顯巴蜀文化的生命力和影響力。

　　“四川歷史名人叢書”的編纂出版，始終堅持正確的政治方向、出版導向、價值取向，深入挖掘名人的精神品質、道德風範，正面闡釋名人著述的核心思想，藉以增强川人的文化自信，激發川人瞭解家鄉、熱愛家鄉、建設家鄉的澎湃力量；始終堅守中華文化立場，着力傳承中華文化的經典元素和優秀因子，促進人民在理想信念、價值理念、道德觀念上團結一致；始終秉承辯證和歷史唯物主義觀點，用客觀、公正、多維的眼光去觀察歷史名人，還原全面、真實、立體的歷史人物，塑造歷史名人的優秀形象，展示四川文化的獨特魅力，讓歷史名人文化爲今天的社會發展提供精神動能。

　　“四川歷史名人叢書”的編纂出版，注重在創新上下功夫，遵循出版

規律，把握時代脉搏，用國際視野、百姓視角、現代意識、文化思維，將
思想性、知識性、藝術性、可讀性有機結合，找到與讀者的共振點，打造
有文化高度、歷史厚度、現代熱度的文化精品，經得起讀者檢驗，經得起
學者檢驗，經得起社會檢驗，經得起歷史檢驗；注重在品質和水準上下功
夫，立足原創、新創、精創，努力打造史實精准、思想精深、内容精彩、
語言精妙、製作精美的文化精品，全面提升四川出版的知名度和美譽
度，爲建設文化强省、助推治蜀興川再上新臺階提供思想引領、輿論推
動、精神鼓勵和文化支撑，爲增强中華文化影響力貢獻四川力量。

“四川歷史名人叢書”編委會
2019 年 10 月 30 日

前　言

　　《數書九章》，由秦九韶撰著於南宋淳祐年間，雖旨在學以致用，並解決現實應用中的計算問題，但在當時並未產生足夠的影響。歷元、明二代，甚至湮微。直到西學東漸的清代，纔爲時人發掘整理，時至今日，被推爲數學巨著，整理研究，紛至沓來，影響遍及中外，可謂"珠還合浦，歷劫重光"。

　　今人相關研究的代表性成果，國外有比利時李倍始（U. Libbrecht）《十三世紀中國數學——秦九韶的〈數書九章〉》（1973 年於美國出版），具有開創之功。國內研究成果，則由吳文俊院士彙編成《秦九韶與〈數書九章〉》（北京師範大學出版社 1987 年）、《中國古代數學家秦九韶與〈數書九章〉研究》（哈爾濱工業大學出版社 2021 年），內容涉及秦氏生平、著述及貢獻等多個方面，特別是對秦九韶在數學領域貢獻研究較有前沿性。研究結果顯示，秦書的大衍求一術與增乘開方術，既是對中國秦漢以來數算成果的概括總結，也代表了中世紀世界數學的最高水平。《數書九章》涉及數學在天文曆法、建築工程、賦役稅務、錢穀交易、軍事行旅等領域的具體運算，泛及自然與社會現象，這在注重應用的中國傳統數學中也是獨有的成果，在數學史上具有十分重要的地位。同時，由於秦書注重實用，也有學者借此窺探秦氏的治國思想，代表成果有徐品方、張紅、寧銳著《〈數書九章研究〉——秦九韶治國思想》（科學出版社 2016年）等，他們認爲秦九韶利用數學爲治理國家服務，《數書九章》更成爲一部系統地幫助統治者治理國家的"管理數學"。

　　隨着秦書影響逐漸擴大，有關《數書九章》的整理成果也逐漸問世。明人將《數學九章》鈔入《永樂大典》，清修四庫全書時，館臣從《大典》輯出此書，並予以校訂重編，這是對秦書較早的整理。嗣後宋景昌以明趙畸美鈔本爲主，參校李鋭所校四庫鈔本（館本）及沈欽裴爲訂正趙畸美鈔本所撰《秦書刊誤》等，由上海郁松年於道光二十二年刊入《宜稼堂叢書》，同時刊入宋景昌所撰《數書九章札記》四卷，校勘嚴謹，刊刻認真，這是迄今最好的《數書九章》版本。民國年間上海商務印書館據宜稼堂本排印並斷句，這是《數書九章》史上第一個簡易標點整理本。今人整理本有王守義、李儼《數書九章新釋》（安徽科學技術出版社 1992 年）及宋璟瑶譯注本《數書九章》（重慶出版社 2021 年），對秦書的闡釋多有發明及演算驗證，但對秦書校勘則用力不多。

　　總之，秦九韶的數學成就，歷經磨難，遲至七百餘年後，方纔受到重視，爲世矚目。但有關秦九韶和《數書九章》的資料，却已湮没過多，導致相關研究有明顯的短板：一是秦九韶的籍貫問題，二是書名《數書九章》是否恰當，三是《數書九章》的整理亟待深入。

　　關於秦九韶的籍貫，有幾種説法，秦氏《數書九章序》自題“魯郡”，當指郡望，即宋鄭樵《通志》卷二六《氏族略》所謂“魯又有秦氏，居於秦邑，今濮州范縣北舊秦亭是其地”，可以説是秦氏的祖籍。宋周密《癸辛雜識續集》卷下則稱其爲“秦、鳳間人”，因《新五代史》有王建時“秦鳳階成入于蜀”的記載，因此所謂“秦、鳳間人”即泛指蜀人。而《直齋書録解題》卷一二“《紀元曆》三卷、《立成》一卷”提要稱“此二曆，近得之蜀人秦九韶道古”，也稱秦九韶爲“蜀人”。據《涪州石魚文字所見録》卷下載寶慶二年正月十二日石魚題名，有“郡守李瑞公玉、新潼川守秦季樵宏父、郡糾曹掾何昌宗季父、季樵之子九韶道古、瑞之子澤民志可同來遊”的記載，則九韶爲季樵子。而檢《南宋館閣録續録》卷七載：“季樵字宏父，普州安岳人。紹熙四年陳亮榜同進士出身，治《春秋》。（嘉定）十七年九月除（秘書少監），寶慶元年六月除直顯謨閣、知潼川府。"據此，則秦九韶亦當爲普州安岳人，後寓居湖州西門外（《癸辛雜識續集》卷下）。

至於《數書九章》之名，出於明趙畸美鈔本。秦書在宋代，不稱此名，《直齋書録解題》著録爲"《數術大略》九卷"，《癸辛雜識續集》卷下則稱爲"《數學大略》"，《永樂大典》所引，則稱"秦九韶《數學九章》"。因此，館臣輯本亦題《數學九章》。宋景昌《數書九章札記》卷一據此推斷："《大典》本謂之《數學》，則'數書'二字，亦非原名。"當爲近實。考秦氏自序，既稱"今數術之書，尚三十餘家"，又稱"嘗從隱君子受數學"，則《數術大略》當爲原名，《直齋書録解題》信實可據。至《癸辛雜識續集》已變其名爲《數學大略》，而《大典》則稱《數學九章》，庫本以此爲名，尚有據依。而更名"數書"，似距原名略遠。宜稼堂本既已指此問題，而不更其名，今據宜稼堂本校點，仍依原書。

《數書九章》的刻印本，以《宜稼堂叢書》本及《叢書集成初編》排印本流傳較廣，而鈔本則以影印文淵閣《四庫全書》本最爲常見。其他鈔本存世尚有數部，如國家圖書館藏明萬曆四十四年趙畸美鈔本最爲古舊，北京大學圖書館藏清傳鈔趙畸美本及清焦循鈔本亦爲近古。我們這次整理，以清道光二十二年上海郁氏刊《宜稼堂叢書》本爲底本，校以明趙畸美鈔本（省稱"明鈔本"）、文淵閣《四庫全書》本（省稱"庫本"）、國家圖書館藏清王萱齡鈔本（省稱"王鈔本"）及《宜稼堂叢書》本附宋景昌《數學九章札記》（省稱"札記"）。四庫館臣於原本次序多有調整，對原書計算之誤也有所糾正，並以按語形式附見庫本中；宋景昌《數學九章札記》於原書多有校訂條目，亦時有考證辨誤及重新演算程式等；王萱齡鈔本迻録清李鋭及羅士琳校注，均有益於對原書的理解。今一一匯入原書各條之下，作爲"彙考"之主要内容，並以"【庫本】""【王鈔本】"或"【附】《札記》"領起作爲標識。對底本的校勘，凡文字可通者，一律不作改動，而於校記中備列較有參考價值的異文；凡底本錯誤，有版本依據者則據以改之，無依據者則作疑誤處理。本着審慎校改以及備列他本校勘成果的原則，匯聚各書考訂資料及附錄有關傳記、著錄等資料，爲本次整理的主要特點。限於水平及專業領域，錯誤難免，尚祈方家教正。

吳洪澤

2022 年 8 月 1 日

目　録

數書九章序①

周教六藝，數實成之，學士大夫所從來尚矣。其用本太虛生一，而周流無窮，大則可以通神明，順性命，小則可以經世務，類萬物，詎容以淺近窺哉？若昔推策以迎日，定律而知氣，髀矩濬川，土圭度晷，天地之大，囿焉而不能外，況其間總總者乎？爰自《河圖》《洛書》，闓發祕奧，八卦、九疇，錯綜精微，極而至於大衍、皇極之用，而人事之變無不該，鬼神之情莫能隱矣。聖人神之，言而遺其麤；常人昧之，由而莫之覺。要其歸，則數與道非二本也。漢去古未遠，有張蒼、許商、乘馬延年、耿壽昌、鄭玄②、張衡、劉洪之倫，或明天道而法傳于後，或計功策而效驗于時。後世學者自高，鄙不之講，此學殆絕，惟治曆疇人能爲乘除，而弗通於開方衍變。若官府會事，則府史一二襲之，算家位置，素所不識，上之人亦委而聽焉。持算者惟若人，則鄙之也宜矣。嗚呼！樂有制氏，僅記鏗鏘，而謂與天地同和者止於是，可乎？

今數術之書，尚三十餘家。天象曆度，謂之綴術，太乙、壬、甲，謂之三式，皆曰內算，言其祕也；《九章》所載，即《周官》九數，繫於方圓者爲叀術，皆曰外算，對內而言也。其用相通，不可岐二。獨大衍法不載《九章》，未有能推之者。曆家演法頗用之，以爲方程者誤也。且天下

---

① 數書九章：《札記》卷一："館本'數書'作'數學'。案趙琦美記云：'《冊元》止名《數書》，九章二字，乃王應遴添入。'今館本係《永樂大典》中鈔出，已有'九章'二字，則九章之名，不始於應遴也。又《大典》本謂之《數學》，則'數書'二字，亦非原名。"
② 玄：原作"元"，清人避諱改字，據明鈔本、四庫本回改。下同改。

之事多矣，古之人先事而計，計定而行。仰觀俯察，人謀鬼謀，無所不用其謹，是以不愆於成，載籍章章可覆也。後世興事造始，鮮能考度，浸浸乎天紀人事之殽缺矣，可不求其故哉？

九韶愚陋，不閑於藝。然早歲侍親中都，因得訪習於太史，又嘗從隱君子受數學。際時狄患，歷歲遙塞，不自意全於矢石間。嘗險罹憂，荐罹十襪，心槁氣落，信知夫物莫不有數也。乃肆意其間，旁諏方能，探索杳渺，麤若有得焉。所謂通神明，順性命，固膚末於見；若其小者，竊嘗設爲問答①，以擬於用。積多而惜其棄，因取八十一題，釐爲九類，立術具草，間以圖發之。恐或可備博學多識君子之餘觀，曲藝可遂也，願進之於道。倘曰藝成而下，是惟疇人府史流也，烏足盡天下之用，亦無憾焉。

時淳祐七年九月，魯郡秦九韶叙。且系之曰：

昆崙旁礴②，道本虛一。聖有大衍，微寓於《易》。奇餘取策，群數皆捐。衍而究之，探隱知原。數術之傳，以實爲體。其書九章，惟茲弗紀。曆家雖用，用而不知。小試經世，姑推所爲。述《大衍》第一。

七精回穹，人事之紀。追綴而求，宵星晝暈。歷久則疏，性智能革③。不尋天道，模襲何益？三農務穡，厥施自天。以滋以生，雨膏雪零。司牧閔焉，尺寸驗之。積以器移，憂喜皆非。述《天時》第二。

魁隗粒民，甄度四海。蒼姬井之，仁政攸在。代遠庶蕃，墾菑日廣。步度庀賦，版圖是掌。方圓異狀，袤窳殊形④。夷術精微，孰究厥真？差之毫釐，謬乃千百。公私共弊，盍謹其籍。述《田域》第三。

莫高匪山，莫濬匪川。神禹奠之，積矩攸傳。智創巧述，重差夕桀。求之既詳，揆之罔越。崇深廣遠，度則靡容。形格勢禁，寇壘仇墉。欲知

---

① 答：原作“苔”，乃“答”古字，問答字，底本多作“苔”，今依明鈔本、庫本統作“答”。

② 旁礴：明鈔本作“磅礴”。

③ 性：庫本作“惟”，疑是。

④ 袤：明鈔本“衰”，庫本作“亥”。

其數，先望以表。因差施術，坐悉微渺。述《測望》第四。

邦國之賦，以待百事。畡田經入，取之有度。未免力役，先商厥功。以衰以率，勞逸乃同。漢猶近古，税租以算。調均錢穀，河簡之扞①。惟仁隱民，猶已溺飢。賦役不均，寧得勿思？述《賦役》第五。

物等斂賦，式時府庾。粒粟寸絲，褐夫紅女。商征邊糴，後世多端。吏緣爲欺，上下俱殫。我聞理財，如智治水，澄源濬流，維其深矣。彼昧弗察，慘急煩刑，去理益遠，吁嗟不仁。述《錢穀》第六。

斯城斯池，乃棟乃宇。宅生寄命，以保以聚。鴻功雄制，竹箇木章。匪究匪度，財蠹力傷。圍蔡而栽，如子西素。匠計靈臺，俾漢文懼。惟武圖功，惟儉昭德。有國有家，兹焉取則。述《營建》第七。

天生五材，兵去未可。不教而戰，維上之過。堂堂之陣，鵝鸛爲行。營應規矩，其將莫當。師中之吉，惟智仁勇。夜算軍書，先計攸重。我聞在昔，輕則寡謀。殄民以幸，亦孔之憂。述《軍旅》第八。

日中而市，萬民所資。貿貿埘鬻，利析錙銖。蹻財役貧，封君低首。逐末兼并，非國之厚。述《市易》第九。

---

① 扞：明鈔本作“扞”。

數書九章跋①

　　《數書》十卷，係贊九章，《序》東魯秦九韶所作，而書不著作者姓名，豈即九韶所著耶？淳祐七年，宋理宗年號。此書原閣鈔本，會稽王雲來（應遴）録得，予借録一過。《册元》止名《數書》，"九章"二字，乃王添入。王有志經濟，上書修《大明一統志》，已得旨，而禮曹不爲一覆。今王已私修，俟覆開局也，豈非志士乎？

　　萬曆四十四年丙辰孟秋晦日，清常道人琦美記。

---

① 題目爲整理者所加。

數書九章卷第一①

魯郡　秦九韶②

大衍類

【庫本】按：大衍術以各分數之奇零求各分數之總數，大而天行，小而物數，皆可御之。其法有求元、求定、求術、求奇、求乘、求用之目，大約以數之奇偶爲根，而以諸數相度之盡不盡爲用。有求彼此不能度盡之諸數者，元數、定數是也；有求諸數皆能度盡之一數者，衍母數是也；有求諸數皆能度盡而一數不能度盡之數者，各衍數是也。其不盡之數，即奇數也。有求二數相度餘一之數者，乘數是也；有求二數相度餘一而諸數又能度盡之數者，用數是也。求元數、定數，初與約分法相似，終變二數，務使其等數爲一，蓋以一爲等數，始能度盡二數，是他數俱不能度盡二數，而二數相度，益不能盡也。以定數、奇數求乘數之法，名曰大衍求一。中有“立天元一於左上”之語，下載立天元一算式。

按：立天元一法，見於元郭守敬之《曆源》、李冶之《測圓海鏡》及四海之借根方者，皆虛設所求之數爲一，與所有實數反覆推求，歸於少廣諸乘方，得其積數與邊數，或正負廉隅數而止。次用除法或開方法，得所求數。此數命定數爲一，與奇數反覆商較，至餘一實數而止。其奇數所積，即爲乘數。蓋其用不同，而法則無二也。然其極和較之用，窮奇偶之

---

① 卷第一：《札記》卷一：“第一卷，館本作卷一上；第二卷，館本作卷一下，皆爲大衍類。第三卷，館本作第二卷上；第四卷，館本作卷二下，皆爲天時類。以下做此。”
② 庫本署作“宋秦九韶撰”。以下各卷題署，沿例皆刪。

情，則有爲元法、西法所未及者。但原本法解煩雜，圖式譌舛，今詳加改定，並釋其義，俾學者易見焉。

蓍卦發微

問：《易》曰："大衍之數五十，其用四十有九。"又曰："分而爲二以象兩，掛一以象三，揲之以四，以象四時。""三變而成爻，十有八變而成卦。"欲知所衍之術及其數各幾何？

【庫本】按：揲蓍之法，載於《易傳啓蒙》，言之甚明。算術以奇偶相生，取名大衍可也。竟欲以此易古法，則過矣。

答曰：衍母一十二，衍法三。

一元衍數二十四，二元衍數一十二，三元衍數八，四元衍數六。

已上四位衍數，計五十。

一揲用數一十二，二揲用數二十四，三揲用數四，四揲用數九。

已上四位用數，計四十九。

【庫本】按：此附會五十、四十九之數，與本衍已牽强不合，觀後可知。

大衍總數術曰[1]：置諸問數，類名有四。一曰元數，謂尾位見單零者。本門揲蓍酒息、斛糶、砌甎、失米之類是也。二曰收數，謂尾位見分釐者。假令冬至三百六十五日二十五刻，欲與甲子六十日爲一會，而求積日之類。三曰通數，謂諸數各有分子、母者。本門問一會積年是也。四曰復數。謂尾位見十或百及千以上者。本門築堤并急足之類是也。

【庫本】按：此言問題有是四類。

元數者，先以兩兩連環求等，約奇弗約偶。或約得五，而彼有十，乃約偶而弗約奇。或元數俱偶，約畢可存一位見偶。或皆約而猶有類數存，姑置

---

[1] 庫本此前有篇題《大衍數術》，並置本卷之首。《札記》卷一："'大衍總數術'至'爲所求率數'，館本移置《蓍卦發微》問題上。"

之，俟與其他約遍，而後乃與姑置者求等約之。或諸數皆不可盡類，則以諸元數，命曰復數①，以復數格入之。

收數者，乃命尾位分釐作單零，以進所問之數。定位訖，用元數格入之。或如意立數爲母，收進分釐，以從所問，用通數格入之。

【庫本】按：收數者，單位下有奇零之數也。進位者，以奇零之末位爲單位也。若立分母通之，反不如用原數爲簡。

通數者，置問數，通分內子，互乘之，皆曰通數。求總等，不約一位，約衆位，得各元法數，用元數格入之。或諸母數繁，就分從省通之者，皆不用元，各母仍求總等，存一位，約衆位，亦各得元法數，亦用元數格入之。

【庫本】按：通數與收數相似，但單數有分母，奇零爲分子耳。通分納子，即進尾數爲單位之義。因加互乘一次，故加總等一約，然後爲元數也。

又按：求總等不拘通數、復數，但題中有三數，可以一等數度盡者，即可用總等法，存一數約衆數，然後爲元數。凡度之後等數仍可約者，此數必當存之。

復數者，問數尾位見十以上者，以諸數求總等，存一位，約衆位，始得元數。兩兩連環求等，約奇弗約偶，復乘偶；或約偶弗約奇②，復乘奇③。或彼此可約，而猶有類數存者，又相減以求續等，以續等約彼，則必復乘此，乃得定數。所有元數、收數、通數三格，皆有復乘求定之理，悉可入之。

---

① 《札記》卷一："命曰復數：'命'誤'合'。館案云：'復應作定。'案：秦氏以求定數，係於復數之下，遂命定數爲復數耳。"

② 弗：原作"或"，據庫本按語及《札記》卷一改。

③ 庫本云："按此四語有誤，應作'約奇弗約偶，復乘偶；或約偶弗約奇，復乘奇'，然皆續等下用之，此處可省。"《札記》卷一："毛氏嶽生曰：本門急足兩問，皆於原數下約奇復乘偶，約偶復乘奇，不必續等下用之也。"

【庫本】按：復數者，諸問數皆至十或百或千而止也。右各段皆云以某格入之，此又云三格悉可入之，大約古算必有其程式也。

求定數，勿使兩位見偶，勿使見一太多。見一多則借用繁，不欲借，則任得一。

【庫本】按："勿使兩位見偶"者，蓋衆數連乘，中有兩偶數，則所得總數以一偶數除之，必仍得偶數，不能求餘一之乘數也。"勿使見一太多，見一多則借數繁"者，蓋見一多，因數本如此，且見一即不必推，乃云"勿使太多"，又云"借數"，皆塗人之耳目也，故曰"不欲借則任得一"。

以定相乘爲衍母，以各定約衍母，各得衍數。或列各定爲母于右行，各立天元一爲子于左行，以母互乘子，亦得衍數。

諸衍數，各滿定母，去之。不滿曰奇。以奇與定，用大衍求一入之，以求乘率。或奇得一者，便爲乘率。

【庫本】按：諸定數連乘爲衍母，即爲諸定數皆能度盡之數，亦爲總數最大之限。凡總數在限內者，各定數之差皆不等。若過限外，則各定數之差有與限內相等者。其兩總數之差，必爲衍母之倍數。各衍母者，即諸數度盡一數度不盡之數也。奇數者，定數度衍數不盡之數也。定數原爲彼此不能度盡之數，衍數爲他定數連乘之數。以此一定數度之，必不能盡也。

大衍求一術云：置奇右上，定居右下，立天元一於左上。先以右上除右下，所得商數，與左上一相生，入左下。然後乃以右行上下，以少除多，遞互除之，所得商數，隨即遞互累乘，歸左行上下。須使右上末後奇一而止。乃驗左上所得，以爲乘率。或奇數已見單一者①，便爲乘率②。

【庫本】按：此以定數、奇數求乘數也。其法必使以定數度奇數，僅

---

① 見：明鈔本作"具"。

② 庫本云："按：此二語重上。"

餘一數，而奇數之倍數即乘數也。“置奇右上、定右下”者，初次以定爲實、奇爲法也。“立天元一於左上”者，以一爲奇之倍數也。“得商數與左上相生入左下”者，以奇商定得商數，即奇之倍數，以乘天元一而書於下也。隨以奇數與商數相乘，以減定數爲餘實，次以奇爲實減餘爲法，置前左下，於左上以法約實得商，乘左上。又併前之左上爲左下，隨以法乘商減實，又爲餘實。次又以前餘爲實，次餘爲法，置前左下，於左上得商數，乘左上。又併前左上爲左下，隨以法乘商減實。如此展轉相求，合兩次爲一算，至餘實一，乃視左下天元數，即乘數也。若未至兩次餘實一者，仍以一爲法，上餘數爲實，實二則商一，實三則商二。如上求之，復得餘一，其天元數方爲乘數。原文“遞互乘除”之語，未詳。

置各乘率，對乘衍數，得泛用。併泛①，課衍母，多一者爲正用。或泛多衍母倍數者，驗元數奇偶同類者，損其半倍，或三處同類，以三約衍母，于三處損之。各爲正用數。或定母得一，而衍數同衍母者，爲無用數。當驗元數同類者，而正用至多處借之。以元數兩位求等，以等約衍母爲借數。以借數損有以益其無，爲正用。或數處無者，如意立數爲母，約衍母所得，以如意子乘之，均借補之。或欲從省，勿借，任之爲空可也。

【庫本】按：此求各用數法也。其各乘率乘各衍數得用數者，即一數餘一，諸數度盡之數也。其云併泛用過衍母倍數，驗元數同類損之，此語似有誤。當云驗問數同偶，而用數相併過衍母者損之，蓋取用皆問數，非元數也。凡偶數減偶仍餘偶，減奇仍餘奇，其數有定。奇數減奇則餘偶，又或餘奇，減偶則餘奇，又或餘偶，其數無定，故惟偶數可驗也。定數一者，即無用數，必虛爲借數，未免徒滋煩擾。

然後，其餘各乘正用，爲各總。併總，滿衍母，去之。不滿，爲所求率數。

---

① “泛”下，明鈔本有“用”字。

【庫本】按：此既得各用數，以題中所問之奇零求總數也。以各餘數乘各用數者，蓋用數爲諸數度盡一數餘一之數，以幾數乘之，必爲諸數度盡一數餘幾數之數也。併各條而以各數度之，必各數仍餘幾數也。餘數悉合，則總數必合矣。然衍母爲諸數度盡之數，累加一衍母，衆餘數皆不變，故滿衍母去之，得在衍母内者，其數最小，爲第一數。若大於此數者，遞加一衍母數，無不合者。

按：右大衍本法也。原書入於《蓍策發微》題問答之後①，殊失其序，今修冠於卷首。

	水	火	木	金	始此四數以揲
陰陽象數圖	Ｉ	‖	‖‖	‖‖‖	
	老陽	少陰	少陽	老陰	終此四者爲爻

【庫本】按：此條與數無取義，可删。

本題術曰：置諸元數，兩兩連環求等，約奇弗約偶。遍約畢，乃變元數，皆曰定母，列右行。各立天元一爲子，列左行。以諸定母互乘左行之子，各得名曰衍數。次以各定母滿，去衍數，各餘，名曰奇數。以奇數與定母，用大衍術求一。大衍求一術云：以奇于右上，定母于右下，立天元一于左上。先以右行上下兩位，以少除多，所得商數，乃遞互乘内②左行，使右上得一而止，左上爲乘率。得乘率③。以乘率乘衍數，各得用數。驗次④所揲餘幾何，以其餘數乘諸用數，併名之曰總數。滿衍母，去之。不滿，爲所求數，以爲實，易以三才，爲衍法。以法除實，所得爲象數。如實有餘，或一或二，皆命作一，同爲象數。

其象數，得一爲老陽，得二爲少陰，得三爲少陽，得四爲老陰。得老

---

① 策：似當爲“卦”之誤。
② 遞互乘内：《札記》卷一：“原本‘互’誤‘至’。館本‘内’作‘歸’。案：此内字，即通分内子之内，與歸同意。”
③ “得”下，庫本有“各”字。
④ 驗次：《札記》卷一：“案：驗次當作次驗。”

陽，畫重爻；得少陰，畫拆爻；得少陽，畫單爻；得老陰，畫交爻。凡六畫，乃成卦。

【庫本】 按：此即前大衍法。末以三歸取爻象，亦屬附會。

草曰：置一、二、三、四，列右行。立天元一，列左行。

				元數 右行
丨	丨丨	丨丨丨	丨丨丨丨	
				以右行互乘左行
丨	丨	丨	丨	天元 左行

以右行一、二、三、四互乘左行異子一，弗乘對位本子，各得衍數。

				元數 右行
丨	丨丨	丨丨丨	丨丨丨丨	
上	副	次	下	
				以左行併之，得五十
丨丨丨丨＝	丨丨	丌	丅	衍數 左行

乃併左行衍數四位，共計五十，故《易》曰："大衍之數五十。"算理不可以此五十爲用，蓋分之爲二，則左右手之數，奇偶不同。見陰陽之伏數，必須復求用數，先名此曰衍數，以爲限率。遂乃復以一、二、三、四之元數，求等數，約定。按前術，以兩兩連環求等約之，先以一與二求等，一與三求等，一與四求等，皆得一，各約奇弗約偶，數不變。次以二與三求等，亦得一，約奇弗約偶，數亦不變。及以二與四求等，乃得二，此二只約副數二，變爲一，而弗約四。次以三與四求等，亦得一，約奇，亦不變。所得一、一、三、四，各爲定數母，列右行。仍各立天元一爲子，列左行。

				定母 右行
丨	丨	丨丨丨	丨丨丨丨	
				以右行互乘左行
丨	丨	丨	丨	天元 左行

以右行定母一、一、三、四互乘左行各子一，惟不對乘本子，畢。左上得一十二，左副得一十二，左次得四，次下得三，皆曰衍數。

上	副	次	下	定母 右行	以右行定母，滿去左

上	副	次	下	衍數 左行	行衍數，餘各爲奇數

次以各母滿去衍數，其上母去衍一十二，奇一。其副母一亦去副子一十二，亦奇一。其次母三去次衍四，亦奇一。其下母四，欲去下子三則不滿，便以三爲左下奇數。

上	副	次	下	定母 右行	其左上副次，更不大衍，
			|||	奇數 左行	只以左下與右下衍之

凡奇數得一者，便爲乘率。今左下衍是三，乃與本母四，用大衍求一術入之，列衍奇三於右上，定母四於右下，立天元一於左上，空其左下。

○	||| 衍奇	|||| 定母		商
	天元	○	

先以右上少數三，除右下多數四，得一爲商。以商一乘左上天元一，只得一，歸左下，其右下餘一。

|| 商	||| 衍奇		定母餘	○
	天元		歸數	

次以右下少數一，除右上多數三，須使右上必奇一算乃止。遂於右行最上商二，以除右衍，必奇一。乃以上商，命右下定餘一，除之，右衍餘一。

|| 商	||| 衍奇餘		定母餘	
	天元		歸數	

次以商二與左下歸數相乘，得二，加入左上天元一內，共得三。

	衍奇餘		右行	驗至右上，得一，只以
||| 乘率		左行	左上所得爲乘率

今驗右上衍餘，得一當止。乃以左上三爲乘率，與前三者乘率各一，與衍定圖衍數對列之，通計三行。

```
｜      ｜      ‖‖      ‖‖‖ 定母
‖      ‖      ‖‖‖      ‖‖‖         衍數
｜      ｜      ｜      ‖‖‖ 乘率
```

以乘率對乘左行畢，左上得一十二，左副得一十二，左次得四，左下得九，皆曰泛用數。

```
｜      ｜      ‖‖      ‖‖‖ 定母
‖      一                         衍母
上      副      次      下
‖      ‖      ‖‖      ‖‖‖
                         泛用
```

次以右行一、一、三、四相乘，得一十二，名曰衍母。復推元用等數二，約副母二爲一。今乃復歸之爲二，遂用衍母一十二，益於左副一十二內，共爲二十四。

```
｜      ‖      ‖‖      ‖‖‖ 元數
‖      ‖‖      ‖‖      ‖‖‖ 定用
```

今驗《用數圖》，右行之一、二、三、四，即是所揲之數。左行一十二，并二十四，及四與九併之，得四十九，名曰用數。用爲蓍草數，故《易》曰"其用四十有九"是也。

假令用蓍四十九，信手分之爲二，則左手奇，右手必偶；左手偶，右手必奇。欲使蓍數近大衍五十，非四十九或五十一不可。二數信意分之，必有一奇一偶。故所以用四十九，取七七之數始者。左副二十四扐，益一十二，就其三十七泛爲用數，但三十七無意義，兼蓍少太露，是以用四十有九。凡揲蓍求一爻之數，欲得一、二、三、四。出於無爲，必令揲者不得知，故以四十九蓍，分之爲二，只用左手之數。假令左手分得三十三，自一一揲之，必奇一，故不繁揲，乃徑掛一。故《易》曰："分而爲二以象兩，掛一以象三。"次後①，又令筮人以二二揲之，其三十三，亦奇一，故歸奇於扐。又令之以三三揲之，其三十三，必奇三，故又歸奇於扐。又令之以四四揲之，又奇一，亦歸奇於扐。與前掛一，并三度揲，通有四扐，乃得一、一、三、一。其掛一者，乘《用數圖》左上用數一十二；其二揲扐一者，乘左副用數二十四；其三揲扐三者，乘左次用數四，得一十二；其四揲一者，乘左下用數九。

掛一得一十二，扐一得二十四，扐三得一十二，又扐一得九，竝爲總數。

掛一得一十二，扐一得二十四，扐三得一十二，又扐一得九，竝爲總數。

併此四總得五十七②。不問所握幾何，乃滿衍母一十二去之，得不滿者九，或使知其所握三十三③，亦滿衍母去之，亦只數九數。以爲實。用三才衍法約之，得三，乃畫少陽單爻。或不滿得八得七爲實，皆命爲三。他皆倣此。

術意：謂揲二、揲三、揲四者，凡三度，復以三十三從頭數揲之，故曰"三變而成爻"。既卦有六爻，必一十八變，故曰"十有八變而成卦"。

【庫本】按：此條强援著卦，牽附衍數，致本法反晦。今以本法列於前，則其弊自見矣。

_____

① 次：明鈔本作"此"。
② "四"下，明鈔本有"數"字。
③ 三十三：原作"三十七"，庫本作"五十七"，據明鈔本及《札記》卷一改。

古曆會積

問：古曆冬至以三百六十五日四分日之一，朔策以二十九日九百四十分日之四百九十九，甲子六十日各爲一周。假令至淳祐丙午①十一月丙辰朔，初五日庚申冬至②，初九日甲子，欲求古曆氣、朔、甲子一會，積年積月積日，及曆過未至年數各幾何？

【庫本】按：此題歲實朔策皆古法用數。淳祐丙午歲合朔、冬至、干支，乃宋開禧法所步，題數已不相蒙，即推算無誤，亦未合，況不能無誤耶？

【附】《札記》卷一：沈氏欽裴曰："以開禧術推之，是年十一月壬辰朔，二十四日乙卯冬至。"景昌案：是書所引，係淳祐丙午歲終冬至先生所推係丙午歲前冬至相差一載故其數不合，非有誤也。

答曰：一會積一萬八千二百四十年，二十二萬五千六百月，六百六十六萬二千一百六十日。

曆過，九千一百六十三年。

未至，九千七十七年。

【庫本】按：答數皆不合。

術曰：同前。置問數，有分者通之，互乘之，得通數。求總等，不約一位約衆位，得各元法。連環求等，約奇弗約偶，各得定母。本題欲求一會，不復乘偶。以定相乘，爲衍母，定除母，得衍數。滿定去衍，得奇。以大衍入之，得乘率，以乘衍數，得泛用數。併諸泛以課衍母，如泛內多倍數者損之③，乃驗元數奇偶同類處④，各損半倍，或三位同類者，三約衍母，損泛。各

---

① 淳祐丙午：《札記》卷一："原本淳字上空格。案：此條及天時類《推氣治曆》一條，年號皆空，可知此爲宋人舊本，未以改易。"
② 初：明鈔本無。
③ 數：明鈔本無。
④ 奇偶：明鈔本無。

得正用。

然後推氣、朔不及或所過甲子日數，乘正用，加減之，爲總。滿衍，去之，餘爲所求曆過率，實如紀元法而一，爲曆過。以氣元法除衍母，得一會積年。以氣周日刻乘一會年，得一會積日。以朔元法除衍母，得一會積月數。

【庫本】按："如紀元法而一""以氣元法除衍母"二語，皆誤，故得數不合。皆當以氣分爲法，蓋氣分即歲實分也。

右，本題問氣、朔、甲子相距日數，係開禧曆推到。或甲子日在氣、朔之間，及非十一月前後者，其總數必滿母。贅去之，所得曆過年數，尾位雖倫，首位必異。今設問以明大衍之理，初不計其前多後少之曆過。

【庫本】按：此數語，蓋因得數不合而自解之。然算家終以得數爲準，得數不合，則無以取信於人矣。

草曰：置問數冬至三百六十五日四分日之一，朔策二十九日九百四十分之四百九十九，甲子六十日，各通分內子，互乘之。列三等位，具圖如後。

問數圖

冬至得一千四百六十一，朔實得二萬七千七百五十九，甲子無母，只是六十。列三行，互乘之。具圖如後。

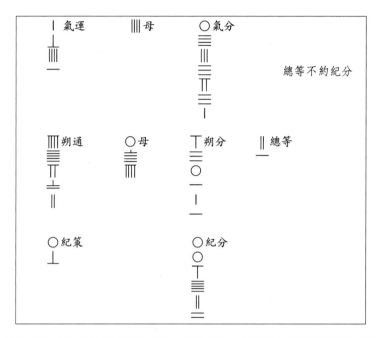

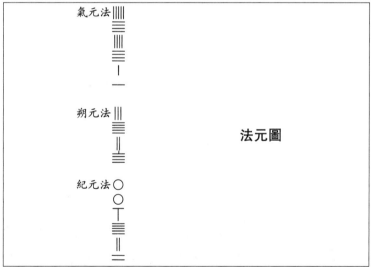

法元圖

以三行互乘。右得一百三十七萬三千三百四十，爲氣分；中得一十一萬一千一百三十六，爲朔分；左得二十二萬五千六百，爲紀分。先求總等，得一十二①。乃存紀分一位不約，只以等一十二約氣分，得一十一萬四千四百四十五。又約朔分，得九千二百五十三。皆爲元法，乃以連環求等。次以紀元二十二萬五千六百，與朔元九千二百五十三求等，得一，不約。又以紀元與氣元一十一萬四千四百四十五求等，得二百三十五。只約氣元，得四百八十七。次以氣元四百八十七，與朔元九千二百五十三求等，得四百八十七。只約朔元九千二百五十三，得一十九。遍約②畢，得四百八十七，爲氣定；得一十九，爲朔定；得二十二萬五千六百，爲紀定。以三定相乘，得二十億八千七百四十七萬六千八百，爲衍母。具圖如後。

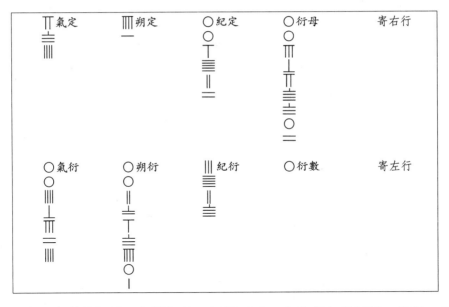

各以定數約衍母，各得衍數。氣得四百二十八萬六千四百，朔得一億九百八十六萬七千二百，紀得九千二百五十三，寄左行。各滿定數去之，各得奇數。

---

① 此下庫本云："按：十二乃朔分、紀分所求等數，亦可爲氣分等數，故爲總等。"
② 遍約：原作"約遍"，據《札記》卷一改。

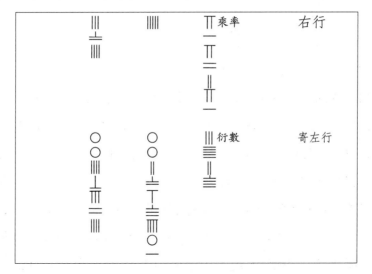

氣奇得三百一十三，朔奇得四，紀奇得九千二百五十三。各與定數，用大衍求一，各得乘率，列右行，對寄左行衍數。具圖如後。

各以大衍入之，氣乘率得四百七十三，朔乘率得五，紀乘率得一十七萬二千七百一十七。對左行衍數，以右行乘率對乘左行衍數。氣泛得二十億二千七百四十六萬七千二百，朔泛得五億四千九百三十三萬六千，紀泛得一十五億九千八百一十五萬四百一。具圖如後。

○氣泛	○朔泛	｜紀泛	｜泛用	○衍母

○氣正用	○朔正用	｜紀正用		左行

‖氣不及	‖朔不及	○不及數		右行

右列用數併之，共得四十一億七千四百九十五萬三千六百一，爲泛用數。與衍母二十億八千七百四十七萬六千八百驗之，在衍母以上，就以衍母除泛，得二。乃知泛內多一倍母數，當於各用內，損去所多一倍。按術驗《法元圖》內諸元數，奇偶同類者，各損其半①。今驗《法元圖》，氣元尾數是五，紀元尾數是六百，爲俱五同類。乃以衍母二十億八千七百四十七萬六千八百，折半得一十億四千三百七十三萬八千四百。以損泛用圖內氣泛、紀泛畢，其朔泛不損，各得氣、朔、紀正用數。其氣正用得九億八千三百七十二萬八千八百，朔正用五億四千九百三十三萬六千，紀正用五億五千四百四十一萬二千一。列爲《正用圖》，在前。

既得正用數，次驗問題。十一月朔日丙辰，冬至初五日庚申，初九日甲子。乃以初一減初九甲子，餘八日，爲朔不及。次以初五亦減初九甲子，餘四日，爲氣不及。以二不及各乘正用，得數具圖如後。

---

① "按數"至"其半"：《札記》卷一："李氏銳曰：損泛用爲定用，當驗元數有若干位同等，不問奇偶，即以若干位數約衍母，於若干位泛用內減之，爲定。如此術元數氣朔紀三位，以十二爲總等，則三位同等，即以位數三約衍母，以減三位泛用，爲定用，不必止損二位也。"

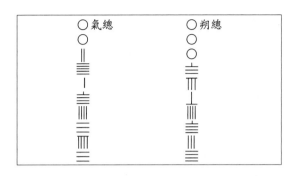

先以氣不及甲子四日，以乘氣正用數九億八千三百七十二萬八千八百，得三十九億三千四百九十一萬五千二百，爲氣總。次以朔不及甲子八日數，以乘其朔正用數五億四千九百三十三萬六千，得四十三億九千四百六十八萬八千，爲朔總。併之，得八十三億二千九百六十萬三千二百，爲總數。滿母二十億八千七百四十七萬六千八百，去之。不滿二十億六千七百一十七萬二千八百，爲所求率實。具圖如後。

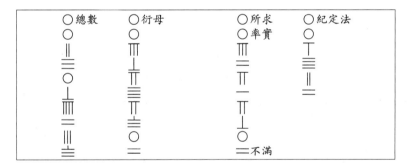

【庫本】按：求積歲，應以甲子距冬至前之日，分乘紀用數，爲紀總。以合朔距冬至前之日，分乘朔用數，爲朔總。併紀總、朔總，滿衍母，去之。以歲實分除之，即已過積年。草內以冬至距甲子前之日分乘氣用數，合朔距甲子前之日分乘朔用數，併之，乃求紀周法，非求歲周法也，故不合。

【附】《札記》卷一：李氏銳曰：“求已過積年，當先求紀總、朔總。”是也。然依問題，以丙辰至庚申相距四日，爲朔餘。以庚申至甲子相距四日，轉減紀法六十，餘五十六日，爲紀餘。推紀總、朔總以求曆過年，亦不得其數。毛氏嶽生曰：以紀餘五十六，乘《問數圖》內分母四及九百四十，得二十一萬五百六十，爲紀餘分。以乘紀用五億五千四百四十一萬二千一，得一百一十六萬七千三百六十九億九千九十三萬五百六十，爲紀總。以朔餘四日乘分母，得一萬五千四十分，爲朔餘分。以乘朔用五億四千九百三十三萬六千，得八萬二千六百二十億一千三百四十四萬，爲朔總。並二總，得一百二十四萬九千九百九十億四百三十七萬五百六十分。滿衍母，去之，餘八億八千三百五十八萬六千五百六十。以氣分一百三十七萬三千三百四十除之，得六百四十三年。不盡五十二萬八千九百四十，故曰不得其數。蓋冬至如率者，除之必盡也。蓋四分術，一章十九年而氣朔會，每歲閏十日九百四十分日之八百二十七，即入章第一年之朔餘也。自此每歲累加十日八百二十七分，滿一月二十九日四百四十九分，去之，盡十九年無朔餘，適足四日，而無小餘者。毛氏嶽生曰：此朔餘，即閏餘也。一年閏餘，十日八百二十七分；二年閏餘，二十一日七百一十四分；三年閏餘，三日一百二分；四年閏餘，十三日九百二十九分；五年閏餘，二十四日八百一十六分；六年閏餘，六日二百四分；七年閏餘，十七日九十一分；八年閏餘，二十七日九百一十八分；九年閏餘，九日三百六分；十年閏餘，二十日一百九十三分；十一年閏餘，一日五百二十一分；十二年閏餘，一十二日四百八分；十三年閏餘，二十三日二百九十五分；十四年閏餘，四日六百二十三分；十五年閏餘，一十五日五百一十分；十六年閏餘，二十六日三百九十七分；十七年閏餘，七日七百二十五分；十八年閏餘，一十八日六百一十二分；十九年閏餘，二十九日四百九十九分，適滿朔策之數。是盡十九年無朔餘，適足四日，而無小餘者也。又四分術，八十年而甲子日分俱盡，每歲沒五日四分日之一，即第一年之紀餘也。自此累加五日一分，滿甲子六十日去之，盡八十年，亦無紀餘，適足五十六日，而無小餘者。今以八日爲朔不及，四日爲氣不及，於率不應有此數，故推之不合。秦氏嫻於近法，而於古術，未之深者也。

置所得率實二十億六千七百一十七萬二千八百，如《法元圖》紀元法二十二萬五千六百而一，得九千一百六十三年，爲曆過年數。次置衍母二十億八千七百四十七萬六千八百爲實，如《法元圖》氣元一十一萬四千四百四十五爲法而一，得一萬八千二百四十年，爲氣、朔、甲子一會積年。

內減曆過九千一百六十三年，餘九千七十七年，爲未至年數。次以冬至周日三百六十五日二十五刻，乘一會積年一萬八千二百四十，得六百六十六萬二千一百六十日，爲一會積日。又以衍母爲實，如《法元圖》朔元法九千二百五十三而一，得二十二萬五千六百月，爲一會積月。合問。

【庫本】按：此紀元即紀分，以紀分除率實，乃紀周數，非已過年數也。求一會積年，當以氣分爲法。以氣元爲法，亦誤。【附】《札記》卷一：李氏銳曰：四分術紀法一千五百二十，是爲氣、朔、甲子一會積年。若一萬八千二百四十，乃十二紀法之數，氣、朔、甲子凡十二會，不得云一會積年也。此二數既誤，餘數無是者矣。然題已不合，即法合，數亦不能合也。今改設一題於後，以明其法焉。

設古法歲實三百六十五日四分日之一，朔策二十九日九百四十分日之四百九十九，甲子六十日。假令十一月平朔辛巳日四百七十分日之一百一十三，冬至癸卯日子正初刻。問距前後甲子日子正初刻，合朔、冬至之年數各幾何？

答曰：距前八百七十六年，距後六百四十四年。

法按前法，求至正用，乃以冬至癸卯距甲子後三十九日爲紀餘，以日法即氣分母、朔分母相乘之數。三千七百六十分通之，得十四萬六千六百四十爲紀餘分。以乘紀正用，得紀總八十一兆二千九百八十九億七千五百八十二萬六千六百四十。次以平朔辛巳距甲子十七日又四百七十分之一百一十三，與冬至距甲子三十九日相減，得二十一日又四百七十分日之三百五十七。以日法三千七百六十通之，得八萬一千八百一十六，爲朔餘分。以乘朔正用，得朔總四十四兆九千四百四十四億七千四百一十七萬六千。併二總數，滿衍母，去之，得率實十二億零三百零四萬五千八百四十爲實。以歲實一百三十七萬三千三百四十爲法除之，得八百七十六年，爲距前氣朔甲子會積之年數。又以衍母爲實，以歲實分爲法除之，得一千五百二十年，爲前會積距後會積之年數。減去距前會積之年數，餘六百四十四年，爲距後會積之年數。既得積年，若欲還原求題中干支時刻，則以前會之積年與歲實相乘，得三十一萬九千九百五十九，爲積日。滿紀法六十去之，餘三十九日。自初日起甲子，得冬至爲癸卯日子正初刻。又置積日，以朔策日分九百四十通之，爲實。以朔策通分納子爲法除之，得一萬零八百三十四，爲積朔。餘二萬零四百五十四，又爲實。以朔策日分九百四十爲法除之，得二十一日又九百四十分之七百一十四，約之，爲四百七十分日之三百五十七，爲距冬至前日數。與甲子距冬至前三十九日相減，得一十七日又四百七十分日之一百一十三，爲距甲子後日數。自初日起甲子得辛巳，爲平朔干支，悉與題合。

【附】《札記》卷一：沈氏欽裴用四分術、開禧術推之，以正其誤，法最詳盡，今附録於此。

問：四分術冬至三百六十五日四分日之一，朔策二十九日九百四十分日之四百九十九，甲子六十日，各爲一周。假令天正朔甲戌日，九百四十分日之四百一十，冬至丁酉日，四分日之三，欲求氣、朔、甲子一會積年、積月、積日及曆過、未至年數，各幾何？

答曰：一會積年，一千五百二十。積月，一萬八千八百。積日，五十五萬五千一百八十。曆過年，一千一百一十五。未至年，四百五。

術曰：如元術，求得氣分、朔分、紀分、衍母及各正用。以氣分除衍母，得積年。以朔分除衍母，得積月。以紀分除衍母，得積紀。六十通之，得積日。以氣骨乘紀正用，爲紀總。以閏骨乘朔正用，爲朔總。併二總，滿衍母，去之，餘爲所求曆過率實。如氣分而一，爲曆過。以減積年，餘爲未及。

草曰：如元草，氣分一百三十七萬三千三百四十，朔分一十一萬一千三十六，紀分二十二萬五千六百，衍母二十億八千七百四十七萬六千八百。以氣分除衍母，得一千五百二十，爲積年，即四分術之紀法也。以朔分除衍母，得一萬八千八百，爲積月，即四分術之紀月也。以紀分除衍母，得九千二百五十三，爲積紀。以六十通之，得五十五萬五千一百八十，爲積日。乃以氣分母四、朔分母九百四十相乘，得三千七百六十，爲日法。以氣分子三乘朔分母九百四十，得二千八百二十，爲氣小餘。以朔分子四百一十乘氣分母四，得一千六百四十，爲朔小餘。置冬至大餘三十三，自甲子數至丙申。乘日法三千七百六十，得一十二萬四千八十。內氣小餘二千八百二十，得一十二萬六千九百，爲氣骨。置朔大餘一十，自甲子數至癸酉。乘日法三千七百六十，得三萬七千六百。內朔小餘一千六百四十，得三萬九千二百四十，爲朔骨。以朔骨減氣骨，餘八萬七千六百六十，爲閏骨。以氣骨一十二萬六千九百乘紀正用五億五千四百四十一萬二千一，得七十萬三千五百四十八億八千二百九十二萬六千九百，爲紀總。以閏骨八萬七千六百六十乘朔正用五億四千九百三十三萬六千，得四十八萬一千五百四十七億九千三百七十六萬，爲朔總。併二總，得一百一十八萬五千九十六億七千六百六十八萬六千九百。滿衍母二十億八千七百四十七萬六千八百，去之，餘一十五億三千一百二十七萬四千一百，爲所求率實。如氣分一百三十七萬三千三百四十而一，得一千一百一十五，爲曆過，即四分術所謂入紀年數也。以減積年一千五百二十，餘四百五，爲未至年數。

依四分術推天正朔，置入紀年數一千一百一十五，以蔀法七十六除之，得一十四。數從甲子蔀起算，外爲庚午蔀，不盡五十一，即入庚午蔀之年數也。置入蔀年五十一，以章月二百三十五乘之，得一萬一千九百八十五。如章法一十九而一，得六百三十，爲積月。不盡一十五，爲閏餘。置積月六百三十，以蔀日二萬七千七百五十九乘之，得一千七百四十八萬八千一百七十。如蔀月九百四十而一，得一萬八千六百四，爲積日。滿六十去之，餘四日，爲朔大餘。數從庚午起算，外得甲戌。不盡四百一十，爲朔小餘。

推冬至，置入蔀年五十一，以沒數二十乘之，得一千七十一。如日法四而一，得二百六十七。滿六十去之，餘二十七，爲冬至大餘。數從庚午起算，外得丁酉。不盡三，爲小餘，與問適合。

右問甲子在天正朔前。

假如天正朔大餘五十九，小餘一百七十五，冬至大餘二十二，小餘二，問入蔀年數幾何？

答曰：入己卯蔀七十一年。

草曰：以日法三千七百六十通冬至大餘二十二，得八萬二千七百二十。內分子一千八百八十，蔀法九百四十，通冬至小餘二之數。得八萬四千六百，爲氣骨。以日法三千七百六十通天正朔大餘五十九，得二十二萬一千八百四十。內分子七百，日法四乘小餘一百七十五之數。得二十二萬二千五百四十。以減紀分二十二萬五千六百，餘三千六十。與氣骨八萬四千六百相加，得八萬七千六百六十，爲閏骨。以氣骨乘紀正用，得四十六萬九千三十二億五千五百二十八萬四千六百，爲紀總。以閏骨乘朔正用，得四十八萬一千五百四十七億九千三百七十六萬，爲朔總。併二總，得九十五萬五百八十億四千九百四萬四千六百。滿衍母，去之。餘六億一千八百萬三千，爲所求率實。以氣分除之，得四百五十，爲曆過年數。以蔀法七十六除之，得五，爲曆過甲子、癸卯、壬午、辛酉、庚子五蔀。不盡七十，爲曆過己卯蔀七十年，現入己卯蔀七十一年也。

右問甲子在氣朔之間。

假如天正朔大餘五十，小餘六百三十四，冬至甲子日無小餘，問曆過蔀數、年數幾何？

答曰：曆過甲子、癸卯、壬午、辛酉、庚子、己卯、戊午七蔀，又丁酉蔀二十八年。

草曰：以日法三千七百六十通天正大餘五十，得一十八萬八千。內小餘二千五百三十六，四因小餘六百三十四。得一十九萬五百三十六。以減紀分二十二萬五千六百，餘三萬五千六十四，爲閏骨。以乘朔正用五億四千九百三十三萬六千，得一十九萬二千六百一十九億一千七百五十萬四千，爲朔總。滿衍母二十億八千七百四十七萬六千八百，去之。餘七億六千九百七萬四百，爲所求率實。以氣分一百三十七萬三千三百四十爲法，除之，得五百六十，爲曆過年數以。蔀法七十六除之，得七，爲曆過甲子、癸卯、壬午、辛酉、庚子、己卯、戊午蔀。不盡二十八，爲曆過丁酉蔀年數。

右問甲子與冬至同日。

假如天正朔、冬至同在日首大餘二十一，問曆過蔀數幾何？

答曰：曆過一十九蔀。

草曰：置大餘二十一，以三千七百六十通之，得七萬八千九百六十，爲氣骨，即朔骨。以乘紀正用五億五千四百四十一萬二千一，得四十三萬七千七百六十三億七千一百五十九萬八千九百六十，爲紀總。滿衍母二十億八千七百四十七萬六千八百，去之。餘一十九億八千三百一十萬二千九百六十，爲所求率實。以氣分一百三十七萬三千三百四十爲法，除之，得一千四百四十四，爲曆過年數。如蔀法七十六而一，得一十九，爲曆過甲子蔀至丙午蔀。

右問天正朔、冬至同在日首。

問：開禧術，冬至三百六十五日一萬六千九百分日之四千一百八，朔策二十九日一萬六千九百分日之八千九百六十七，甲子六十日，各爲一周。假令至淳祐丙午十一月丙辰朔，初五日庚申冬至，欲求本術氣、朔、甲子一會積年、積月、積日及曆過、未至年數各幾何？

答曰：一會積年八億一千九十八萬三千八百七十五年。積月一百億三千四十八萬八千。積日二千九百六十二成六百二十四萬五千八百四十。曆過年九千三百四十萬一千四百二十五。未至年七億一千二百五十八萬二千四百五十。

術同前。

23

草曰置問數冬至三百六十五日一萬六千九百分日之四千一百八朔策二十九日一萬六千九百分日之八千九百六十七甲子六十日通分內子冬至得六百一十七萬二千六百八爲氣分朔實得四十九萬九千六十七爲朔分甲子得一百一萬四千爲紀分三行列之具圖如後。

冬至 ‖‖‖ 日　　　Ⅲ子　　　○母　　　Ⅲ 氣分即氣元

朔策 ‖‖‖　　　　Ⅱ子　　　○　　　　Ⅱ 朔分即朔元

甲子 ○　　　　　○　　　　○　　　　○ 紀分即紀元

三行無總等，各分數即爲各元數，乃連環求等。以氣元與朔元求等，得一，不約。以氣元與紀元求等，得六百二十四，只約紀元，得一千六百二十五，爲紀泛定。氣元、朔元，即爲氣泛定、朔泛定。

Ⅲ氣元　即爲氣泛定　　　Ⅱ朔元　即爲朔泛定　　　‖‖‖‖ 紀泛定

再求續等，氣泛定、紀泛定等數一十三，以等數約氣泛定，得四十七萬四千八百一十六，爲氣定。以等數乘紀泛定，得二萬一千一百二十五，爲紀定。朔泛定四十九萬九千六十七，即爲朔定。三定相乘，得五千五萬八千八百五十五億五千四百六十九萬六千，爲衍母。具圖如後。

氣定	朔定	紀定	衍母

　　置衍母爲實，如氣分六百一十七萬二千六百八而一，得八億一千九十八萬三千八百七十五，爲一會積年。如朔分四十九萬九千六十七而一，得一百億三千四十八萬八千，爲一會積月。如紀分一百一萬四千而一，得四十九億三千六百七十七萬七百六十四，爲積紀。以六十通之，得二千九百六十二億六百二十四萬五千八百四十，爲積日。

一會積年	一會積月	一會積日

　　次以各定數約衍母，得各衍數。

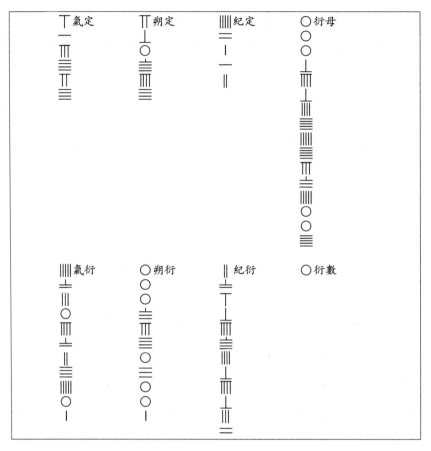

氣衍一百五億四千二百七十九萬三百七十五，朔衍一百億三千四十八萬八千，紀衍二千三百六十九億六千四百九十九萬六千六百七十二。各滿定數去之，各得奇數。

氣奇四十五萬七百二十七，朔奇二十三萬九千四百三十四，紀奇二萬四十七。各與定數，用大衍求一，各得乘率。

右行　　氣奇　　氣定　　　商 |

天元 |　　空 ○

左行　　氣奇　　氣定 餘

天元 |　　歸數 |

商　　氣奇　　氣奇 餘

天元 |　　歸數 |

氣奇 餘　　氣定 餘

乘率　　歸數 |

氣奇 餘　　氣定 餘　　　商 |

乘率　　歸數 |

27

氣奇⦀⦀餘　　氣定⫼餘

乘率⫼⫼⫼　　歸數〇

商‖　氣奇⦀⦀⦀餘　　氣定⫼餘

乘率⫼⫼⫼　　歸數〇

氣奇⌗餘　　氣定⦀⦀⦀餘

乘率⫼⫼⫼⫼　　歸數〇

氣奇⌗餘　　氣定⦀⦀⦀餘　　商‖

乘率⫼⫼⫼　　歸數〇

氣奇⌗餘　　氣定〇餘

乘率⫼⫼⫼　　歸數〇

商⦀⦀⦀⦀　氣奇⌗餘　　氣定〇餘

乘率　　　　歸數

氣奇　餘　　氣定　○餘

乘率　　　　歸數

氣奇　餘　　氣定　○餘　　　商丨

乘率　　　　歸數

氣奇　餘　　氣定　餘

乘率　　　　歸數

商丨　氣奇　餘　　氣定　餘

乘率　　　　歸數

氣奇　餘　　氣定　餘

乘率　　　　歸數

氣奇　餘　　氣定　餘　　　商丨

乘率　　　　　歸數

氣奇　餘　　　氣定　餘

乘率　　　　　歸數

商

氣奇　餘　　　氣定　餘

乘率　　　　　歸數

氣奇　餘　　　氣定　餘

乘率　　　　　歸數

氣奇　餘　　　氣定　餘　　商

乘率　　　　　歸數

氣奇　餘　　　氣定　餘

乘率　　　　　歸數

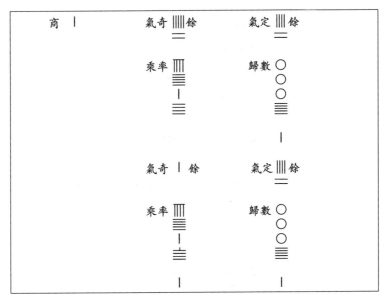

右求得氣乘率一萬九千一百五十九。

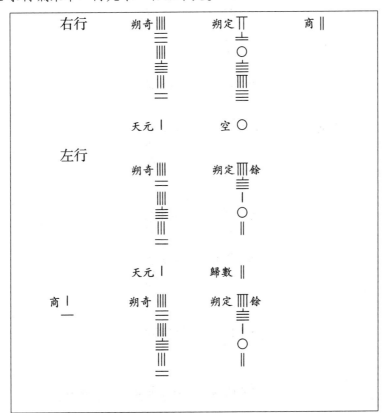

天元 ｜　　　歸數 ‖

朔奇 ⸽⸽⸽⸽ 餘　　朔定 ‖‖‖ 餘

乘率 ⸽⸽⸽ 　　　歸數 ‖

朔奇 ⸽⸽⸽⸽ 餘　　朔定 ‖‖‖ 餘　　商 ｜

乘率 ⸽⸽⸽ 　　　歸數 ‖

朔奇 ⸽⸽⸽⸽ 餘　　朔定 ‖‖‖ 餘　　商

乘率 ⸽⸽⸽ 　　　歸數 ‖‖‖‖

商 ⸽⸽⸽⸽　朔奇 ⸽⸽⸽⸽ 餘　　朔定 ⸽⸽⸽

乘率 ⸽⸽⸽ 　　　歸數 ‖‖‖‖

朔奇 ⸽⸽⸽⸽ 餘　　朔定 ‖‖‖ 餘

乘率 ⸽⸽⸽ 　　　歸數 ‖‖‖‖

朔奇 ⸽⸽⸽⸽ 餘　　朔定 ‖‖‖‖ 餘　　商 ｜

乘率　歸數

朔奇　餘　　朔定　餘

乘率　歸數

朔奇　○餘　　朔定　餘

乘率　歸數

朔奇　○餘　　朔定　餘　　商

乘率　歸數

朔奇　○餘　　朔定　餘

乘率　歸數

商　　朔奇　○餘　　朔定　餘

乘率　歸數

朔奇 ｜ 餘　　朔定 Ⅲ 餘

乘率 ｜　　歸數 Ⅲ

右求得朔乘率六千二百五十一。

右行　　紀奇 Ⅱ 　　紀定 ⅠⅠⅠⅠ 　　商 ｜

天元 ｜ 　　空 ○

左行　　紀奇 Ⅱ 　　紀定 Ⅲ 餘

天元 ｜ 　　歸數 ｜

商 Ⅲ 　　紀奇 Ⅱ 　　紀定 Ⅲ 餘

天元 ｜ 　　歸數 ｜

紀奇 ⅢⅠ 餘 　　紀定 Ⅲ 餘

乘率 Ⅲ 　　歸數 ｜

紀奇 ⅢⅠ 餘 　　紀定 Ⅲ 餘 　　商 ｜

乘率〣 　　　歸數〡

紀奇〣餘 　　紀定〣餘

乘率〣 　　　歸數〇

商〡　　紀奇〣餘 　　紀定〣餘

乘率〣 　　　歸數〇

紀奇〣餘 　　紀定〣餘

乘率〣 　　　歸數〇

紀奇〣餘 　　紀定〣餘 　　商〢

乘率〣 　　　歸數〇

紀奇〣餘 　　紀定〣餘

乘率〣 　　　歸數〣

商〇　　紀奇〣餘 　　紀定〣餘

乘率〣 　　　歸數〣

紀奇〣 　　　紀定〣

乘率〣 　　　歸數〣

紀奇Ⅲ餘　　紀定Ⅲ餘　　　商丨

乘率Ⅲ　　　歸數Ⅲ

紀奇Ⅲ餘　　紀定丨餘

乘率Ⅲ　　　歸數

商Ⅲ　　紀奇Ⅲ餘　　紀定丨餘

乘率Ⅲ　　　歸數

紀奇丨餘　　紀定丨餘

乘率Ⅲ　　　歸數

右求得紀乘率二萬八。

氣乘率一萬九千一百五十九，朔乘率六千二百五十一，紀乘率二萬八，列右行，對乘左行衍數，各得泛用。

			乘率	右行

			衍數	左行

‖‖‖氣泛即氣定	○朔泛即朔定	⊤紀泛即紀定	○衍母

氣泛得二百一萬九千八百九十三億二千七十九萬四千六百二十五，朔泛得六十二萬七千五億八千四十八萬八千，紀泛得四千七百四十一萬一千九百五十六億五千三百四十一萬三千三百七十六。併之，得五十五萬八千八百五十五億五千四百六十九萬六千一。以課衍母多一，則泛用即爲定用。次驗問題十一月朔日丙辰冬至初五日庚申，自甲子數至乙卯，得五十二，以日法一萬六千九百乘之，得八十七萬八千八百，爲朔骨。自甲子數至己未，得五十六，以日法一萬六千九百乘之，得九十四萬六千四百，爲

氣骨。以朔骨減氣骨，餘六萬七千六百，爲閏骨。以氣骨乘紀正用，得紀
總。以閏骨乘朔正用，得朔總。具圖如後。

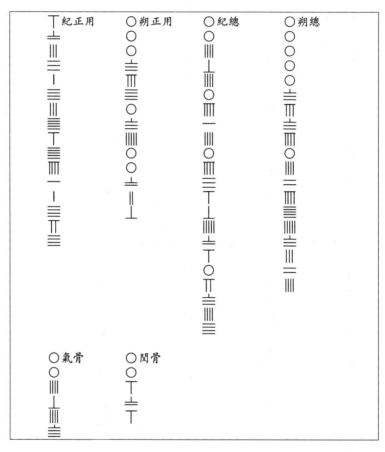

紀總得四十四萬八千七百六兆七千五百六十六萬三千九百四億一千九
百四萬六千四百，朔總得四百二十三兆八千五百五十九萬二千四百九億八
千八百八十萬。併之，得四十四萬九千一百三十兆六千一百二十五萬六千
三百一十四億七百八十四萬六千四百，爲總數。滿衍母五千五萬八千八百
五十五億五千四百六十九萬六千，去之。不滿五百七十六萬五千三百三億
八千三百一十六萬六千四百，爲所求率實。具圖如後。

丁 總數　　　○ 衍母　　　○ 所求率實　　　Ⅲ 氣分

（以上為算籌數字圖）

　　置所得率實五百七十六萬五千三百三億八千三百一十六萬六千四百，如氣分六百一十七萬二千六百八而一，得九千三百四十萬一千四百二十五，爲曆過年數。以減一會積年八億一千九十八萬三千八百七十五，餘七億一千七百五十八萬二千四百五十，爲未至年數。合問。

　　案《宋志》，開禧上元甲子至開禧三年丁卯，歲積七百八十四萬八千一百八十三。自丁卯至淳祐丙午，加三十九算，歲積七百八十四萬八千二百二十二，乃推曆過年數，得九千三百四十萬一千四百二十五，所差甚多。由本題氣朔甲子相距日數，任意設問，非用本術推到故也。今依術，推得淳祐丙午氣朔日分，轉求曆過年數於後。

　　推淳祐六年丙午冬至日辰。

　　術曰：置上元距所求年積算，滿氣蔀率去之。不滿，爲入蔀歲。以歲餘乘之，滿紀率去之。不滿，爲氣骨。如日法而一，爲大餘。不盡，爲小餘。其大餘命甲子算外，即得日辰。

　　草曰：開禧術，上元甲子距淳祐丙午，歲積七百八十四萬八千二百二十二。滿氣蔀率一千六百二十五，去之。餘一千九十七，爲入蔀歲。以歲餘八萬八千六百八乘之，得九千七百二十萬二千九百七十六。滿紀率一百一萬四千，去之。不滿八十七萬二千九百七十六，爲氣骨。如日法一萬六千九百而一，得五十一，爲大餘。不盡一萬一千七十六，爲小餘。其大餘數起甲子算外，乙卯即冬至日辰。

推天正經朔。

術曰：置積算，以歲率乘之，爲氣積。滿朔率去之，不滿，爲閏骨。以閏骨減氣積，餘滿紀率去之。不滿，如日法而一，爲大餘。不盡，爲小餘。命之如前。

草曰：置積算七百八十四萬八千二百二十二，以歲率六百一十七萬二千六百八乘之，得四十八萬四千四百三十九億九千七百九十萬二千九百七十六，爲氣積。滿朔率四十九萬九千六十七，去之。不滿三十九萬七千五百三十四，爲閏骨。以閏骨減氣積，餘四十八萬四千四百三十九億九千七百五十萬五千四百四十二。滿紀法一百一萬四千，去之。不滿四十七萬五千四百四十二，如日法一萬六千九百而一，得二十八，爲大餘。不盡二千二百四十二，爲小餘。其大餘數起甲子算外，壬辰即天正經朔日辰。

轉求曆過年數。

法以氣骨八十七萬二千九百七十六，乘紀正用四千七百四十一萬一千九百五十六億五千三百四十一萬三千三百七十六，得四十一萬三千八百九十五兆一十六萬七千三百四十一億九千五百三十二萬六千九百七十六，爲紀總。以閏骨三十九萬七千五百三十四，乘朔正用六十二萬七千五億八千四十八萬八千，得二千四百九十二兆五千六百一十二萬五千六百三十七億一千六百五十九萬二千，爲朔總。併之，得四十一萬六千三百八十七兆五千六百二十九萬二千九百七十九億一千一百九十一萬八千九百七十六，爲總數。滿衍母五千五萬八千八百五十五億五千四百六十九萬六千，去之。不滿四十八萬四千四百三十九億九千七百九十萬二千九百七十六，爲所求率實。以氣分六百一十七萬二各六百八爲法，除之，得七百八十四萬八千二百二十二，爲曆過年數，適合。

景昌案：道古所用天正、冬至、日名俱不誤，但略去小餘，故以求曆過年數，有不合耳。先生所推，乃是淳祐丙午歲前冬至，即淳祐乙巳十一月冬至也。求淳祐丙午十一月朔及冬至，當以淳祐丁未立算，今改推於後。

術同前。

草曰：開禧上元甲子距淳祐丁未，歲積七百八十四萬八千二百二十三。滿氣蔀率一千六百二十五，去之，餘一千九十八，爲入蔀歲。以歲餘八萬八千六百八乘之，得九千七百二十九萬一千五百八十四。滿紀率一百一萬四千，去之。不滿九十六萬一千五百八十四，爲氣骨。如日法一萬六千九百而一，得五十六，爲大餘。不盡一萬五千一百八十四，爲小餘。其大餘數起甲子算外，庚申與元問合。置積算七百八十四萬八千二百二十三，以歲率六百一十七萬二千六百八乘之，得四十八萬四千四百四十億四百七萬五千五百八十四，爲氣積。滿朔率四十九萬九千六十七，去之。不滿八萬二千二百七十一，爲閏骨。在氣骨以下，便以閏骨減氣骨，餘八十七萬九千三百一十三，爲朔骨。以日法除之，得五十二，爲大餘。不盡五百一十三，爲小餘。其大餘數起甲子算外，得丙辰，與元問合。

如求曆過積年，則以氣骨九十六萬一千五百八十四乘紀正用，得四十五萬五千九百五兆七千八百八十一萬一千九百一十八億四千七百七十四萬七千五百八十四，爲紀總。以閏骨八萬二千二百七十一乘朔正用，得五百一十五兆八千四百三十九萬四千四百五十七十三億二千八百二十四萬八千，爲朔總。併二總，得四十五萬六千四百二十一兆六千三百二十萬六千四百九十一億七千五百九十九萬五千五百八十四。滿衍母，去之。不滿四十八萬四千四百四十億四百七萬五千五百八十四，爲所求率實。以氣分六百一十七萬二千六百八爲法，除之，得七百八十四萬八千二百二十三，爲曆過年數，即丁未年距算也。

推計土功[①]

問：築堤起四縣夫，分給里步皆同。齊闊二丈，里法三百六十步，步法五尺八寸，人夫以物力差定。甲縣物力一十三萬八千六百貫，乙縣物力一十四萬六千三百貫，丙縣物力一十九萬二千五百貫，丁縣物力一十八萬四千八百貫。每力七百七十貫，科一名，春程人功平方六十尺，先到縣先給。今甲、乙二縣俱畢，丙縣餘五十一丈，丁縣餘一十八丈，不及一日全功。欲知堤長及四縣夫所築各幾何？

【庫本】按題意，以四縣修堤總長相同，每日所修之長不同，以各每日所修之長計總長，或適足，或有餘，以求總長也。但不正言其數，而設堤闊數、各縣物力數、一夫力數、一夫平方數，以取每日所修堤長數，故令人不能驟解。

答曰：堤長一十九里二百三十五步五尺。

甲縣夫築一千二十六丈。乙、丙、丁同。

乙縣夫築一千七百六十八步五尺六寸。甲、丙、丁同。

丙縣夫築四里三百二十八步五尺六寸。甲、乙、丁同。

丁縣夫築。同前三縣數。

【庫本】按：四縣所築堤長等，則丈數、步數、里數皆同。今以三數分載三縣下，而復注以與某縣同，殊混人目。

術曰：置各縣力，以程功乘爲實，以力率乘堤齊闊爲法，除之，得各縣日築復數，有分者通之，互乘之，得通數。求總等，不約一位，約眾位，曰元數。連環求等，約奇，得定母。陸續求衍數、奇數、乘率、用數。以丙、丁縣不及數乘本用，併爲總數。以定母相乘，爲衍母。滿母，去總數，得各縣分給里步積尺數，以縣數因之，爲堤長。各以里法、步法約

---

① 推計土功：《札記》卷一："第一卷《推計土功》，館本入卷一下。案：目次先後，是與館本最異處，附注各題之下，庶閱者易於檢尋。"

之，爲里步。

草曰：置甲縣力一十三萬八千六百貫，乙縣力一十四萬六千三百貫，丙縣力一十九萬二千五百貫，丁縣力一十八萬四千八百貫。以程功六十尺遍乘之，皆以貫默約之①。甲得八百三十一萬六千尺，乙得八百七十七萬八千尺，丙得一千一百五十五萬尺，丁得一千一百八萬八千尺②，各爲實。次以力率七百七十貫，乘堤齊闊二十尺，亦以貫默約之，得一萬五千四百尺，爲法。遍除諸各實，甲得五十四丈，乙得五十七丈，丙得七十五丈，丁得七十二丈，各爲四縣衆夫每日築長率③。按大衍術，命曰復數，列右行。

元數𝍣寸	𝍦寸	𝍤寸	𝍡寸	右行
𝍭尺	𝍭尺	𝍯尺	𝍯尺④	

以復數求總等⑤，得三寸⑥，以約三位多者，不約其少者。甲得五十四，乙得一十九，丙得二十五，丁得二十四，仍⑦爲元數。次以兩兩連環求等，各約之。

甲	乙	丙	丁	
𝍣	𝍨	𝍤	𝍣仍元	左行
𝍭	𝍩	𝍪	𝍪	

【庫本】 按：四縣每日築長數，皆以丈爲单位，非位數也。但一等數可以度盡四數，必先求總等約之，然後可以爲元數。即此可見，總等法不

① 貫默：庫本注："按貫默，乃以一貫千文爲法之名，與前官陌、市陌名相似。"

② "甲得"至"八千尺"：《札記》卷一："原本作'甲得八萬三千一百六十尺，乙得八萬七千七百八十尺，丙得一十一萬五千五百尺，丁得一十一萬八百八十尺'，今據館本改正。"

③ 衆夫：明鈔本作"築夫"。

④ 《札記》卷一：𝍣寸、𝍦寸、𝍤寸、𝍡寸、𝍭尺、𝍭尺、𝍯尺、𝍯尺，館本無"尺"字，皆作"丈"。案：館本是也。原本甲乙丙丁各實，皆較館本小二位。此圖寸較丈亦小二位，蓋相因而誤。

⑤ 復數：庫本注："按：前術以尾數在十以上者爲復數，此數不合。"

⑥ 三寸：庫本改作"三丈"，注云："按：此條原本皆以'丈'爲'寸'，於義無取，今皆改正。"《札記》卷一："景昌案：沈校未改，今仍原本。"

⑦ 仍：明鈔本、庫本同，沈康身《宜稼堂本〈數書九章〉正誤》正作"乃"。

獨用於通數、復數也。

先以丁、丙求等，又以丁、乙求等，皆得一，不約。次以丁、甲求等，得六，只約甲五十四，得九。不約丁。次以丙與乙求等。又以丙與甲九求等，皆得一，不約。後以乙與甲九求等，得一，不約。復驗甲九與丁二十四，猶可再約，又求等，得三，以約丁二十四，得八。復甲爲二十七[①]。

次以定母四位相乘，求得一十萬二千六百，爲衍母。各以定母約衍母，甲得三千八百，乙得五千四百，丙得四千一百四，丁得一萬二千八百二十五，爲衍數。

滿定母，各去衍數。甲不滿二十，乙不滿四，丙不滿四，丁不滿一，各爲奇數。

以各定母，與本奇數，用大衍求一術入之，各得乘率。甲得二十三，乙得五，丙得一十九，丁得一。

---

① "復"下庫本有"乘"字。

甲	乙	丙	丁	乘率	右行
				衍數	寄左行

以右行乘率對乘，寄左行衍數。甲得八萬七千四百，乙得二萬七千，丙得七萬七千九百七十六，丁得一萬二千八百二十五，各爲用數。

○甲用	○乙用	丙用	丁用

次驗四縣所築，有無不及零丈尺寸。今甲乙俱畢，爲無。丙餘五十一丈，丁餘一十八丈，爲有。以丙、丁二縣餘丈，各乘丙、丁二用數。其丙五十一，乘丙用七萬七千九百七十六，得三百九十七萬六千七百七十六丈，爲丙總；以丁餘一十八，乘丁用一萬二千八百二十五，得二十三萬八百五十丈，爲丁總。併二總，得四百二十萬七千六百二十六丈，爲總數。亦以丈通衍母，得一十萬二千六百丈，仍爲衍母。滿去總數，不滿一千二十六丈，爲所求長率。以四縣因之，得四千一百四丈，爲實。以步法五尺八寸除之，得七千七十五步五尺，爲堤積步。以里法三百六十步約之，得一十九里二百三十五步五尺，爲堤通長。置長率一千二十六丈，以步法約之，得一千七百六十八步五尺六寸。又以里法約之，得四里三百二十八步五尺六寸，爲各縣所給道里步尺數。

推庫額錢

問：有外邑七庫，日納息足錢適等，遞年成貫整納。近緣見錢希少①，聽各庫照當處市陌，準解舊會。其甲庫有零錢一十文，丁、庚二庫各零四文，戊庫零六文，餘庫無零錢。甲庫所在市陌一十二文，遞減一文，至庚庫而止。欲求諸庫日息元納足錢展省，及今納舊會并大小月分各幾何？

【庫本】按題意，係七邑日納共錢同數，以各邑市陌數計之，或適足，或有餘，多寡不同。甲陌十二，則餘十；乙陌十一，丙陌十，則無餘；丁陌九，則餘四；戊陌八，則餘六；己陌七，則無餘；庚陌六，則餘四。以求共錢同數，此本術也。又問展省舊會，按草中展省乃官省陌，以七十七爲一百所展日息共錢之數，舊會乃以各陌數爲一百所升日息共錢之數。二者在本術中已贅，且不明言展省舊會用數求法，皆故爲溟涬也。

答曰：諸庫元納日息足錢二十六貫九百五十文，展省三十五貫文。

甲庫日息舊會二百二十四貫五百一十文②，大月舊會六千七百三十七貫五百文③，小月舊會六千五百一十二貫九百二文④。

乙庫日息舊會二百四十五貫文，大月舊會七千三百五十貫文，小月舊會七千一百五貫文。

丙庫日息舊會二百六十九貫五百文，大月舊會八千八十五貫文，小月舊會七千八百一十五貫五百文。

丁庫日息舊會二百九十九貫四百四文⑤，大月舊會八千九百八十三貫三百三文⑥，小月舊會八千六百八十三貫八百八文⑦。

---

① 希：庫本作"稀"。
② 五百一十文：庫本注："按：應作'五百文又六分文之五'。"《札記》卷一："案：原本不誤。蓋甲庫以十二文爲一百，其未滿十二文者，十一文則竟曰十一文，十文則竟曰十文，未嘗升也。乙庫以下做此。"
③ 五百文：庫本注："按：少二十五文。"
④ 六千五百一十二貫九百二文：庫本注："按：應作'六千五百一十貫五百又六分文之一'。"
⑤ 四百四文：庫本注："按：應作'四百四十四文又九分文之四'。"
⑥ 三百三文：庫本注："按：少三十文又三分文之一。"
⑦ 八百八文：庫本注："按：少八十文又九分文之八。"

戊庫日息舊會三百三十六貫八百六文①，大月舊會一萬一百六貫二百四文②，小月舊會九千七百六十九貫三百六文③。

己庫日息舊會三百八十五貫文，大月舊會一萬一千五百五十貫文，小月舊會一萬一千一百六十五貫文④。

庚庫日息舊會四百四十九貫一百四文⑤，大月舊會一萬三千四百七十五貫文，小月舊會一萬三千二十五貫八百二文⑥。

術曰：同前。以大衍求之。置甲庫市陌，以遞減數減之，各得諸庫元陌。連環求等，約奇弗約偶⑦，得定母。諸定相乘，爲衍母，以定約衍母，得衍數。衍數同衍母者，去之爲無。無者，借之同類。其各滿定母，去餘爲奇數。以奇、定用大衍求乘率，乘衍數，爲用數。無者，則以元數同類者求等，約衍母，得數爲借數。

次置有零文庫零錢數，乘本用數，併爲總數。滿衍母，去之。不滿，爲諸庫日息足錢。各大小月日數乘之，各爲實，各以元陌約，爲舊會。

草曰：置甲庫市陌一十二，遞減一，得一十一爲乙庫陌，一十爲丙庫陌，九爲丁庫陌，八爲戊庫陌，七爲己庫陌，六爲庚庫陌，得諸庫元陌。

甲	乙	丙	丁	戊	己	庚	
‖	丨	○	⵲	⵲丨	⵲丨丨	丅	元陌

以連環求等，約訖，甲得一，乙得一十一，丙得五，丁得九，戊得

① 八百六文：庫本注：“按：應作‘七十五文’。”
② 二百四文：庫本注：“按：應作‘二百五十文’。”
③ 三百六文：庫本注：“按：應作‘七十五文’。”
④ 六十五貫文：庫本作“六十貫文”，注：“按：少五貫。”《札記》卷一：“原本脫‘五’字，館本同。”
⑤ 一百四文：庫本注：“按：應作‘一百六十六文又分三文之二’。”《札記》卷一：“原本不誤。”
⑥ 一萬三千二十五貫八百二文：庫本注：“按：應作‘二萬三千二十五貫八百三十三文又三分文之一’。”《札記》卷一：“原本‘五貫’作‘四貫’，館本同。案云……。案：惟‘五貫’之‘五’誤作‘四’，餘俱不誤。”
⑦ 約奇弗約偶：庫本注：“按：此特爲等數爲偶者言之。若等數爲奇者，則約偶弗約奇。”

八，己得七，庚得一，各爲定母。立各一爲子。

【庫本】按：此法之要，在於求定，而術中獨略之，今詳其式於後。

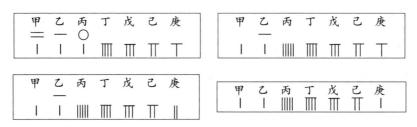

法列七庫陌數於前，先以甲與乙相約，無等數。與丙數相約，得等數二。偶。約丙十得五。奇。與丁數相約，得等數三。奇。約甲十二得四。偶。與戊數相約，得等數四。偶。約甲四得一。奇。甲數既爲一，不能再約，即爲與諸數遍約畢。

次以乙與下五數相約，俱無等。次以丙與下四數相約，亦俱無等。次以丁與戊、己二數相約，俱無等。與庚數相約，得等數三，奇。約庚六，得二。偶。次以戊與己相約，無等。與庚相約，得等數二。偶。約庚二，得一。奇。庚既爲一，己亦不能與之相約，乃爲連環求等畢。得定數，爲甲一，乙十一，丙五，丁九，戊八，己七，庚一也。後凡求定數，做此。

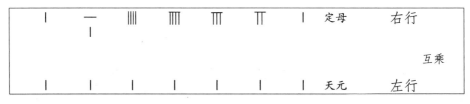

先以諸定相乘，得二萬七千七百二十，爲衍母。次以諸定互乘諸子，甲得二萬七千七百二十，乙得二千五百二十，丙得五千五百四十四，丁得三千八十，戊得三千四百六十五，己得三千九百六十，庚得二萬七千七百二十，各爲衍數。

甲	乙	丙	丁	戊	己	庚	定母		
								右行	
								左行	
							衍數		

次驗諸衍數，有同衍母者，皆去之，爲無衍數。次各滿定母去各本衍，各得奇數。甲無，乙得一，丙得四，丁得二，戊得一，己得五，庚無。各爲奇數。

甲	乙	丙	丁	戊	己	庚	定母
							奇數

次驗有奇數者，得一，便以一爲乘率。或得二數以上者，各以奇數於右上，定母於右下，立天元一於左上，用大衍求一之術入之。驗乘除至右上餘一而止，皆以左上所得爲乘率。甲無，乙得一，丙得四，丁得五，戊得一，己得三，庚無。各爲乘率，列右行，以對寄左衍。

甲	乙	丙	丁	戊	己	庚	乘率	右行
							衍數	左行

以兩行對乘之，爲用數。甲無，乙得二千五百二十，丙得二萬二千一百七十六，丁得一萬五千四百，戊得三千四百六十五，己得一萬一千八百八十，庚無。

甲	乙	丙	丁	戊	己	庚	用數

次以推無用數者①，惟甲、庚合於同類處借之。其同類，謂元陌，列而視之。

甲	乙	丙	丁	戊	己	庚	
‖	│	○	⊥	⫲	⊤	⊤	元陌

今視甲一十二、庚六，皆與丙一十、戊八俱偶，爲同類。其戊用數三千四百六十五，其數少，不可借。唯丙一十之用數，係二萬二千一百七十六，爲最多，當以借之。乃以甲一十二、丙一十、庚六求等，得二。以等數二，約衍母二萬七千七百二十，得一萬三千八百六十，爲借數。乃減丙用二萬二千一百七十六，餘八千三百一十六，爲丙用數。乃以所借出之數一萬三千八百六十爲實，以元等二爲法除之，得六千九百三十，爲甲用數。以甲用數減借出數，餘亦得六千九百三十，爲庚用數。今不欲使甲、庚之借數同，乃驗借出數一萬三千八百六十，可用幾約如意，乃立三②，取三分之一，得四千六百二十，爲甲用。取三分之二，得九千二百四十，爲庚用。列右行。

							用數	右行
○	○	⊤	⊥	⫲	⊥	○		
甲	乙	丙	丁	戊	己	庚	定數③	左行
○	○	○	⊥	⊤	○	‖		

乃視諸庫有無零錢數，驗得乙、丙、己三庫無，先去其用數，乃以甲、丁、戊、庚四庫零錢，列左行，對乘本用。甲得四萬六千二百，丁得

---

① 數：明鈔本無。

② "乃驗"至"乃立三"：《札記》卷一：李氏銳曰："甲丙之等二，於丙借甲，以等二約衍母爲借數。甲庚之等六，於甲借庚，當以等六約衍母爲借數。今甲用本爲二約衍母之數，又以三約之，便是六約衍母。又庚丙之等亦爲二。於甲借庚，與先借得庚用，然後於庚借甲同。故以三之一爲甲用，三之二爲庚用。云如意立三，雖合其數，於率不通。"

③ 定數：庫本作"零數"。

六萬一千六百，戊得二萬七百九十，庚得三萬六千九百六十[1]，各爲總。

併此四總，得一十六萬五千五百五十。滿衍母二萬七千七百二十，去之，不滿二萬六千九百五十，爲所求率。以貫約爲二十六貫九百五十文，爲諸庫日息等數。以官省七十七陌，展得三十五貫文[2]。各以其庫元陌紐計[3]，各得舊會零錢。各以三十日乘，爲大月息。以日息減大息，餘爲小月息。合問。

---

① “戊得”至“六十”：《札記》卷一：“原本庚數在戊數前。”
② 三十五貫文：庫本注：“按：官省陌以七十七爲一百，故二十六貫餘，展爲三十五貫。”
③ 元陌紐計：庫本注：“按庫陌紐計，即以各陌數爲一百。”

數書九章卷第二

分糶推原[①]

問：有上農三人，力田所收之米，係用足斗均分，各往他處出糶。甲糶與本郡官場，餘三斗二升。乙糶與安吉鄉民，餘七斗。丙糶與平江攬戶，餘三斗。欲知共米及三人所分各糶石數幾何？

答曰：共米七百三十八石，三人分米各二百四十六石。

甲糶官斛二百九十六石。

乙糶安吉斛二百二十三石。

丙糶平江斛一百八十二石。

術曰：以大衍求之。置官場斛率、安吉鄉斛率、平江市斛率，官私共知者，官斛八斗三升，安吉鄉斛一石一斗，平江市斛一石三斗五升。爲元數。求總等，不約一位，約衆位。連環求等，約奇不約偶。或猶有類數存者，又求等，約彼必復乘此。各得定母，相乘爲衍母，互乘爲衍數。滿定，去之，得奇。大衍求一，得乘率，乘衍數，爲用數。以各餘米乘用，併之，爲總。滿衍母，去之。不滿，爲所分。以元人數乘之，爲共米。

草曰：置文思院官斛八十三升，安吉州鄉斛一百一十升，平江府市斛一百三十五升，各爲其斛元率。

　　先以三率求總等，得一，不約①。次以連環求等，其安吉率一百一十，與平江率一百三十五求等，得五，以約平江率，得二十七②。餘皆求等，得一，不約。各得定數。

‖‖‖官斛	〇安吉	‖‖‖‖平江　定母	右行
三	一	二	
	丨		

　　以定數相乘，得二十四萬六千五百一十，爲衍母。各以元率約之③，得二千九百七十，爲官斛衍數；得二千二百四十一，爲安吉斛衍數；得九千一百三十，爲平江斛衍數。

官斛	安吉	平江　衍數　寄左	〇　衍母
〇	二	〇	‖‖‖‖
⊥	三	二	‖
‖‖‖	三	⊥	‖‖‖
		一	

　　次以定母滿去衍數，得不滿六十五，爲官斛奇；不滿四十一，爲安吉奇④；不滿四，爲平江奇數。

‖‖‖官斛	〇安吉	‖‖平江　定母	右行
三	一		
	丨		
‖‖‖‖	⊥	‖‖‖‖	寄數　左行
三			

　　定母、奇數，各以大衍入之，求得乘數，得二十三，爲官斛乘率；得五十一，爲安吉乘率；得七，爲平江乘率。

---

① 得一不約：庫本注：“按：此題只一數見十，不必用復數求總等。”
② 得二十七：庫本注：“按：五爲中數，或約偶，或約奇，皆可，但不約可以再約者。”《札記》卷一：“李氏銳曰：安吉率尾數一十，爲偶；平江率尾數五，爲奇。約平江率者，約奇弗約偶也。”
③ 各以元率約之：《札記》卷一：沈氏欽裴曰：“‘元率’當作‘定母’。”
④ “奇”下，明鈔本有“數”字。

以乘率各乘寄左行衍數，得六萬八千三百一十，爲官斛用數；得一十一萬四千二百九十一，爲安吉用數；得六萬三千九百一十，爲平江用數。

次以甲餘三十二升，乘官斛用數六萬八千三百一十，得二百一十八萬五千九百二十升於上；次以乙餘七十升，乘安吉用數一十一萬四千二百九十一，得八百萬三百七十升於中；次以丙餘三十升，乘平江用數六萬三千九百一十，得一百九十一萬七千三百於下。各爲總，併之，得一千二百一十萬三千五百九十升，爲總數。滿衍母二十四萬六千五百一十升，去之。不滿二萬四千六百升，爲所求率。展爲二百四十六石，爲三人各分米，以兄弟三人因之，得七百三十八石，爲共米。置分米二百四十六石，各以官斛八斗三升、安吉斛一石一斗、平江斛一石三斗五升約之。甲得二百九十六石，餘三斗二升；乙得二百二十三石，餘七斗；丙得一百八十二石，餘三斗。各爲糶過及餘米。合問。

程行計地

問：軍師獲捷，當早點差急足三名，往都下節節走報。其甲於前數日申末到，乙後數日未正到，丙於今日辰末到。據供甲日行三百里，乙日行二百四十里，丙日行一百八十里。問自軍前至都里數，及三人各行日數幾何？

答曰：軍前至都三千三百里。甲行一十一日，乙行一十三日四時，丙行一十八日二時。

術曰：以大衍求之。置各行里，先求總等，存一，約眾，得元里。次以連環求等，約奇，復乘偶，得定母。以定相乘，爲衍母。滿定，除衍，得衍數。滿定，去衍數，得奇。奇、定大衍，得乘率，以乘衍數，得用數。

次置辰刻正末，乘各行里，爲實。以晝六時約之，得餘里，各乘用數，併爲總。滿衍母，去，得所求至都里。以各日行約之，得日辰刻數。

草曰：置甲三百里，乙二百四十里，丙一百八十里。先求總等，得六十。只存甲三百，勿約。乃約乙二百四十，得四。次約丙一百八十，得三。各爲元數，連環求等。

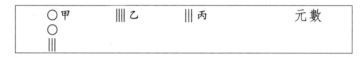

先以丙、乙求等，得一，不約。次以丙、甲求等，得三。於術約奇不約偶。蓋以等三約三，因得一，爲奇，慮無衍數。乃使徑先約甲三百，爲一百，復以等三乘丙三，爲九。既丙九爲奇，甲百爲偶，此即是約奇弗約偶。次以乙四與甲百求等，得四，以四約一百，得二十五，爲甲。復以四乘乙四，得一十六，爲乙。各爲定母。

以定母相乘，得三千六百，爲衍母。以各定約衍母，爲衍數。甲得一百四十四，乙得二百二十五，丙得四百。

衍數各滿定母，去之。不滿，爲奇數。甲得一十九，乙得一，丙得四。

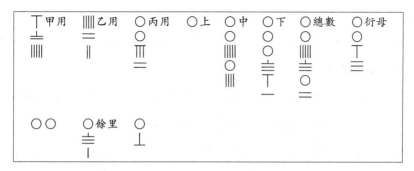

以各奇數與定母，用大衍入之，各得乘數。甲得四，乙得一，丙得七。各爲乘率，列右行。

以乘率對乘寄左行衍數，甲得五百七十六，乙得二百二十五，丙得二千八百，各爲用數。

次置甲申末到者，其酉初爲夜。此是甲以全日到，爲無餘里。次置乙於未正到，乃於卯時數至未正，得四個半辰。以四半乘乙行二百四十里，得一千八十，爲實。以晝六時約之，得一百八十里，爲乙行不及全日之餘里。次置丙於辰末到，自卯初數至辰末，得二時。以因丙行一百八十里，得三百六十①，爲實。以六時除之，得六十里，爲丙行不及全日之餘里。

以乙餘一百八十，乘乙用二百二十五，得四萬五百於中。以丙餘六十，乘丙用二千八百，得十六萬八千。加中，共得二十萬八千五百，爲總。滿衍母三千六百，去之。不滿三千三百里，爲軍前至都里。以甲三百除之，得一十一日；以乙二百四十除之，得一十三日四時半；以丙一百八十除之，得一十八日二時。合問。

【庫本】按：凡總等數必小於連環等數，若甚大，即爲連環等數，此題數是也。故再約即用求續等法，不然，不能合也。

【附】《札記》卷一：李氏銳曰："甲乙之等甲丙之等乙丙之等皆六十，衆位之等同，故六十为總等，此存一約衆後即求續等云各爲元數連環求等者，於算不合也。"（原在"置甲三百里"至"各爲定母"館案云云後）

程行相及

問：有急足三名，甲日行三百里，乙日行二百五十里，丙日行二百里。先差丙往他處下文字。既兩日，又有文字遣乙追付。已半日，復有文字續令甲趕付乙。三人偶不相及，乃同時俱至彼所。先欲知乙果及丙、甲果及乙得日并里，次欲知彼處去此里數各幾何？

【庫本】按：題意謂三行遲疾不同，乙後丙兩日，甲後乙半日，問幾日幾里可以追及？又既及之後，三人不能同行，及各至彼處之時刻，皆與各起程之時刻相同，蓋言自此至彼，所行皆爲整日數也。

答曰：乙果追及丙，八日，行二千里。甲果追及乙，二日半，行七百五十里。彼處去此三千里。

術曰：以均輸求之，大衍入之。置乙已去日數，乘乙行里，爲實。以甲、乙行里差，爲法，除之，得甲及乙日數辰刻，以乘甲行，得里。次置丙既去日，乘丙行里，爲實。以丙、乙行里差，爲法，除之，得乙及丙日數，以乘乙行，得里。然後，置三人日行，求總等，約得元數。以連環求等，約得定母。以定相乘，得衍母。各定約衍，得衍數。滿定，去衍，得奇。奇、定大衍，得乘率。以乘寄衍，得用數。

視甲及乙里，爲乙率。見乙及丙里，爲丙率。以乙日行滿，去乙率；不滿，爲乙餘。以丙日行滿，去丙率；不滿，爲丙餘。以二餘各乘本用，併之，爲總。滿衍，去之。不滿，爲彼去此里。

草曰：置乙已去半日，乘乙日行二百五十里，得一百二十五里，爲實。次置甲日行三百里，減乙行二百五十里，餘五十里，爲差法。除實，得二日五十刻，爲甲果及乙數。以乘甲行三百里，得七百五十，爲甲及乙里數。次置丙既行二日，乘丙日行二百里，得四百里，爲實。次置乙行二百五十里，減丙行二百里，餘五十里，爲差法。除實，得八日，爲乙及丙日數。以乘乙行二百五十里，得二千里，爲乙行及丙之里數。已上爲先欲知果及數。

次列甲、乙、丙三名日行，求總等，得五十。先約甲、丙，存乙，得甲六，乙二百五十，丙四。

⊤甲	○乙	‖‖‖丙	元數
	≡		
	‖		

以甲六丙四求等，得二。以二約甲，爲三。復以二因丙，爲八。次將乙二百五十與丙八相約，得二。乃約乙，爲一百二十五。復以二因丙，爲十六。定得甲三，乙一百二十五，丙十六，爲定母。

‖‖‖甲	‖‖‖乙	⊤丙	定母	○衍母
	≡	―		○
	‖			○
				⊥

以定相乘，得六千，爲衍母。以各定約衍母，得衍數。甲得二千，乙得四十八，丙得三百七十五。求奇數。

左上二千，以甲三去之，奇二。左中四十八，即爲乙奇。左下三百七十五，以丙十六去之，奇七。

各以大衍，求得甲二，乙一百一十二，丙七，各爲乘率。

以乘率對乘衍數，甲得四千，乙得五千三百七十六，丙得二千六百二十五，爲泛用數。

併三泛，得一萬二千〇〇一②，乃多衍母一倍，當半衍母六千，得三千。以消甲四千，餘一千。又消乙五千三百七十六，餘二千三百七十六。

---

① 《札記》卷一："〇〇〇二"，原誤"〇二"。自此以下凡算圖有誤，皆隨處改正，不復記。

② 得一萬二千〇〇一：《札記》卷一：館本作"一萬二千一"。案：古書凡遇空位，皆不作圈，此書他處亦然，館本是也。然觀此足以見今人空位作圈，蓋濫觴於宋時矣。

丙不消。各爲定用數。

○甲	丁乙	‖‖丙	定用數
○	‖	‖	
一	‖	丁	

既得用數，次視前草中甲及乙七百五十里，爲乙率；乙及丙二千里，爲丙率。各滿乙、丙日行里，去之。

○乙率	○丙率	右行
‖	○	
丁	二	

○乙行	○丙行	左行
‖	○	
‖	‖	

今乙、丙二人所行，各皆適滿，去之，無餘。雖稱同時俱至，乃各係全日所行。便以乙、丙二人約六千里，得三千里，爲彼去此里數。合問。

甲	乙	丙
○	○	○
○	五	○
三	一	二
○	五	○
三	二	二
三	五	○
	二	二
三	五	四
	二	
三	○	四
	五	
	二	
三	五	八
	二	
	二	

【庫本】按：復數求元數，用總等法，尚屬未密。蓋總等約後，有當連環求等者，有當即求續等者，其法不能定也。今少爲變通，凡復數皆見十者，先以十爲總等遍約之。百、千、萬同。爲元數，俟連環求等畢，復以總等十乘一數，百、千、萬同。然後再求續等，以得定數。爰依題數，具式於後①。

法列三數於上，以十爲總等，遍約之。得甲三十，乙二十五，丙二十，即爲元數。連環求等，以甲與乙約，得等數五。奇。約甲，得六。偶。以甲與丙約，得等數二。偶。約甲，得三，奇。爲甲數。遍約畢。

次以乙與丙約，得等數五。奇。約丙，得四。偶。爲乙、丙二數。遍

---

① 左算式圖，庫本無，據王鈔本補。

約畢。

乃以總等十乘乙數，得二百五十。次求續等，以甲與乙與丙相約，俱無續等。以乙與丙約，得續等二。偶。約乙數，得一百二十五。奇。復乘丙，得八。則甲三，乙一百二十五，丙八，即爲各定數也。以三定數連乘，得三千，爲衍母，即所問彼處去此之里數。較舊術，算省而數亦確矣。

積尺尋源

問：欲砌基一段，見管大小方甎、六門、城甎四色。令匠取便，或平或側，只用一色甎砌，須要適足。匠以甎量地計料，稱：用大方料，廣多六寸，深少六寸①；用小方料②，廣多二寸，深少三寸③。用城甎長，廣多三寸，深少一寸④；以闊，深少一寸⑤，廣多三寸；以厚，廣多五分，深多一寸。用六門甎長，廣多三寸，深多一寸；以闊，廣多三寸，深多一寸；以厚，廣多一寸，深多一寸。皆不匼匝，未免修破甎料裨補。其四色甎，大方方一尺三寸，小方方一尺一寸。城甎長一尺二寸，闊六寸，厚二寸五分。六門長一尺，闊五寸，厚二寸。欲知基深廣幾何⑥？

【庫本】按：題意謂以一尺三寸量基之廣，未餘六寸；以一尺一寸量之，餘二寸；以一尺二寸量之，餘三寸；以六寸量之，亦餘三寸；以二寸五分量之，餘五分；以一尺量之，餘三寸；以五寸量之，亦餘三寸；以二寸量之，餘一寸。以求廣也，其求深之意，亦同。

答曰：深三丈七尺一寸，廣一丈二尺三寸。

---

① 深少六寸：庫本注："按：即多七寸。"
② 料：原無，據明鈔本補。
③ 深少三寸：庫本注："按：即多八寸。"
④ 深少一寸：庫本注："按：即多一尺一寸。"
⑤ 深少一寸：庫本注："按：即多五寸。"
⑥ 欲知基深廣幾何：《札記》卷一：案此"深"字，即《儀禮》"南北以堂深"之深，非算術高深之深也。

術曰：以大衍求之。置甎方長闊厚爲元數，以小者爲單，起一。先求總等，存一位，約衆位，列位多者，隨意立號。乃爲元數。連環求等，約爲定母。以定相乘，爲衍母。各定約衍母，得衍數。滿定，去之，得奇。奇、定大衍，得乘率。以乘衍數，得用數。

次置廣深多少，數多者乘用少者，減元數，餘以乘用，併爲總。滿衍母，去之。不滿，得廣深。

草曰：置四甎方長闊厚，係八數。城甎厚有分爲小者，皆通之爲單。大方得一百三十分，小方得一百一十分；城甎長得一百二十分，闊得六十分，厚得二十五分；六門甎長得一百分，闊得五十分，厚得二十分。

大方	城甎長	小方	六門長	城甎闊	六門闊	城甎厚	六門厚	
分	〇	〇	〇	〇	〇	〇	‖‖‖	〇	問數
寸	三	二	一	〇	丄	丄	二	二	
尺	一	一	丨	丨	丨	‖	丨	丨	
	金	石	絲	竹	匏	土	革	木	

錐行置之右列，位稍多，甎名相互。今假八音爲號位。先以最少者，自木二十與革二十五求等，得五，乃反約木二十，爲四。木四與土五十求等，得二，以約五十，爲二十五。木四與匏六十求等，得四，約六十，爲一十五。木四與竹一百求等[1]，得四，約一百，爲二十五。木四與絲一百一十求等，得二，約一百一十，爲五十五。木四與石一百二十求等，得四，反約木四，爲一。以木一與金一百三十求等，得一，不約。爲木與諸數求等，約訖，爲一變。得數，具圖如後。

金	石	絲	竹	匏	土	革	木
〇	〇	‖‖‖	‖‖‖	‖‖‖	〇	‖‖‖	丨
三	二	丄	二	一	三[2]	二	
丨	丨				丨		

---

[1] 竹一百：原脱"竹一"，明鈔本作"竹百"，據庫本補。

[2] 《札記》卷一："土〇三"，當作"土〇‖‖二"，以下文尚有與土五十求等，故未改。

次以革二十五與土五十求等①，得二十五，約五十，爲二。以革二十五與匏一十五求等，得五，約匏一十五，爲三。以革二十五與竹二十五求等，得二十五，約竹二十五，爲一。又以革二十五與絲五十五求等，得五，約絲五十五，得一十一。以革二十五與石一百二十求等，得五，約一百二十，爲二十四。以革二十五與金一百三十求等，得五，約金一百三十，得二十六。革與諸數遍約訖，爲二變，具圖如後。

金	石	絲	竹	匏	土	革	木
丅		丨	丨	丬	‖	⏐⏐⏐⏐⏐	丨
二		一				二	

乃以土二與匏三、竹一、絲一十一求等，皆得一，不約。以土二與石二十四求等，得二，反約土二，得一。又以土一與金二十六求等，得一，不約。土與諸數約訖，爲三變，具圖如後。

金	石	絲	竹	匏	土	革	木
丅	丬	丨	丨	丬	丨	⏐⏐⏐⏐⏐	丨
二		一				二	

乃以匏三與竹一、絲一十一求等，皆得一。又以匏三與石二十四求等，得三，約石二十四，爲八。又匏三與金二十六求等，得一。匏與諸數約訖，以爲四變。

次以竹一與絲一十一、與石二十四②、與金二十六求等，皆得一。竹與諸數約訖，爲五變。

次以絲一十一與石二十四③、金二十六求等，皆得一，爲六變。

後以石二十四與金二十六求等④，得二，約金二十六，爲一十三，至

---

① 土五十：庫本注："按：前已約土爲二十五，次變不應復用原數，然於得數却無礙。"《札記》卷一："案：此等處淺近易明，布算不應有誤。直秦氏故作疑誤，以惑後人也。下文既約石二十四爲八，復用石二十四，亦然。"

② 石二十四：當作"石八"。庫本注："按：已約爲八，云'二十四'，誤。"

③ 石二十四：當作"石八"。庫本注："按：誤同上。"《札記》卷一："案：下文兩'石二十四'同。"

④ 石二十四：當作"石八"。庫本注："按：誤同上。"

此七變。連環求等，約俱畢，得數爲定母，列圖如後。

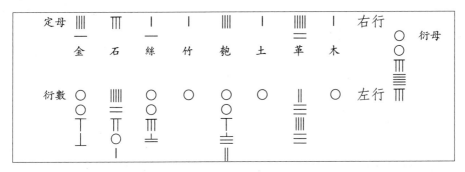

　　右，定母列右行，以相乘，得八萬五千八百，爲衍母。以各定母約衍母，各得衍數。其竹、木、土定得一者，爲無。

　　金定一十三，得衍數六千六百；石定八，得衍數一萬七百二十五；絲定一十一，得衍數七千八百；竹定一，無衍數；匏定三，得衍數二萬八千六百；土定一，無衍數；革定二十五①，得衍數三千四百三十二；木定一，無衍數。各滿定母，去之，得奇數。

　　金得奇九，石得奇五，絲得奇一，匏得奇一，革得奇七。其絲、匏得奇數一者，便以一爲乘率。其金、石、革三處奇數，皆與本定母②，用大衍求一入之，各得乘率，列右行。

————————

① 《札記》卷一："無衍數，革定二十五"，原本"無衍"下脱數字，多"革定二十五，得衍數三萬四千三百二十，木定一，無衍"共二十一字，及"用數圖"一行數字，上接前葉，以爲四變次以下。
② 與：明鈔本作"爲"。

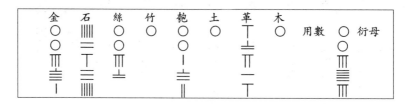

金得三，石得五，絲得一，匏得一，革得一十八，各爲乘率，對乘寄左行衍數，各得爲用數①。

凡諸用數同類者，數必多，可互借以補無者。先驗革元數二十五，與木元數二十爲同類。求等，得五，以等五約衍母八萬五千八百，得一萬七千一百六十。乃於革用數內減出，以補木位，爲木用。餘四萬四千六百一十六，爲革用。次驗竹元數一百，與土五十爲同類，以求等，得五十，以等五十約衍母八萬五千八百，得一千七百一十六，亦於革用內各借與竹、土，爲用數②。革止餘四萬一千一百八十四，爲用。得諸定用數。

---

① 《札記》卷一："各得爲用數"，原本"各得"下接前葉"竹一與絲一十一"云云，《用數圖》接前葉"土定無衍"下羨文之下。

② "以等五十"至"用數"：《札記》卷一：李氏銳曰："革木之等五，於革借木，以五約衍母爲數。革竹之等二十五，於革借竹，當以二十五約衍母爲借數。又竹土之等五十，於竹借土，當以五十約衍母爲借數。今竹用爲二十五分衍母之一，借出土用五十分衍母之一，所餘竹用亦爲五十分衍母之一，故竹土二用數等。云竹土兩類求等，約衍母，於革內各借與竹土，其數雖合，於率不通。"

【**庫本**】按：無用數，則此條可省。借數轉生，煩擾非法也。其所以可用借補者，蓋以同類之元數，其較餘之奇偶必同，故一數可分用也。然惟元數同偶者爲然，同奇則有不可用者。此題可用，因題中餘數，未過小元數也。

右行定用，始列錐行，假號求得。今照甋色，遷次列之。

右行	正用	○	丅	丅	川	○	川	○	○
		木六門厚	土六門闊	竹六門長	革城甋厚	鮑城甋闊	石城甋長	絲小方	金大方

既照甋次序，列用數於右行，乃驗問題所謂：大方甋砌廣多六寸；小方多二寸；城甋長多三寸，城甋闊多三寸，厚多五分；六門長多三寸，闊多三寸，厚多一寸。對本用列左行，各對乘之。具圖如後。

金	絲	石	鮑	革	竹	土	木

兩行乘畢，金得一百一十八萬八千，絲得一十五萬六千，石得一百六十萬八千七百五十，鮑得八十五萬八千，革得二十萬五千九百二十，竹得五萬一千四百八十，土亦得五萬一千四百八十，木得一十七萬一千六百。乃併前八位數，共得四百二十九萬一千二百三十分，爲總。滿衍母八萬五千八百，去之。不滿一千二百三十分，約之爲一丈二尺三寸，爲基元廣數。

乃求其深，驗問題：大方砌少六寸；小方砌少三寸；城甋長砌少一寸，闊砌少一寸，厚砌多一寸；六門長砌多一寸，六門闊砌多一寸，厚砌多一寸。列爲中行。次置諸甎元數，列爲左行，課減之。具圖如後。

大方	小方	城甎長	城甎闊	城甎厚	六門長	六門闊	六門厚
〇	〇	〇	〇	〇	〇	〇	〇
⊥	≡	一	一	╱	一	一	一
少	少	少	少	多	多	多	多
金	絲	石	甎	革	竹	土	木
〇	〇	〇	〇	‖‖	〇	〇	≡
≡	一	≡	⊥	≡	〇	≡	二
一		一				一	

今以中行多者存之，少者用減左行。存者左行元數去之，所減者左行餘數存之。金得七十，絲得八十，石得一百一十，甎得五十，革得一十，竹一十，土一十，木一十。具圖如後。

				〇多	〇多	〇多	〇多	右行
〇	〇	〇	〇	一	一	一	一	
〇	〇	〇	〇	〇	〇	〇	〇	左行
⊥	≟	一	≡					
			一					
餘	餘	餘	餘					

列爲左行，以對右行定用數。具圖如後。

〇	〇	‖‖‖	〇	‖‖‖	丅	丅	〇	正用數
〇	〇	二	〇	≟	≟	≟	⊥	
‖‖‖	‖	丅	⊥	一	一	‖	≡	
≡	一	‖‖‖	‖	‖‖‖	竹	土	木	
金	絲	石	甎	革				
〇	〇	〇	〇	〇	〇	〇	〇	餘多數
⊥	⊥	一	≡					
			一					

以左行多餘數，對乘右行用數。金得一百三十八萬六千，絲得六十二萬四千，石得五百八十九萬八千七百五十，甎得一百四十三萬，革得四十一萬一千八百四十，竹得一萬七千一百六十，土得一萬七千一百六十，木得一十七萬一千六百。具圖如後。

								○總數	○衍母
金	絲	石	匏	革	竹	土	木		

併八位，得九百九十五萬六千五百一十分，爲總。滿衍母八萬五千八百，去之。不滿三千七百一十分，展爲三丈七尺一寸，爲基地深。

餘米推數

問：有米鋪訴被盜去米一般三籮，皆適滿，不記細數。今左壁籮剩一合，中間籮剩一升四合，右壁籮剩一合。後獲賊，係甲、乙、丙三名。甲稱當夜摸得馬杓，在左壁籮，滿舀入布袋；乙稱踢着木履，在中籮舀入袋；丙稱摸得漆椀，在右邊籮舀入袋。將歸食用，日久不知數。索到三器，馬杓滿容一升九合，木履容一升七合，漆椀容一升二合。欲知所失米數，計贓結斷[①]，三盜各幾何？

答曰：共失米九石五斗六升三合。甲米三石一斗九升二合。乙米三石一斗七升九合。丙米三石一斗九升二合。

術曰：以大衍求之。列三器所容爲元數。連環求等，約爲定母，以相乘，爲衍母。以定各約衍母，得衍數。各滿定母，去之，得奇。以奇、定用大衍求得乘率，以乘衍數，得用數。次以各剩米乘用，併之，爲總。滿衍母，去之。不滿，爲每籮米。各以剩米減之，餘爲甲、乙、丙盜米，併之爲共失米。

草曰：列三器所容一升九合、一升七合、一升二合爲元數，連環求等，皆得一，不約。便以元數相乘，得三千八百七十六，爲衍母。以各元

---

① 贓：明鈔本作“賊”。

數爲定母,以定約衍母,得衍數。甲得二百〇四,乙得二百二十八,丙得三百二十三,各爲衍數,列左行。以三定母,甲一十九,乙一十七,丙一十二,列右行。具圖如後。

各滿定母,去衍數,得奇數。甲得一十四,乙得七,丙得一十一。

各以奇、定,用大衍求一,各得乘率。甲得一十五,乙得五,丙得一十一,各爲乘率,列右行。對寄左行衍數。具圖如後。

以兩行對乘之,得用數。甲得三千六十,乙得一千一百四十,丙得三千五百五十三,列右行。具圖如後。

既得用數,始驗問題:三籮剩米,列左行,對三人所用,以兩行對乘之。甲三千六十,乙得一萬五千九百六十,丙得三千五百五十三。

○甲總	○乙總	⦀丙總	⦀總數	⊤衍母	合⦀不滿
⊥	⊥	⫿	⊥	⊥	⊥
○	⫿	⫿	⫿	⫿	⫿
⫿	⫿	⫿	⫿	⫿	⫿
			⫿		⫿

併三數，得二萬二千五百七十三，爲總數。滿衍母三千八百七十六，去之。不滿三千一百九十三合，展爲三石一斗九升三合，爲三籮適滿細數。以左籮剩一合減之，餘三石一斗九升二合，爲甲盜米，又爲丙盜米。以中籮剩米一升四合減之，餘三石一斗七升九合，爲乙盜米[①]。併三人米，共得九石五斗六升三合，爲所失米。合問。

[①] 爲乙盜米：《札記》卷一：原本此下衍"以右籮剩米一合減之，餘三石一斗九升二合，爲丙盜米"二十二字。

數書九章卷第三

天時類

推氣治曆

問：太史測驗天道，慶元四年戊午歲冬至三十九日九十二刻四十五分，紹定三年庚寅歲冬至三十二日九十四刻一十二分①，欲求中間嘉泰甲子歲氣骨、歲餘、斗分各得幾何？

【庫本】按：紹定三年庚寅之冬至，實紹定四年辛卯之始，辛卯距戊午三十四年，積年爲三十三。

答曰：氣骨十一日三十八刻二十分八十一秒八十小分。歲餘五日二十四刻二十九分三十秒三十小分。斗分空日二十四刻二十九分三十秒三十小分②。

術曰：先距前後年數，爲法。置前測日刻分，減後測日刻分，餘爲率。不足減，則加紀策。以紀策累加之，令及天道，合用五日以上數爲實。以法除實，得歲餘。去全日，餘爲斗分。以所求中間年，上距前測年數，乘歲餘，益入前測日刻分。滿紀策去之，餘爲所求年氣骨。

---

① "慶元四年"至"一十二分"：《札記》卷二：沈氏欽裴曰："以本術推之，慶元四年戊午歲冬至三十九日九十八刻七十六分九十二秒三十小分，紹定三年庚寅歲冬至三十三日九十二分三十秒七十六小分。"
② "氣骨十一日"至"三十小分"：《札記》卷二：沈氏欽裴曰："以本術推之，氣骨一十一日四十四刻六十一分五十四秒，歲餘五日二十四刻三十分七十六秒九十二小分，斗分空日二十四刻三十分七十六秒九十二小分。"

草曰：置前測戊午歲，距後測庚寅歲，得三十三，爲法①。置前測戊午歲冬至三十九日_{日辰癸卯}九十二刻四十五分，減後測紹定三年庚寅歲冬至三十二日_{日辰丙申}九十四刻一十二分。今後測者少不及前測者以減。乃加紀法六十日於後測日內，得九十二日九十四刻一十二分。然後用前測者減之，餘五十三日一刻六十七分，爲率。按術，當以法三十三除率，須使商數必得五日以上乃可。今率未得五日，乃兩度累加紀法一百二十，入率內，共得一百七十三日一刻六十七分，爲實。實如法，除之，得五日二十四刻二十九分三十秒三十小分，_{不盡棄之}。爲歲餘。乃去全五日，得二十四刻二十九分三十秒三十小分，爲斗分。

次推嘉泰甲子，上距慶元戊午歲，得六，以乘歲餘五日二十四刻二十九分三十秒三十小分，得三十一日四十五刻七十五分八十一秒八十小分。益入前測戊午歲三十九日九十二刻四十五分，得七十一日三十八刻二十分八十一秒八十小分。滿紀法六十，去之，餘一十一日三十八刻二十分八十一秒八十小分，爲所求甲子年氣骨之數。合問。

【庫本】按：氣骨者，年冬至時距甲子日子正初刻後之日分也。歲餘者，歲實去六甲子之餘日分也。斗分者，歲實去三百六十五日之餘分也。此未知歲實之法，故先以前後兩氣骨相減，餘數爲實。以積年爲法，除之，歲餘約五日，餘紀日六十，故實數內累加六十日，至商得五日上而止，則實數爲積歲餘之數。以積年除之，得歲餘日分。既得歲餘，以甲子積年六乘之，得甲子積歲餘。與前測氣骨相加，滿紀法去之，餘即甲子氣骨也。

【附】《札記》卷二："餘一十一日三十八刻二十分八十一秒八十小分，爲所求甲子年氣骨之數"，沈氏欽裴曰："《治曆推閏》問開禧曆以嘉泰四年甲子歲天正冬至爲一十一日四十四刻六十一分五十四秒，《治曆演

---

① "置前"至"爲法"：《札記》卷二：館案云："紹定三年之冬至，實紹定四年辛卯之始，辛卯距戊午三十四年，積年三十三。"

紀》草云'置本曆上課所用嘉泰甲子歲氣骨一十一日四十四刻六十一分五十四秒',與此所求氣骨分秒俱不合,改推於後。

推慶元四年戊午歲冬至日分。

置上元甲子距慶元四年戊午,歲積七百八十四萬八千一百七十四。滿氣蔀率一千六百二十五,去之。不滿一千四十九,爲入蔀歲。以歲餘八千八千六百八乘之,得九千二百九十四萬九千七百九十二。滿紀率一百一萬四千,去之。不滿六十七萬五千七百九十二,如日法一萬六千九百而一,得三十九日九十八刻七十六分九十二秒三十小分,不盡,棄之。爲戊午歲冬至日分。

推紹定三年庚寅歲冬至日分。

置前入蔀歲一千四十九,加三十三算,得一千八十二。以歲餘乘之,得九千五百八十七萬三千八百五十六。滿紀率去之,不滿五十五萬七千八百五十六,如日法而一,得三十三日日辰丁酉。九十二分三十秒七十六小分,爲庚寅歲冬至日分。

推嘉泰甲子歲氣骨歲餘斗分。

置庚寅歲冬至日分,加紀法六十,得九十三日九十二分三十秒七十六小分。以戊午歲冬至三十九日九十八刻七十六分九十二秒三十小分減之,餘五十三日二刻一十五分三十八秒四十六小分,爲率。兩度累加紀法一百二十,入率內,得一百七十三日二刻一十五分三十八秒四十六小分,爲實。實如法三十三而一,得五日二十四刻三十分七十六秒九十二小分,不盡,棄之。爲歲餘。乃去全五日,得二十四刻三十分七十六秒九十二小分,爲斗分。次推嘉泰甲子上距慶元戊午歲,得六。以乘歲餘五日二十四刻三十分七十六秒九十二小分,得三十一日四十五刻八十四分六十一秒五十二小分。益入戊午歲三十九日九十八刻七十六分九十二秒三十小分,得七十一日四十四刻六十一分五十三秒八十二小分。小分八十二,收爲一秒。滿紀法去之,餘一十一日四十四刻六十一分五十四秒,爲所求甲子年氣骨之數。與《治曆推閏》《治曆演紀》草合。”

毛氏嶽生曰：“《授時曆議》云：《統天曆》慶元五年己未，楊忠輔造行，八年至開禧丁卯，先天六刻。道古此問，戊午歲冬至日分，較《開禧曆》所推，適先六刻，蓋由當時實測天道如此，非有誤也。”

治曆推閏

問：《開禧曆》以嘉泰四年甲子歲天正冬至爲一十一日_{日辰乙亥}四十四刻六十一分五十四秒，十一月經朔一日_{日辰乙丑}七十五刻五十五分六十二秒，問閏骨、閏率各幾何？

答曰：閏骨九日六十九刻五分九十一秒。不盡一百六十九分秒之一百二十一。閏骨率十六萬三千七百七十一。

術曰：以日法各通氣、朔日刻分秒①，各爲氣骨、朔骨分。其氣骨分，如約率，而一約盡者爲可用。或收棄餘分在一刻以下者，亦可用。然後與朔骨分相減，餘爲閏骨率。以日法約之，爲閏骨策。

草曰：置本曆日法一萬六千九百，先通冬至一十一日四十四刻六十一分五十四秒，得一十九萬三千四百四十分二十六小分，爲實。其曆約率，係三千一百二十，以約之，得六十二，可用。其實餘小分二十六，乃棄之，只用一十九萬三千四百四十，爲氣骨分。

次置朔一日七十五刻五十五分六十二秒，以本曆日法一萬六千九百乘之，得二萬九千六百六十八分九十九秒七十八小分，將近一分，故於氣骨內所棄二十六小分，借二十二小分，以補朔內，收上得二萬九千六百六十九，爲朔骨。然後以朔骨分減氣骨分，餘有一十六萬三千七百七十一，爲閏骨率。

復以日法除之，得閏骨策九日六十九刻五分九十一秒，不盡一百二十

---

① 朔：明鈔本作“説”。

一算，直命之爲一百六十九分秒之一百二十一。合問。

【庫本】按：此題若置冬至日分，內減經朔日分，餘九日六十九刻五分九十二秒，得閏骨策。此原草僅多一百六十九分秒之四十八，蓋草中氣骨內棄小分二十六，朔骨分內進二十二，併之，爲一百六十九分秒之四十八。其不徑相減，而必用通分、約分、累乘、累除者，爲向後推算用耳。

治曆演紀

問：《開禧曆》積年七百八十四萬八千一百八十三，欲知推演之原，調日法，求朔餘、朔率、斗分、歲率、歲閏、入元歲、入閏、朔定骨、閏泛骨、閏縮、紀率、氣元率、元閏、元數及氣等率、因率、蔀率、朔等數、因數、蔀數、朔積年二十三事，各幾何？

答曰：日法一萬六千九百，朔餘八千九百六十七，朔率四十九萬九千六十七斗分四千一百八，歲率六百一十七萬二千六百八，歲閏一十八萬三千八百四，入元歲九千一百八十①，入閏四十七萬四千二百六十，朔定骨二萬九千六百六十九，閏泛骨一十六萬三千七百七十一，閏縮一十八萬八千五百七十八，紀率一百一萬四千，氣元率一萬九千五百②，元閏三十七萬七千八百七十三，元數四百二，氣等率五十二，因率一百四十四，蔀率三百二十五，朔等數一，因數四十五萬七千九百九十九，蔀數四十九萬九千六十七，朔積年七百八十三萬九千，積年七百八十四萬八千一百八十三。

術曰：以曆法求之，大衍入之。調日法，如何承天術。用強弱母子互乘，得數，併之，爲朔餘。以二十九日通日法，增入朔餘，爲朔率。

---

① 入元歲九千一百八十：《札記》卷二：沈氏欽裴曰："'入元歲'誤，下文'入閏''閏縮'，皆誤。"

② 氣元率一萬九千五百：《札記》卷二：沈氏欽裴曰："氣元率可以不設，下文'元閏''元數''氣等率''因率''蔀率''因數''朔積年'，皆誤。"

又以日法乘前曆，所測冬至氣刻分，收棄末位爲偶數，得斗分。與日法用大衍術入之，求等數、因率、蔀率，以紀乘等數爲約率。置所求氣定骨，如約率而一，得數，以乘因率。滿蔀率，去之。不滿，以紀法乘之，爲入元歲①。

次置歲日，以日法通之，併以斗定分，爲歲率。以十二月乘朔率，滅歲率，餘爲歲閏。以歲閏乘入元歲，滿朔率，去之。不滿，爲入閏。與閏骨相減之，得差。或適足，便以入元歲爲積年，後術並不用。或差在刻分法半數以下者，亦以入元歲爲積年。必在刻分法半數以上，却以閏泛骨併朔率，得數，内減入閏，餘與朔率，求閏縮。在朔率以下，便爲閏縮。以上用朔率減之，亦得。

以紀法乘日法，爲紀率。以等數約之，爲氣元率②。以氣元乘歲閏，滿朔率，去之。不滿，爲元閏。虛置一億，減入元歲，餘爲實，元率除之，得乘限③。乃以元閏與朔率，用大衍入之，求得等數、因數、蔀數。以等數約閏縮，得數，以因數乘之，滿蔀數，去之。不滿，在乘限以下，以乘元率，爲朔積年④。併入元歲，爲演紀積年。又加成曆年。

今人相乘演積年，其術如調日法。求朔餘、朔率，立斗分、歲餘；求氣骨、朔骨、閏骨及衍等數、約率、因率、蔀率；求入元歲、歲閏、入閏、元率、元閏，已上皆同此術。但其所以求朔積年之術，乃以閏骨減入閏，餘謂之閏贏，却與閏縮、朔率列號甲、乙、丙、丁四位，除乘消減，謂之方程。乃求得元數，以乘元率，所得謂之朔積年。加入元歲，共爲演紀歲積年。

---

① "斗分"至"入元歲"：《札記》卷二：沈氏欽裴曰："氣定骨爲歲餘之積，非斗分之積，當以歲餘與紀率，用大衍術入之，求等數、因率、蔀率。以等數約氣定骨，得數，以乘因率。滿蔀率去之，不滿，爲入元歲。"

② "以紀法"至"氣元率"：《札記》卷二：沈氏欽裴曰："在新術，即蔀率也，可以不設。"

③ "虛置"至"得乘限"：《札記》卷二：沈氏欽裴曰："有蔀率以爲之限，乘限數亦可不設。"景昌按：此蓋恐積年過於一億，運算繁多，故設乘限以爲元數之限。假使曆過元數大於乘限，則日法朔餘便須改設，並蔀數亦改求矣。唐宋演撰家相沿如此，未可廢也。"

④ "不滿"至"朔積年"：《札記》卷二：沈氏欽裴曰："當以不滿乘蔀率，爲朔積年。"

　　所謂方程，正是大衍術，今人少知。非特置算繫名①，初無定法可傳，甚是惑誤後學，易失古人之術意。故今術不言閏贏，而曰入閏差者，蓋本將來可用入元歲便爲積年之意。故今止將元閏、朔率二項，以大衍先求等數、因數、蔀數者，乃倣前求入元歲之術理，假閏骨如氣骨，以等數爲約數，及求乘數、蔀數。以等約閏縮，得因乘數，滿蔀，去之，不滿，在限下，以乘元率，便得朔積年。亦加入元歲，共爲演紀積年。

　　此術非惟止用乘除省便，又且於自然中取見積年，不惑不差矣。新術敢不用閏贏而求者，實知閏贏已存於入閏之中，但求朔積年之奇分，與閏縮等，則自與入閏相合，必滿朔率所去故也。數理精微，不易窺識，窮年致志，感於夢寐，幸而得之，謹不敢隱。

　　草曰：本曆以何承天術，調得一萬六千九百爲日法，係三百三十九強，一十七弱。

　　【附】《札記》卷二：案：此術自授時術不用日法積年以來，少有知者。惟李氏銳《日法朔餘強弱攷》，實足闡不傳之秘。其書刊行已久，茲不悉錄，錄其調日法術。

　　術曰：視當時測定朔餘，自注："置其術，朔餘以萬萬乘之，如其術日法而一，所得，即其術當時測定朔餘也。"案：此爲後人追攷古術者言之。在強率約餘案：強子二十六，以萬萬乘之，如強母四十九而一，得約餘五千三百六萬一千二百二十四。以下，弱率約餘案：弱子九，以萬萬乘之，如弱母一十七而一，得約餘五千二百九十四萬一千一百七十六。以上者，自注："若在強率約餘以上，即不可算。列強母於右上，強子於右次，一強於右副，右下空。又列弱母於左上，弱子於左次，左副空，一弱於左下。並左右兩行，得中行。以中上退除中次，爲約餘。約餘多於測定數，即棄去右行，以中行爲右行，仍前左行。約餘少於測定數，即棄去左行，以中行爲左行，仍前右行。依前累求約餘，與當時

①　繫名：《札記》卷二：原本"繫名"作"繁多"，沈氏欽裴云"当作'繫名'"，從之。

測定數合，中上即日法，中次即朔餘，中副即强數，中下即弱數也。

案開禧術測定朔餘，係五千三百五萬九千一百七十一小分五十九，如法調之如左。

置强母於右上，强子於右次，一强於右副，右下空。又列弱母於左上，弱子於左次，左副空，一弱於左下。并左右兩行，得中行。

上	次	副	下	右行
𝍦三	丅二	丨	○	右行
丅	𝍦一	丨	丨	中行
丅	𝍦	○	丨	左行

以中上六十六退除中次三十五，得約餘五千三百三萬三百三。少於測定數，即棄去左行，以中行爲左行，仍前右行。并左右兩行，得中上一百一十五，中次六十一，中副二，中下一。

上	次	副	下	右行
𝍦三	丅二	丨	○	右行
𝍦一丨	丨丅	丨丨	丨	中行
丅丨	𝍦	丨	丨	左行

以中上一百一十五，退除中次六十一，得約餘五千三百四萬三千四百七十八。少於測定數，又棄去左行，以中行爲左行，仍前右行。如此累求至中上九百四十八，中次五百三，中副一十九，中下一。以中上退除中次，得約餘五千三百五萬九千七十二。仍少於測定數，又棄去左行，以中行爲左行，仍前右行。并左右兩行，得中上九百九十七，中次五百二十九，中副二十，中下一。

上	次	副	下	
				右行
				中行
				左行

以中上九百九十七，退除中次五百二十九，得約餘五千三百五萬九千一百七十七。多於測定數，乃棄去右行，以中行爲右行，仍前左行。并左右兩行，得中上一千九百四十五，中次一千三十二，中副三十九，中下二。

上	次	副	下	
				右行
				中行
				左行

以中上一千九百四十五，退除中次一千三十二，得約餘五千三百五萬九千一百五。少於測定數，乃棄去左行，以中行爲左行，仍前右行。併左右兩行，得中上二千九百四十二，中次一千五百六十一，中副五十九，中下三。

上	次	副	下	
		○		右行
				中行
				左行

以中上二千九百四十二，退除中次一千五百六十一，得約餘五千三百五萬九千一百四十三。少於測定數，又棄去左行，以中行爲左行，仍前右行。如此累求至中上一萬五千九百三，中次八千四百三十八，中副三百一十九，中下一十六。以中上退除中次，得約餘五千三百五萬九千一百七十一小分二十二。其小分少於測定數，又棄去左行，以中行爲左行，仍其右行。并左右兩行，得中上一萬六千九百，中次八千九百六十七，中副三百三十九，中下一十七。

上	次	副	下	
		○		右行
				中行
				左行

以中上退除中次，得五千三百五萬九千一百七十一小分五十九，與測定數合。中上一萬六千九百，即日法。中次八千九百六十七，即朔餘。中

副三百三十九，即强數。中下一十七，即弱數也。

先以强數三百三十九乘强子二十六，得八千八百一十四於上；次以弱數一十七乘弱子九，得一百五十三。併上，共得八千九百六十七，爲朔餘。次以日法通朔策二十九日，得四十九萬一百，增入朔餘，得四十九萬九千六十七，爲朔率。

又以日法乘《統天曆》所測每歲冬至周日下二十四刻三十一分，得四千一百八分三十九秒，爲斗泛分。驗八分既偶，遂棄三十九秒，只以四千一百八分爲斗定分。與日法以大衍術入之，求得五十二爲等數，一百四十四爲因率，三百二十五爲蔀率。以甲子六十爲紀法，乘等數，得三千一百二十，爲約率。

却置本曆上課所用嘉泰甲子歲氣骨一十一日四十四刻六十一分五十四秒，以乘日法，得一十九萬三千四百四十分二十六秒，爲氣泛骨。欲滿約率三千一百二十而一，故就近乃棄微秒，只以一十九萬三千四百四十爲氣定骨，然後以約率三千一百二十除之，得六十二。以因率一百四十四乘之，得八千九百二十八。滿蔀率三百二十五，去之。不滿一百五十三，以紀法六十乘之，得九千一百八十年，爲入元歲。

次置歲日三百六十五，以日法通之，得六百一十六萬八千五百，併斗定分四千一百八，得六百一十七萬二千六百八，爲歲率。却以十二月乘朔率四十九萬九千六十七，得五百九十八萬八千八百四，減歲率，餘一十八萬三千八百四，爲歲閏。以歲閏乘入元歲九千一百八十，得一十六億八千七百三十二萬七百二十。滿朔率，去之。不滿四十七萬四千二百六十，爲入閏。

次置本曆所用嘉泰甲子歲天正月朔一日七十五刻五十五分六十二秒，以日法乘之，得二萬九千六百六十八分九千九百七十八秒，爲朔泛骨。就近收秒爲一分，共爲二萬九千六百六十九，爲朔定骨數。然後乃以朔定骨減氣定骨一十九萬三千四百四十，餘一十六萬三千七百七十一，爲閏泛骨。置日法，以二百約之，得八十四半，爲半刻法。次以閏泛骨與入閏相課減之，餘三十一萬四百八十九，_{此是閏贏}。爲差半刻法。以上乃以閏泛骨併朔率，共得六十六萬二千八百三十八，以入閏四十七萬四千二百六十減之，餘一十八萬八千五百七十八，在朔率下，便爲閏縮。

次以紀策六十乘日法，得一百一萬四千，爲紀率。以等數五十二約紀率，得一萬九千五百①，爲氣元率。以氣元率乘歲閏一十八萬三千八百四，得三十五億八千四百一十七萬八千。滿朔率，去之。不滿三十七萬七千八百七十三，爲元閏。

次置一億②，以入元歲九千一百八十減之，餘九千九百九十九萬八百二十，爲實。以元率一萬九千五百爲法，除之，得五千一百二十七，爲乘元限數。乃以元閏三十七萬七千八百七十三與朔率四十九萬九千六十七，用大衍術求之，得等數一、因數四十五萬七千九百九十九、蔀數四十九萬九千六十七。然後以等數一約閏縮，只得一十八萬八千五百七十八。以因數四十五萬七千九百九十九乘之，得八百六十三億六千八百五十三萬五千四百二十二。滿蔀數四十九萬九千六十七，去之。不滿四百二，在乘元限數以下，爲可用。乃以乘元率一萬九千五百，得七百八十三萬九千年，爲朔積年。併入元歲九千一百八十，共得七百八十四萬八千一百八十，爲嘉泰四年甲子歲積算。

本曆係於丁卯歲進呈，又加丁卯三年，共爲七百八十四萬八千一百八十三算，爲本曆積年。合具算圖如後。

---

① 九千五百：庫本注："按：即六十乘三百二十五之數，爲一蔀年數。"
② 一億：庫本注："按：此數似虛設，不過取一億之數爲限耳。此所求過限，又將改率數以遷就之矣。"

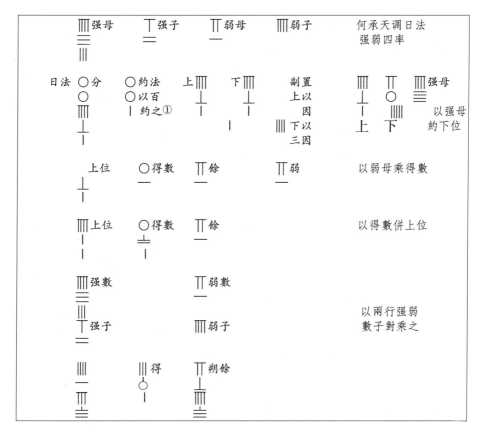

【庫本】按：此術草內奇定相求，有等數，又有因數、蔀數之異，蓋等數即度盡定、奇兩數之數，因數爲奇數之倍數。任倍定、奇二數相較，但得一等數，則奇之倍數即爲因數。蔀數者，奇數最大之倍數也。任倍奇、定至兩邊相等無較數，則奇數之倍數即謂之蔀數也。等數甚小者，因數不患其甚大，有蔀數以限之也。草中尚多訛舛，正之於後。

【庫本】按：此題術、草皆曰何承天調日法，而《宋書》所載何承天法，並無甚率，且各用數亦與此不同。今細按其草，日法已有定數，所調者朔策、餘分也。然從來朔策、餘分皆以實測之，朔策分、歲實分兩母子互乘相通即得，並無所謂調法。今所載强、弱、母、子四數，大約已有朔

---

① 《札記》卷二："約法以百約之。"案：此兩行算圖，皆係巧合，於率不通。舊圖多舛，今皆改正。

策、餘分，與日法分相約而得，非別有所本，乃故設曲折以爲奇也。

　　試以朔餘分八千九百六十七分爲第一條，置日法分內減朔策餘分，餘七千九百三十三，爲第二條。以此二數數取之，先置第一條，減第二條，餘一千零三十四，爲第三條。七因第三條以減第二條，餘六百九十五，爲第四條。以第四條減第三條，餘三百三十九，爲第五條。二因第五條以減第四條，餘一十七，爲第六條。是第五條即強母數，第六條即弱母數矣。

　　次用第五條、第六條轉求第一條，以取兩子數，置第六條於上。二因第五條加之，得第五條者二、第六條者一，共六百九十五，爲第四條。以第四條加第五條，得第五條者三、第六條者一，共一千零三十四，爲第三條。七因第三條以加第四條，得第五條者二十三，第六條者八，共七千九百三十三，爲第二條。以第二條加第三條，得

```
第一條  七六九八
第二條  七三九七
第三條  一〇三四
               七
第四條  七二三八
        六九五
第五條  三三九
第六條  六七二八
          一七
```

第五條者二十六、第六條者九，共八千九百六十七，爲第一條。是第五條倍數即強子數，第六條倍數即弱子數矣。

```
                              第五條   第六條
                   一七          〇       一
                 三三九          一       〇
                     二
         一〇    六七二八        二
         四九    六九五         二       一  第四條
       五〇二    一〇三四        三       一  第三條
         四九        七
         一七    七二三八        一       七  第二條
                 七九三三        三       八
       一七〇    八九六七        六       九  第一條

       一六九
       一七〇
       三三九

         一〇
         一七
       三三九
         一七
       一六九

       一六九
           三
       五〇七
```

　　至算式中以日法取強母數者，則又以第五條、第六條再約而得者。如

以第五條爲實，第六條爲法，爲法商之，初商得十，以法乘初商，得一百
七十，爲初商積，減實，餘一百六十九，恰與百分日法分之一等，故百除
日法分爲一數。又三乘之，得五百零七，爲實。以四十九爲法，初商得
十，初商積爲四百九十，減實，餘十七。乃以商十，乘十七，得一百七
十，與前初商積等。故加與前餘積等之百分日法分之一，得三百三十
九，爲五條之數，名之曰强數也。

次以日法乘朔策日，得數，併朔餘，爲朔率。

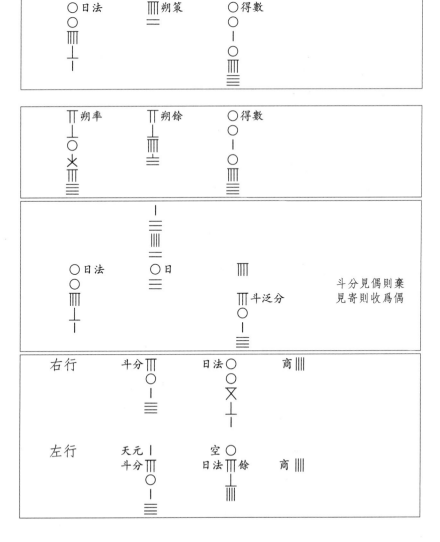

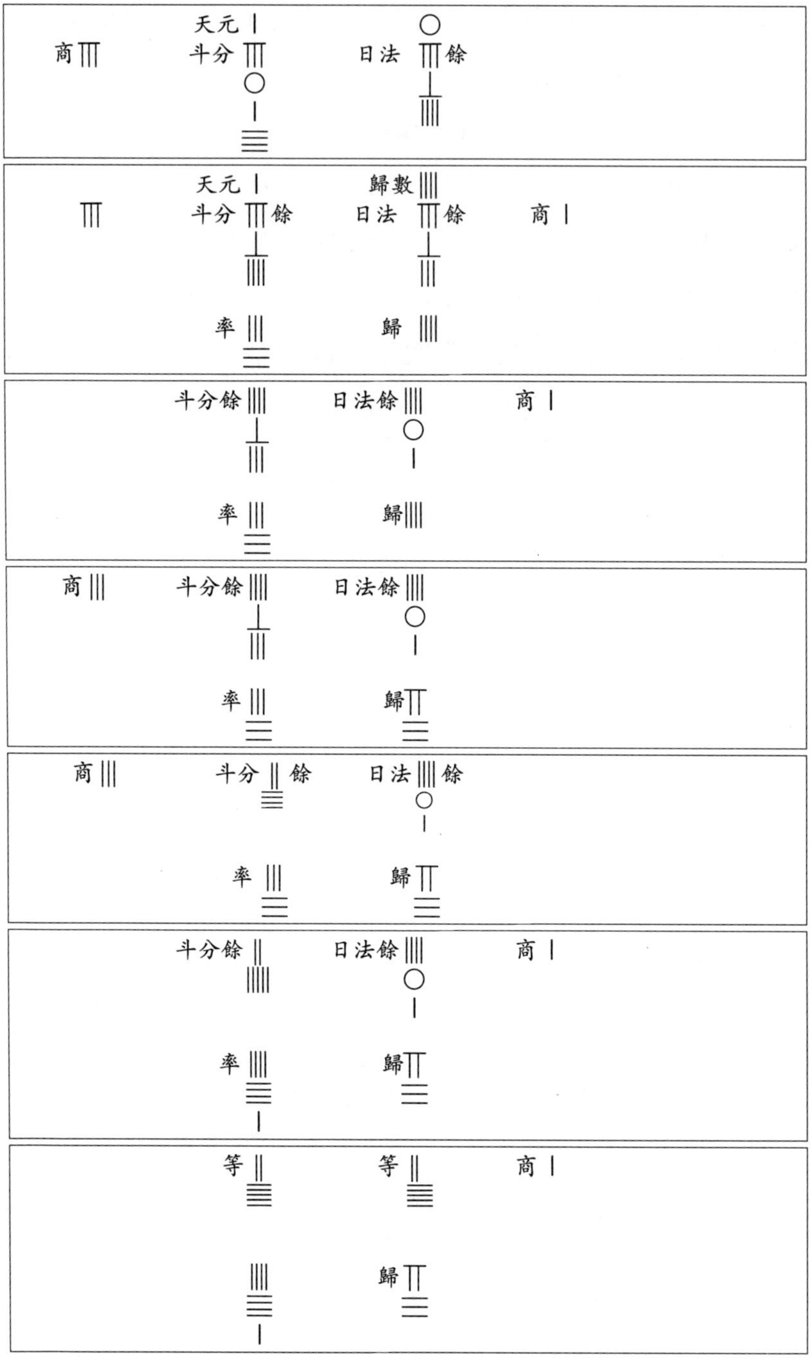

天元 ｜　　　○
商 Ⅲ　　斗分 ｜　　日法 ｜ 餘
　　　　　　○
　　　　　　｜

天元 ｜　　　歸數 Ⅲ
Ⅲ　　斗分 Ⅲ 餘　日法 ｜ 餘　　商 ｜
　　　　　　｜
率 Ⅲ　　歸 Ⅲ

斗分餘 ‖‖‖　日法餘 ‖‖‖　　商 ｜
　　　　　　○
　　　　　　｜
率 Ⅲ　　歸 ‖‖‖

商 Ⅲ　斗分餘 ‖‖‖　日法餘 ‖‖‖
　　　　　　○
　　　　　　｜
率 Ⅲ　　歸 Ⅱ

商 Ⅲ　斗分 ‖ 餘　日法 ‖‖‖ 餘
　　　　　　○
　　　　　　｜
率 Ⅲ　　歸 Ⅱ

斗分餘 ‖　日法餘 ‖‖‖　　商 ｜
　　　　　　○
　　　　　　｜
率 ‖‖‖　歸 Ⅱ

等 ‖　　等 ‖　　商 ｜
　　　　　　
歸 Ⅱ

等　　　　　等

乘率　　　歸

等　　　　　等

乘率　　　蔀率

右行　　等數　　　紀策〇

乘率　　　蔀率
左行

右行　　　　約率〇

乘率　　　蔀率
左行

氣骨｜日　日法〇　氣泛骨　√

商　　氣定骨〇　　約數〇

商　　　因率　　　得數

商去之〇　得數　　葥率

入元歲〇　不滿　　紀策〇

歲策日　　日法〇　得數〇　　斗分

歲率　　　朔率　　月數

歲率　　　月得數　歲閏　　　　入得數〇

入元歲〇

上　　　　副　　　中　　　次　　　下

乃以副位得數，減上位歲率，餘爲歲閏。次以次位入元歲，乘中位歲位歲閏，成下位。

入得〇

朔率

入閏〇

朔泛骨

收數

月法〇

朔定骨

朔骨

氣定骨〇

氣定骨

朔泛骨

日法〇

約法〇

半刻法

入閏〇

閏泛骨

閏差 即閏贏

朔率

閏泛骨

得數

閏縮　入閏

紀策　日法　總率

氣元率　紀率　等數

氣元　得數　朔率

歲閏

元閏　入元歲

乘元限 　　餘實 　　元率

右行 　元閏 　朔率 　　　商 |

右行 　天元 | 　空 ○

元閏 　朔率 餘

天元 | 　○

商 ||| 　元閏 　朔率餘

天元 | 餘 　歸 | 朔率餘
商 ||| 　元閏 | 餘

天元　　　　　歸　　　　　商
元閏餘　　　　朔率餘

數　　　　　　歸　　　　　商
元閏餘　　　　朔率餘

數　　　　　　歸　　　　　商
元閏餘　　　　朔率餘

商　元閏餘　　朔率餘

數　　　　　　歸
元閏餘　　　　朔率餘

數　　　　　　歸
元閏餘　　　　朔率餘　　　　商

數〇　　　　　歸

元閏餘　　　朔率餘　　　商

數〇　　　　　歸

商　元閏餘　　朔率餘

數〇　　　　　歸

商　元閏餘　　朔率餘

數〇　　　　　歸

元閏餘　　　朔率餘　　　商

數　　　　　　歸

元閏餘　　　朔率餘　　　商

數　　　　　　歸

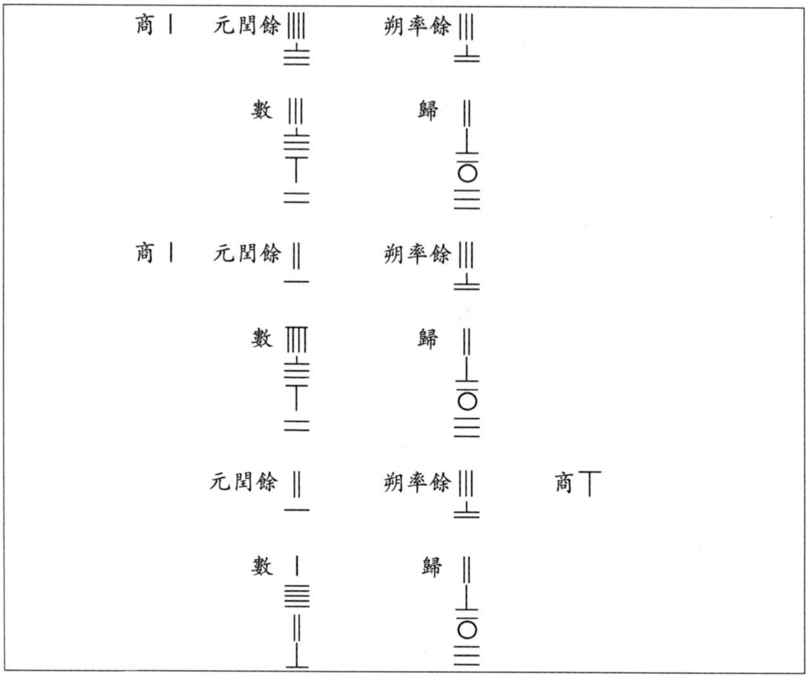

商｜　元閏餘

數

朔率餘

歸

商｜　元閏餘

數

朔率餘

歸

元閏餘

數

朔率餘

歸

商丁

商｜　元閏餘

數

朔率餘

歸

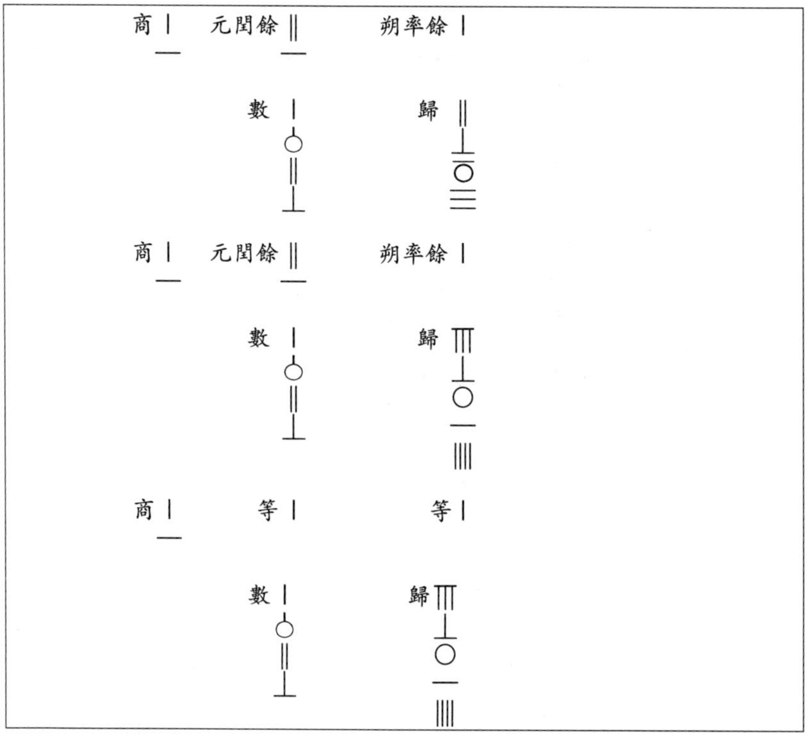

商｜　元閏餘

數

朔率餘

歸

商｜　等｜

數

等｜

歸

等數　　　　　等數

因數　　　　　歸

等數　　　　　等數

因數　　　　　蔀數　即朔數

因數　　　閏縮　　　得數　　　蔀數

不滿　可用　乘元限

元數　　　氣元數　　　朔積年　　　入元數

嘉泰甲子積年　　　丁卯　　　開禧丁卯積年

【庫本】按①：此係棄分以下數不用也。分爲偶數，即用其數；分爲奇數，則秒微進一分，併爲偶數。如無秒微，即加一分。

又按：算中用數，以日法分一萬六千九百分爲主斗分，定爲四千一百零八，爲偶數。氣骨分亦定爲偶數。其各時刻分，皆由日分比例而得，故變時刻分爲日分求之，無不合。

按：求入元歲法，用斗分與日法分。求等率、乘率，蓋以六十年之歲實積分，與紀法分相約，後以六十除紀法分，得日法分，爲定。以六十除歲實積分，得斗分，爲奇。求得蔀數、乘數，皆與六十年之歲實積分與紀法分所求者同。惟等數則爲六十之一，故以六十乘之，爲乘分，以約氣骨分，然後以乘數乘之，滿蔀數去之，所得用數，爲六十年之周數。故以六十乘之，始爲年數。此立法之意也。然以六十年爲周數，則六十年之間，其氣骨數有合者，則不可得。故所得年數，較以歲實分、紀分相求者

---

① 庫本此按在"斗分見偶則棄，見奇則收爲偶"下，且所載算式與明鈔本、宜稼堂本並不同，今並附於後。

爲遠也。

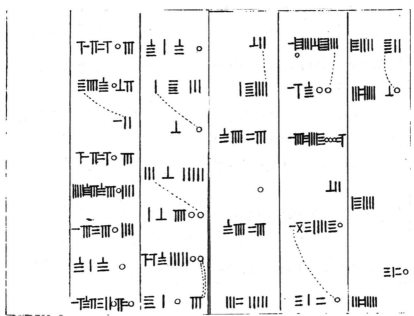

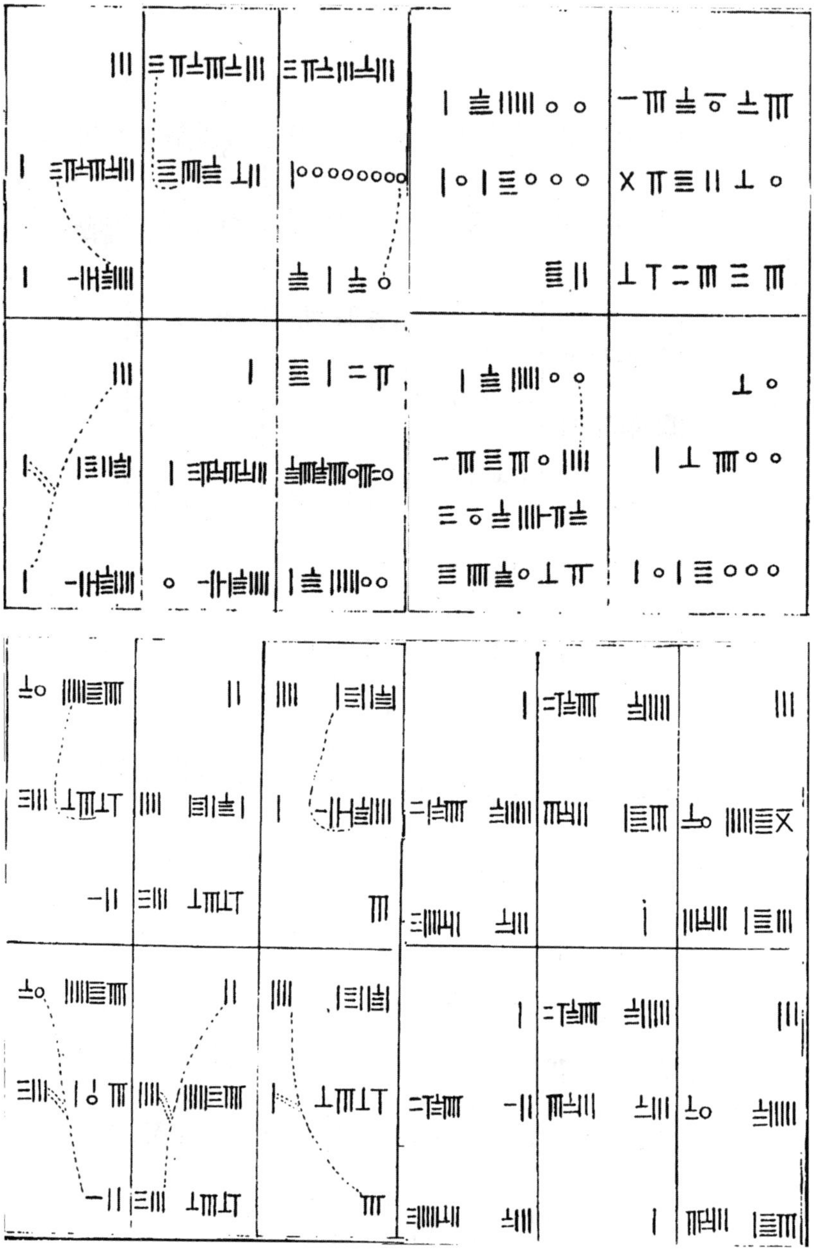

按：氣元一萬九千五百，乃前蔀數三百二十五以六十乘之之數，蓋求入元歲用六十倍者，故此仍用六十倍也。

又按：此皆用六十年歲實分求得之數，與用一歲實分求得之數同。蓋因積年數爲六十度盡之數，若非六十度盡之數，則得數必遠也。今依其數，另設一題，以明其法。

設宋《開禧曆》日法一萬六千九百分，歲實分六百一十七萬二千六百零八，法紀率分一百零一萬四千分，朔率分四十九萬九千零六十七分。嘉泰甲子歲天正冬至，距甲子日子正後十九萬三千四百四十分，<small>古名氣骨。</small>十一月朔距甲子日子正後二萬九千六百六十九分，<small>古名朔骨。</small>問距曆元甲子正初刻冬至朔之積年幾何？

答曰：七百八十四萬八千一百八十年。

法以紀率爲紀定，紀率除歲率，<small>即歲實分。</small>餘八萬八千六百零八分，爲紀奇。依大衍術求至，奇一百零三餘分，六百二十四餘分可以度盡上數，則命六百二十四爲等數，一百零三爲乘數。又求得奇一千六百二十五，無餘分，則命一千六百二十五爲蔀數。乃以等數約氣骨分，得三百一十。以乘數乘之，得三萬一千九百三十，滿蔀數，去之，餘一千零五十五，即專以氣骨分求得距曆年之積年數也。舊法以斗分歲餘分四千一百零八。爲奇，日法爲定，求得等數一，紀法六十乘之，以約氣骨，得數，以乘數乘之，蔀數除之，餘數又以六千乘之，爲積年，名入元歲。其術未密，詳前。故所得積年爲九千一百八十，其數亦較遠也。

次以蔀數即歲實紀法滿一會年數。乘歲率，得一百億三千四十八萬八千。滿朔率去之，餘二十三萬九千四百三十四，舊名氣元閏爲朔奇，朔率爲朔定。依前法求得等數一、乘數六千二百五十一、蔀率四十九萬九千零六十七。

次以前所得積年乘歲率，滿朔率去之，餘二十七萬五千二百二十四，爲前朔距至前分數，舊名入元閏。以嘉泰甲子氣骨、朔骨相減，得十六萬三千七百七十一，爲後朔距至前分數，舊名閏骨。夫十一月朔常在冬至前退行，今前遠後近，是已退過一朔策。則於後閏骨內加一朔策，再減去入元閏，餘三十八萬七千六百一十四，爲後朔、前朔相差之分數，舊名閏縮。乃以等數約閏縮，仍得原數，以乘數乘之，滿蔀數去之，餘四千八百二十九，爲會數。乃以一會年數即前蔀數。乘之，得七百八十四萬七千一

右側演算表：

紀奇	紀定	符	數	符	數
	〇				八八六〇八
一	一				九七四 六八八
一	一	負 二			一〇一四〇〇〇
二	二	負 二	少	七八六 三二四	
二	三	負 二	多	八九九八	
六	九	負 六	多	二九九 五二	
一〇	〇	負 一七	少	九三六〇	
	三	負 二二	多	九三八四	
		負 九	多	六二四	
一五四五		負 一三五	多	九三六〇 七	
八〇		負 三七	少	九三六〇	
一六二五		負 四四二			

第數　六百二十四
乘數　一百零三
倍數　一千六百二十五

百二十五，爲朔積年。加入前積年，得七百八十四萬八千一百八十，爲嘉泰甲子積年。

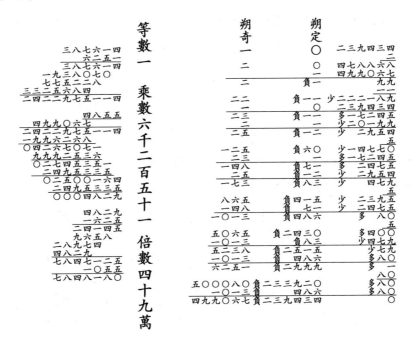

又法，仍按本法求之，先以歲率、紀率、朔率求總等。朔率不盡，無總等，各率朔即爲各元數。次連環求等朔元不盡歲元等數，等數爲六百二十四，留歲元不約，約紀元，得一千六百二十五分，爲紀泛定，歲元、朔元即爲歲泛定、朔泛定。次求續等，紀泛定、歲泛定等數爲十三，約歲泛定，乘紀泛定，得四十七萬四千八百一十六，爲歲定，二萬一千一百二十五，爲紀定。朔泛定即朔定。三定數連乘，得五〇〇五八八五五五四六九六〇〇〇，爲衍母。紀定、朔定相乘，得八一〇九八三八七五，爲歲衍。歲定、朔定相乘，得二三六九六四九九六六七二，爲紀衍。歲定、紀定相乘，得一〇〇三〇四八八〇〇〇，爲朔衍。置各衍數，滿各定數去之，餘歲奇四七二九六三、紀奇二〇〇四七、朔奇二三九四三四。次以各定、各奇求各乘數，得歲乘數此題不用歲乘數，求之以備其數。二四九六七、紀乘數二〇〇八、朔乘數六二五一。以各乘數乘各衍數，得各泛用數：歲泛用二〇一九八九三二〇七九四六二五，紀泛用四七四一一九五六五四四一三三七六，朔泛用六二七〇〇五八四八八〇〇〇。併三泛用，與衍母數等，則泛用即爲定用。乃以氣骨乘紀定用，得九一七一三六八八七一九六二八三四五五三四四〇。置氣骨，減去朔骨，餘十六萬三千七百七十一，以乘朔定用，得一〇二六八五三六七六七一〇〇二四八〇〇〇，併數，得九二七四〇五四二三九六三三八三七〇一四四〇。滿衍母，去之。餘四八四四三七三八六五三四四〇，爲實。以歲實分爲法除之，得七百八十四萬八千一百八十，即嘉泰甲子積年之數也。此法較前法數繁，然其理可互相發明。後復設一法，兼二法用之。

衍 歲	定 歲	元 歲
八一〇九八三八七五	四七四八一六	六一七二六〇八
衍 紀	**定 紀**	**元 紀**
二三六九六四九九六六七二	二一一二五	一六二五
衍 朔	**定 朔**	**元 朔**
一〇〇三〇六四八八〇〇〇	四九九〇六七	四九九〇六七

母 衍
五〇〇五八八五五五四六九六〇〇

用泛歲	乘 歲	奇 歲
二〇一九八九三二〇七九四六二五	二四九〇六七	四七二九六三
用泛紀	**乘 紀**	**奇 紀**
四七四一一九五六五三四一三三七六	二〇〇〇八	二〇〇四七
用泛朔	**乘 朔**	**奇 朔**
六二七〇〇五八〇四八〇〇〇	六二五一	二三九四三四

衍 歲	定 歲	元 歲
二一一二五	四七四八一六	六一七二六〇八
衍 紀	**定 紀**	**元 紀**
四七四八一六	二一一二五	一六二五

定 衍
一〇〇三〇四八八〇〇〇

用　歲	乘　歲	奇　歲
五三八九三八六二五	二五四八六一	二一一二五

用　紀	乘　紀	奇　紀
四六五六五四九三七六	九七八六	一○○六六

	紀奇	紀定	紀奇	紀定	
四六四六五四九三七六	一	○	一	○	二一一二五
一九三四四○	二		二二		二二
一八三六一九七五○四					四六四七五一
一八五六一七五○四	二	負一	二二	負一	四七四八一六
一三六三九六四八一二八					少○○六六
四一一八九四三八四	二○	○	四四	負二	少○一三二
四六四六三四九三七六		負一○		負二	二一一二五
二九三四○	二一	負一○	四五	負二	多九九三一
○					一○
八九六○九	一四七	負七○	四五○	負二○	多九九三一
九三四四○	二		二二		少一○○六六
九三	一四九	負七一	四七二	負二一	少一三六七
○○					七
九三四	九三	負二一三	三三○四	一○○四七	少五九三二
九三四	二一一	負一○	三三四九	負一四九	少九五三二
九二○○○	四六八	負二二三	一○○四七	負四四七	多四一一三
九一四○○	一四○九	負六六九	四七二	負二一	多一二三
	一四○九	負七一一	一○五一九	負四六八	少一三六一
一五五	一五三三	負七四○			
一七○六八	九三一八	負一四○三	三一五五七	負一四○三	少三九一
四○	四六八	負二二三	三三四九	負一四九	多二
三三九四九三四四	九七八六	負四六六三	三四九○六	負一三五三	六一
三○八六三○四○			二○九四三六	負九三一八	多一
○三○八六三○四○			一○五一九	負四六八	少一三
三○八六三○四○			三四九○六	負一三五三	少一
○○○○○○○○			二五四八六一	負一一三九	多一

三法，先以歲率、紀率求等數，得六百二十四，專約紀率，得一六二五分，爲紀元歲率，即爲歲元。又求續等數，得十三，以約歲元，得四七四八一六，爲歲定。以乘紀元，得二一一二五，爲紀定。紀定、歲定相乘，得一○○三○四八八○○○，爲衍母。以紀定二一一二五爲歲衍，以歲定四七四八一六爲紀衍，歲衍小於歲定，即爲歲奇。紀衍滿紀定去之，餘一○○六六，爲紀奇。

次以各定、各奇求各乘數，得歲乘數二五四八六一、紀乘數九七八六。以各乘數乘各衍數，得各用數：歲用數五三八三九三八六二五，紀用數四六四六五四九三七六。乃以氣骨乘紀用數，得八九八八二八五一一二九三四四○，滿衍母，去之。餘六五一二一○一四四○，爲通積分，爲實。以歲實分爲法除之，得一千零五十五，即專以氣骨求得第一積年。

次以前衍母分即歲率、紀率一會一千六百二十五年之積分。一○○三○四八八○○○與朔率分求等數，得一，即以前（衍）衍母分爲歲紀元，亦即爲歲紀定。以朔率分四九九○六七爲朔元，亦即爲朔定。二定數相乘，得五○○五八八五五五四六九六○○○，爲衍母。以朔定爲歲紀衍，以歲紀定爲朔衍，歲紀衍小於歲紀定，即以歲紀衍爲歲紀奇明衍。滿朔定去之，餘二三九四三四，爲朔奇。各以定、奇求乘數，得歲紀乘數九九○四八五二四○三、朔乘數六二五一。以各乘數乘各衍數，得歲紀泛用數四九四三一八四九七四二○八○○一、朔泛用數六二七○○五八○四八八○○○。併二泛數，與衍母等，則泛用數即爲定用數。乃置前通積分六五一二一○一四四○，滿朔率去之，餘二七五二二四，爲入元第一千零五十五年之閏分。又置嘉泰甲子氣骨，減去朔骨，餘一六三七七一，爲嘉泰甲子之閏分。閏分每歲漸加，今後數小於前數，是知已加過一朔率，乃於後閏分内加一朔率分，減去前閏分，得三八七六一四，爲前後閏分差。以乘朔定用數，得二四三○三六二二八○五二七五六三二○○○，滿衍母，去之，餘四八四三七二二六五五二○○○，爲實。以歲率爲法收之，得七百八十四萬七千一百二十五，爲後積年數。並前積年數，共得七百八十四萬八千一百八十年，爲嘉泰甲子積年，與前數合。

元紀歲
一○○三○四八八○○○

元朔
四九九○六七

奇紀歲	衍紀歲	定紀歲
四九九○六七	四九九○六七	一○○三○四八八○○○

奇朔	衍朔	定朔
二三九四三四	一○○三○四八八○○○	四九九○六七

母衍
五○○五八八五五五四六九九○○○

用定紀歲
四九四三一八四九七四二〇八〇〇一

乘紀歲
九九〇四八五二四三

用定朔
六二七〇〇五八〇四八八〇〇〇

乘朔
六二　五一

朔奇一	朔奇〇	
		二三九四三四 三
一二	〇	四七八八六六七 四九五八〇六七
二	負一	少二〇一九九
二二	負一一 〇	少二二二一八九 二三九四三四
二三 二	負一二 負一二	多一七二四五 少二〇一九九
二五	負一二	少二九五四五 五
一二五 二三五	負六〇 負一二	少一四七七〇 多一七二四五
一四八 二五	負七一 負一二	多二四七五五 少二九五四五
一七三	負八三	少四七九五 五
八六五 一四八	負一一五 負七一	少一二九五五 多二四七五五
一〇一三	負四八六	多八〇五
五〇六五 一七三五	負二四三〇 四八六	多四四〇〇 少四七九五
五二三八 一〇一三	負二五一三 四八六	少七九五 多八〇五
六二五一	負二九九九	多一

	歲紀奇一	歲紀定〇	
			四九〇六七 二〇〇九八
	二〇〇九八	〇 一〇〇三〇二八五六六 一〇〇五〇〇〇	二八五六六 少二三九四三四
	二〇〇九八	負一	少二三九四三四 二
	四一九六一 一	負二	多四七八八六六 四九〇六七
	四一九七	負二	多二〇一九九 二
	四二一六七 二〇〇九八	負二二 負一	多二一七四九 少二三九四三四
	四六二二六五	負二三	少一七二四五
	五〇二四六二	負二五	多二九五四五 五
	二五一二三一〇 四六二二六五	負一二五 負二三	多一四七七〇 少一七二四五
	三六七四五三五 五〇二四六二	負一二五 負二五	少一七二四五 多二九五四五
	三四七六七〇三七	負一七三	多四七九五 三
	一七三八五一八五 二〇三五九六六〇	負八六五 負一〇一三	多二九四九五 少八〇 五
	一〇一七九八〇〇 三四七六七〇三七	負五〇六五 負一七三	少四〇〇 多四七九
	一〇五二六七五八三六七 二〇三五九六六〇	負五二三八 負一〇一三	多七九 少八〇 五
	一二五六五三五五九七	負六二五一	少一 七八
	九七九九五七六五六六	負八四七五七八	少七八
	一〇五二六七五八三七	負五二三八	多七九
	九九〇四五二四〇三	負四九二八一一六	多一

按：右，奇定相求，其上層奇一數，即大衍術中所謂立天元一也。其逐層數，即術中所謂遞互乘餘也。其下層奇得數，即術中所謂乘數也。有等數者求蔀數。古無筆算舊式，所載不詳，兼多重舛偽之處，集中惟此問甚繁，故既設題以明其法，復備録加減乘除之數，以詳其算式，俾觀者易見焉。

```
六二七〇〇五八〇四八八〇〇〇
              三八七六一四
二五〇八〇二三二一九〇二〇〇
六二七〇〇五五八〇四八八〇二〇
三七六二〇三四八二九二八〇〇〇
四三八九〇四六三四一六〇〇〇
五〇八一〇四六四三九〇〇〇
一八八一〇一七四一四六四〇〇〇
二四三〇三六二二八〇五二七五六三二〇〇〇

                      四八五五
五〇〇五八八五五五四六九六〇〇〇
〇四二八〇〇五八六四九一六三二二〇〇〇
四〇〇四七〇〇八四四七五六三二〇〇
〇二七五三七二一四二七三四八三二〇
二五〇四七〇八四七三七五六八〇〇〇
〇二七五三七二一一四二七三四八三二〇〇
二五〇四七〇八四七三七五六八〇〇〇
二五〇五七七八六五〇〇三二〇〇
二五〇二九四二七七三四八〇〇〇
〇〇四八三七二二六五五二〇〇〇

                  七八四七一二五
六一七二六〇八
四八四三七二二六五五二〇〇〇
四三二〇八二五六
〇五二一八九七〇八
四九三八〇八六四
〇二九〇八四一五
二四六九二〇〇〇
〇四三九九三二
四三二〇八二五六
〇七七一九七六〇
六六七二六〇八
一五五四三一五二〇
一二三四五二一六
〇三〇八六三二〇
三〇八六三〇四〇
〇〇〇〇〇〇〇〇
```

【附】《札記》卷二：沈氏欽裴曰：此所求入閏、閏縮、元閏、朔因數、朔積年，皆因入元歲而誤。求入元歲，當以歲餘爲奇，紀率爲定。用大衍術求之，得蔀率。此蔀率者，是甲子子正初刻與冬至一會之年數也。若如元術，以斗分與日法，用大衍術求得蔀率，則是子正初刻與冬至一會之年數，五周而後爲甲子子正初刻冬至也。一會戊子，再會壬子，三會丙子，四會庚子，五會甲子。每歲氣骨分，爲歲餘所積滿紀率去之之數，非斗分所積滿日法去之之數。有氣骨分求入元歲，而以斗分與日法，用大衍入之，與率不相通，此其所由誤也。又虛設氣元率乘元限數以強合之，而積年之不可知已多矣。今別立術草，並設問於後，以課元術、新術之疏密焉。

改正答數。

入元歲一千五十五。入閏二十七萬五千二百二十四。閏縮三十八萬七

千六百一十四。元閏二十三萬九千四百三十四。元數四千八百二十九。氣
等率六百二十四。因率一百三。蔀率一千六百二十五。朔因數六千二百五
十一。朔積年七百八十四萬七千一百二十五。

新術曰：調日法求朔餘、朔率、斗分、歲率、氣骨、朔骨、閏骨、歲
閏、紀率，皆如元術。以紀率除歲率，不滿，爲歲餘。與紀率用大衍術入
之，求氣等率、因率、蔀率。以等率約所求氣骨分，得數，以乘因率。滿
蔀率去之，不滿，爲入元歲。以入元歲乘歲閏，滿朔率去之，不滿，爲入
閏。以入閏減閏骨分，爲閏縮。若閏骨不足減，加朔率減之。以蔀率乘歲
閏，滿朔率去之，餘爲元閏。與朔率用大衍入之，求得朔等數、因數、蔀
數。以等數約閏縮，得數，以因數乘之。滿蔀數去之，不滿，以乘蔀
率，爲朔積年。併入元歲，爲演紀積年。

草曰：置歲率六百一十七萬二千六百八，滿紀率一百一萬四千，去
之。不滿八萬八千六百八，爲歲餘。與紀率以大衍術入之，求得六百二十
四爲等率，一百三爲因率，一千六百二十五爲蔀率。置嘉泰甲子歲氣定骨
一十九萬三千四百四十，以等率六百二十四約之，得三百一十。以因率一
百三乘之，得三萬一千九百三十。滿蔀率一千六百二十五，去之。不滿一
千五十五，爲入元歲。以入元歲乘歲閏一十八萬三千八百四，得一億九千
三百九十一萬三千二百二十。滿朔率四十九萬九千六十七，去之。不滿二
十七萬五千二百二十四，爲入閏。次置嘉泰甲子歲閏泛骨一十六萬三千七
百七十一，併朔率四十九萬九千六十七，共得六十六萬二千八百三十
八，以入閏二十七萬五千二百二十四減之，餘三十八萬七千六百一十
四，爲閏縮。次以蔀率一千六百二十五乘歲閏一十八萬三千八百四，得二
億九千八百六十八萬一千五百。滿朔率去之，不滿二十三萬九千四百三十
四，爲元閏。乃以元閏與朔率用大衍術求之，得等數一，因數六千二百五
十一，蔀數四十九萬九千六十七。然後以等數一約閏縮，仍得三十八萬七
千六百一十四。以因數六千二百五十一乘之，得二十四億二千二百九十七

萬五千一百一十四。滿蔀數四十九萬九千六十七，去之。不滿四千八百二十九，爲元數。乃以乘蔀率一千六百二十五，得七百八十四萬七千一百二十五，爲朔積年。併入元歲一千五十五，共得七百八十四萬八千一百八十，爲嘉泰四年甲子歲積算。

歲率　　　紀率　　　不滿　歲餘

右行

歲餘　　　紀率　　　商

左行　　天元　　　空

歲餘　　　紀率　餘　　　商

天元

商　　歲餘　　　紀率　餘

天元　　　歸數

商 ‖　　　　歲餘 ‖‖‖ 餘　　　紀率 ‖ 餘

天元 ｜　　　歸數 ｜

歲餘 ‖‖‖ 餘　　紀率 ‖ 餘　　　　商 ‖‖‖

率 ‖‖‖　　　歸 ｜

歲餘 ‖‖‖ 餘　　紀率 ‖ 餘　　　　商 ‖‖‖

率 ‖‖‖　　　歸 ｜

商 ｜　　　歲餘 ‖‖‖ 餘　　紀率 ○ 餘

率 ‖‖‖　　　歸 ○

商 ｜　　　歲餘 ‖‖‖ 餘　　紀率 ○ 餘

率 ‖‖‖　　　歸 ○

歲餘 ‖‖‖ 餘　　紀率 ○ 餘　　　商 ‖‖‖

因率 ‖‖‖ ○　　歸 ○

等　　等　　商

因率　　歸

等　　等

因率　　歸數

等　　等

因率　　蔀率

商　　氣定骨　　等率

商　　因率　　得數

商去之　　得數　　蔀率　　不滿　入元歲

入元歲	歲閏	得數	朔率		不滿 入閏
閏泛骨	朔率	共得	入閏		閏縮 元閏
蔀率	歲閏	得數	朔率		不滿 元閏
右行	元閏	朔率	商		
左行	天元	空			
	元閏	朔率	商		
	天元	空			
商	元閏	朔率 餘			

天元 ｜　　　　歸 ‖

商 ｜　　元閏 ⫿⫿⫿ 餘　　朔率 餘

天元 ｜　　　　歸 ‖

元閏 ⫿⫿⫿ 餘　　朔率 餘　　商 ｜

數 ⫿⫿⫿　　　歸 ‖

元閏 ⫿⫿⫿ 餘　　朔率 ⫿⫿⫿ 餘　　商 ｜

數 ⫿⫿⫿　　　歸 ‖

商 ⫿⫿⫿⫿　元閏 ⫿⫿⫿⫿ 餘　　朔率 ⫿⫿⫿⫿ 餘

數 ⫿⫿⫿⫿　　歸 ‖

商 ⫿⫿⫿⫿　元閏 ⫿⫿⫿⫿ 餘　　朔率 ⫿⫿⫿ 餘

數 ⫿⫿⫿⫿　　歸 ⫿⫿⫿⫿

商 ｜　　　朔率 ⫿⫿⫿ 餘　　　元閏 ⫿⫿⫿⫿ 餘

歸 ⫿⫿⫿　　　數 ⫿⫿⫿

商 ｜　　　朔率 ⫿⫿⫿ 餘　　　元閏 ⫿⫿⫿⫿ 餘

歸 ⫿⫿⫿　　　數 ⫿⫿⫿

商 ⫿⫿⫿⫿　　　朔率 ⫿⫿⫿ 餘　　　元閏 ⫿⫿⫿⫿⫿ 餘

歸 ⫿⫿⫿　　　數 ⫿⫿⫿

商 ⫿⫿⫿⫿　　　朔率 ⫿⫿⫿ 餘　　　元閏 ○ 餘

歸 ⫿⫿⫿　　　數 ⫿⫿⫿

商 ⫿⫿⫿⫿　　　朔率 ⫿⫿⫿ 餘　　　元閏 ○ 餘

歸 ⫿⫿⫿　　　數 ⫿⫿⫿

商 ⫿⫿⫿⫿　　　朔率 ⫿⫿⫿ 餘　　　元閏 ○ 餘

數 ⫿⫿⫿

商｜　　　元閏○餘　　朔率〣餘

數〣　　　歸

商｜　　　元閏｜餘　　朔率〣餘

數〣　　　歸

　　　　　元閏｜餘　　朔率〣餘　　　商〣

數｜　　　歸

等｜　　　等｜　　　　　　　　商〣

數｜　　　歸

等｜　　　等｜

數｜　　　歸

等｜　　　等｜

因數｜　　蔀數〢

因數 ┃ 閏縮 得數 朔率 不滿 元數

元數 蔀率 朔積年 入元歲 嘉泰甲子 ○ 積年

設氣骨分三十七萬四千四百，閏骨分二十萬六千九百九十四，問距上元甲子歲積算幾何？

答曰：五十年。

依元術推之，以約率三千一百二十除氣骨分三十七萬四千四百，得一百二十。以因率一百四十四乘之，得一萬七千二百八十。滿蔀率三百二十五，去之。不滿五十五，以紀法六十乘之，得三千三百，爲入元歲。以乘歲閏一十八萬三千八百四，得六億六百五十五萬三千二百。滿朔率四十九萬九千六十七，去之。不滿一十八萬六千七百九十五，爲入閏。以減閏骨分二十萬六千九百九十四，餘二萬一百九十九，爲閏縮。以等數一約之，仍得二萬一百九十九。以因數四十五萬七千九百九十九乘之，得九十二億五千一百一十二萬一千八百一。滿蔀數四十九萬九千六十七，去之。不滿四十一萬五千八百八十九，在乘元限數以上，乘元限最大者，不過五千一百二十八。爲不可用。

117

依新術推之，以等數六百二十四約氣骨三十七萬四千四百，得六百。以因率一百三乘之，得六萬一千八百。滿蔀率一千六百二十五，去之。不滿五十，爲入元歲。以入元歲乘歲閏一十八萬三千八百四，得九百一十九萬二百。滿朔率四十九萬九千六十七，去之。不滿二十萬六千九百九十四，爲入閏，與閏骨分適合。便以入元歲五十，爲上元甲子歲距所求年積算。

設氣骨分四十四萬三千四十，閏骨分一十六萬三百二十，問積年幾何？

答曰：一千六百三十年。

依元術推之，以約率三千一百二十除氣骨分四十四萬三千四十，得一百四十二。以因率一百四十四乘之，得二萬四百四十八。滿蔀率三百二十五，去之。不滿二百九十八，以紀法六十乘之，得一萬七千八百八十，爲入元歲。以乘歲閏一十八萬三千八百四，得三十二億八千六百四十一萬五千五百二十。滿朔率四十九萬九千六十七，去之。不滿五萬九千三百二十五，爲入閏。以減閏骨分一十六萬三百二十，餘一十萬九百九十五，爲閏縮。以因數四十五萬七千九百九十九乘之，得四百六十二億五千五百六十萬九千五。滿蔀數四十九萬九千六十七，去之。不滿八萬三千一百七十七，在乘元限數上，爲不可用。

依新术推之，以等数六百二十四約氣骨分四十四萬三千四十，得七百一十。以因率一百三乘之，得七萬三千一百三十。滿蔀率一千六百二十五，去之。不滿五年，爲入元歲。以乘歲閏一十八萬三千八百四，得九十一萬九千二十。滿朔率四十九萬九千六十七，去之。不滿四十一萬九千九百五十三，爲入閏。以閏骨分一十六萬三百二十，併朔率四十九萬九千六十七，共得六十五萬九千三百八十七。以入閏減之，餘二十三萬九千四百三十四，爲閏縮。以因數六千二百五十一乘之，得一十四億九千六百七十萬一千九百三十四。滿蔀數四十九萬九千六十七，去之。不滿一，以乘蔀率，得一千六百二十五，爲朔積年。併入元歲五，共得一千六百三十年，爲距上元甲子歲積算。

設氣骨分一十五萬六千，閏骨分四十四萬二千三十二，問積年幾何？

答曰：三千年。

依元術推之，以約率三千一百二十除氣骨分一十五萬六千，得五。以因率一百四十四乘之，得七千二百。滿蔀率三百二十五，去之。不滿五十，以紀法六十乘之，得三千年，爲入元歲。以乘歲閏一十八萬三千八百四，得五億五千一百四十一萬二千。滿朔率去之，不滿四十四萬二千三十二，爲入閏，與閏骨分適合。便以入元歲三千年，爲積年。

依新術推之，以等數六百二十四約氣骨分一十五萬六千，得二百五十。以因率一百三乘之，得二萬五千七百五十。滿蔀率一千六百二十五，去之。不滿一千三百七十五，爲入元歲。以乘歲閏一十八萬三千八百四，得二億五千二百七十三萬五百。滿朔率去之，不滿二十萬二千五百九十八，爲入閏。以減閏骨分四十四萬二千三十二，餘二十三萬九千四百三十四。以因數六千二百五十一乘之，得一十四億九千六百七十萬一千九百三十四。滿蔀數四十九萬九千六百六十七，去之。不滿一，以乘蔀率，得一千六百二十五，爲朔積年。併入元歲一千三百七十五，得三千，爲積年，與元述所推合。

設氣骨分八十五萬八千，閏骨分四十七萬五千三百六，問積年幾何？

答曰：一萬年。

依元術推之，以約率三千一百二十除氣骨分八十五萬八千，得二百七十五。以因率一百四十四乘之，得三萬九千六百。滿蔀率三百二十五，去之。不滿二百七十五，以紀法六十乘之，得一萬六千五百，爲入元歲。以乘歲閏一十八萬三千八百四，得三十億三千二百七十六萬六千。滿朔率去之，不滿四十三萬四千九百八，爲入閏。以減閏骨分四十七萬五千三百六，餘四萬三百九十八，爲閏縮。以因數四十五萬七千九百九十九乘之，得一百八十五億二百二十四萬三千六百二。滿蔀數四十九萬九千六十七，去之。不滿三十三萬二千七百一十一，在乘元限數上，爲不可用。

依新術推之，以等數六百二十四約氣骨分八十五萬八千，得一千三百七十五。以因率一百三乘之，得一十四萬一千六百二十五。滿蔀率一千六百二十五，去之。不滿二百五十，爲入元歲。以乘歲閏一十八萬三千八百四，得四千五百九十五萬一千。滿朔率去之，不滿三萬六千八百三十六，爲入閏。以減閏骨分四十七萬五千三百六，餘四十三萬八千四百七十，爲閏縮。以因數六千二百五十一乘之，得二十七億四千八百八十七萬五千九百七十。滿蔀數四十九萬九千六十七，去之。不滿六，爲元數。以乘蔀率一千六百二十五，得九千七百五十，爲朔積年。併入元歲二百五十，共得一萬年，爲距上元甲子積算。

設氣骨分二十四萬六千四百八十，閏骨分四十二萬六千六百三十九，問積年幾何？

答曰：一萬九千五百六十年。

依元術推之，以約率三千一百二十除氣骨分二十四萬六千四百八十，得七十九。以因率一百四十四乘之，得一萬一千三百七十六。滿蔀率三百二十五，去之。不滿一，以乘紀法，得六十，爲入元歲。以入元歲乘歲閏一十八萬三千八百四，得一千一百二萬八千二百四十。滿朔率去之，不滿四萬八千七百六十六，爲入閏。以減閏骨分四十二萬六千六百三十九，餘三十七萬七千八百七十三，爲閏縮。以因數四十五萬七千九百九十九乘之，得一千七百三十億六千五百四十五萬六千一百二十七。滿蔀數四十九萬九千六十七，去之。不滿一，爲元數。在乘元限數下，爲可用。以乘元率一萬九千五百，即得一萬九千五百，爲朔積年。併入元歲六十，共得一萬九千五百六十，爲演紀積年。

依新術推之，以等數六百二十四約氣骨分二十四萬六千四百八十，得三百九十五。以因率一百三乘之，得四萬六百八十五。滿蔀率一千六百二十五，去之。不滿六十，爲入元歲。求入閏、閏縮數，與元術同。以因數六千二百五十一乘閏縮三十七萬七千八百七十三，得二十三億六千二百八萬四千一百二十三。滿蔀數四十九萬九千六十七，去之。不滿一十二，爲元數。以乘蔀率一千六百二十五，得一萬九千五百，爲朔積年。併入元歲六十，得一萬九千五百六十，爲積年，與元術所推合。

設开禧三年丁卯氣骨分四十五萬九千二百六十四，閏骨分二十一萬六千一百一十六，問距上元甲子歲積年幾何？

答曰：積年七百八十四萬八千一百八十三。

依元術推之，以約率三千一百二十除氣骨分四十五萬九千二百六十四，得一千四百七十二。以因率一百四十四乘之，得二十一萬一千九百六十八。滿蔀率三百二十五，去之。不滿六十八，以紀法六十乘之，得四千八十，爲入元歲。以乘歲閏一十八萬三千八百四，得七億四千九百九十二萬三百二十。滿朔率去之，不滿三十二萬一千六百八十六，爲入閏。以減閏骨分二十一萬六千一百一十六，不足減，加一朔率於閏骨分內，得七十一萬五千一百八十三。乃以入閏減之，餘三十九萬三千四百九十七，爲閏縮。以因數四十五萬七千九百九十九乘之，得一千八百二億二千一百二十三萬二千五百三。滿蔀數四十九萬九千六十七，去之。不滿一十五萬三千七百三十一，在乘元限數上，爲不可用。

依新術推之，以等數六百二十四約氣骨分四十五萬九千二百六十四，得七百三十六。以因率一百三乘之，得七萬五千八百八。滿蔀率一千六百二十五，去之。不滿一千五十八，爲入元歲。以乘歲閏一十八萬三千八百四，得一億九千四百四十六萬四千六百三十二。滿朔率去之，不滿三十二萬七千五百六十九，爲入閏。以減閏骨分二十一萬六千一百一十六，不足減，加一朔率，得七十一萬五千一百八十三。乃以入閏減之，餘三十八萬七千六百一十四，爲閏縮。以朔因數六千二百五十一乘之，得二十四億二千二百九十七萬五千一百一十四。滿蔀數四十九萬九千六十七，去之。不滿四千八百二十九，爲元數。以蔀率一千六百二十五乘之，得七百八十四萬七千一百二十五年，爲朔積年。併入元歲一千五十八，得七百八十四萬八千一百八十三年，爲上元甲子歲距開禧三年丁卯歲積算。

右設問六則，以元術推之，可知者二，不可知者四。以新術推之，皆可知，則新術爲密。

景昌案：元術惟甲子歲爲可知，其餘皆不可知。先生新術，則歲歲可知，疏密相去遠矣。但刪去氣元率不用，而即以入蔀歲爲入元歲，似尚未盡。蓋新術蔀率一千六百二十五，爲冬至與日名甲子一會，第可謂之蔀，未可謂之元。又曆十二蔀而冬至與年名甲子一會，始可謂之元也。古人命名，各有取義，未可混耳。

綴術推星

問：歲星合伏，經一十六日九十分，行三度九十分，去日一十三度乃見，後順行一百一十三日，行一十七度八十三分乃留。欲知合伏段、晨疾初段、常度、初行率、末行率、平行率各幾何？

【庫本】按：此以兩積日之遞差積度，求各行率也。蓋合伏初日其行最疾，以次漸遲遲，極則留總，其積度略如遞減差分，故古法皆以其術步之。

【附】《札記》卷二：案：推步家以五星初見與將留，行率不倫，故分疾初、疾末、遲初、遲末四段測之。今既合四段为一，而仍求晨疾初段、常度、行率，則布算與實測乖異，所得之數必不能確矣。

答曰：合伏一十六日九十分。常度三度九十分。初行率二十三分九十七秒。平行率二十三分二秒。末行率二十二分七秒。

晨疾初三十日。常度六度一十三分。初行率二十一分九十六秒。平行率二十分三十三秒。末行率一十八分六十九秒①。

術曰：以方程法求之。置見日，減一，餘半之，爲見率。以伏日併見日，爲初行法，以法半之，加見率，共爲伏率。以伏日乘伏率，爲伏差。以見日乘見率，爲見差。以伏日乘見差於上，以見日乘伏差，減上，餘爲法。以見日乘伏度，爲泛。以伏日乘見度，減泛，餘爲實。滿法而一，爲度，不滿，退除爲分秒，即得日差。

【庫本】按：此求逐日之遞差，爲日差也。術曰"方程"，非也。其所謂見數者，乃徒設一數，宛轉附會，使合於方程之行列也。如見日減一折半爲見率，併伏見日折半爲半總日，既以半總日加見率，先以伏日乘之，後以見日乘之。復置見率，先以見日乘之，後以復日乘之，相減，然後爲法，豈非半總日不用加見率，但以伏日、見日連乘之，即可爲法乎？特多立名目，故爲曲折顛倒，使人不易辨耳。今去其見率，另爲步算於後，以明其立法之本意焉。

法以合伏日除伏行度，得二十三分，〇七六九二三。爲合伏日折中第八日四十五分一日之行度。即第七日九十五分至第八日九十五分之行度。以順行日除順行度，得十五分，七七八七六一。爲順行日折中第五十六日五十分一日之行度。兩一日之行度相減，得七分，一九八一六二。爲合伏第八日四十五分與順行第五十六日五十分兩一日之行度較，爲實。併合伏、順行兩日數而半之，得六十四日，九五。爲合伏第八日四十五分至順行五十六日五十分之積日。爲法除之，得十一秒，二三六五八五。爲一日遞差之數，即日差。若不先用除，則以兩日數與兩行度互乘，相減爲實。兩日數相乘，又併兩日數而半之，再乘爲法，得數亦同。

求初行率，置初行法，減一，餘乘日差，爲寄。以半初行法，乘寄得數，又加伏見度，共爲初行實，以法退除之，得合伏日初行率。

---

① 六十九秒：庫本作"七十秒"。

【庫本】按：此求合伏第一日晨疾之行〔率〕也。其法即遞減差分，有總數，有次數，有每次差數，求初次最大之數也。初行法減一乘日差爲寄者，合伏初日與順行末日兩行率之差也。半法乘寄，與積差等，故加共度爲實，以共日爲法除之，爲合伏初日行率二十三分九十七秒也。

求末行率，以段日乘日差，減初行率，餘爲末行率。

【庫本】按：此求合伏末日之行率也。以段日乘日差，求合伏初、末日兩行率之較也。既得初、末日兩行率之較，以減初行率，即末行率也。

求平行率，以初行率併末行率而半之，爲平行率。

【庫本】按：此即均分合伏度，爲每日之平行率也。與遞加遞減有首尾數求中數者同，應與伏日除伏度數同，不同者，本非遞差之數也。

求交段差，以各段常日下分數，減全日一百分，餘乘末日行率，爲交段差。

【庫本】按：此即各段日下分數不及一日所差之行分也，求之以備後數加減。

累減前段積度，以益後段積度，各爲常度。

【庫本】按：常度即各段積度也。求晨疾初段常度，見常中，專解於後。

草曰：兼具算圖。以伏日隨伏度爲右行，以見日隨見度爲左行。以度對度，日對日，其度於上，日於中，空其下，列之。

置見日一百一十三，減一，餘一百一十二。以半之，得五十六，爲見率。以伏日一十六日九十分，併見日一百一十三，得一百二十九日九十分，爲初行法。

右行 ‖‖ 伏度 〒 伏日 〇　　‖‖ 伏度 〒 伏日 〇　　‖‖ 伏度 〒 伏日 〇

法圖　　〒 初行法　　初行法 〒　　‖ 本法　　寄法 〒 初行法　　〇 伏率

左行 〒 見度 ‖‖ 見日 〒 見率　　〒 見度 ‖‖ 見日 〒 見率　　〒 見度 ‖‖ 見日 〒 見率

以初行法半之，得六十四日九十五分，併見率五十六日，得一百二十日九十五分，爲伏率。以初行法寄之，以伏率歸右下，以對見率。仍分左右兩行，爲《首圖》。

右行 ‖‖ 伏度 〒 伏日 〇 伏率　　右行 ‖‖ 伏度 〒 伏日 〇 伏差

首圖　　　　　　　　　　**次圖**

左行 〒 見度 ‖‖ 見日 〒 見率　　左行 〒 見度 ‖‖ 見日 ‖ 見差

以首圖伏日一十六日九十分，乘伏率一百二十日九十五分，得二千四十四日五分五十秒，爲伏差於右下。以首圖見日一百一十三，乘見率五十六日，得六千三百二十八日，爲見差於左下，乃成《次圖》。

凡方程之術，先欲得者存之，以未欲得者互遍乘兩行諸數。今驗《次圖》，先欲得日差，故存其左、右之上下。以左、右之中伏見日數，互遍乘兩行。乃以《次圖》右中伏日一十六日九十分，先遍乘左行畢。左上得三百一度三十二分七十秒，左中得一千九百九日七十分，左下得一十萬六千九百四十三日二十分。又以《次圖》左中見日一百一十三，遍乘右行畢。右上得四百四十度七十分，右中亦得一千九百九日七十分，右下得二十三萬九百七十八日二十一分五十秒。

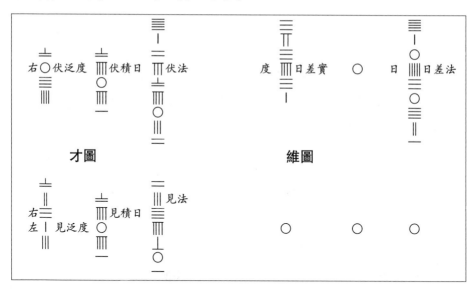

故以兩行所得，變名泛積法，而成《才圖》。

乃驗《才圖》，左上下皆少。用減右行畢，右上餘一百三十九度三十七分三十秒，爲日差實。右中空，右下得一十二萬四千三十五日一分五十秒，爲日差法。今《維圖》法多實少，除得空度空分十一秒二十三小分六十五小秒，不盡十秒五十五小分三十九小秒五十二微分五十微秒，收爲一小秒，爲日定差一十一秒二十三小分六十六小秒。

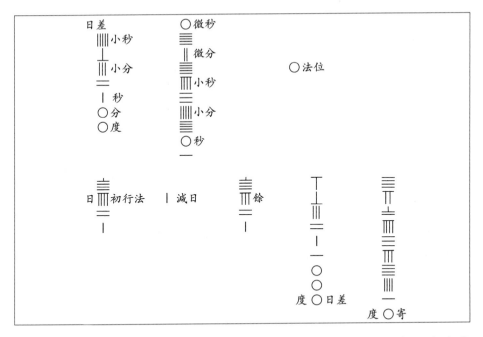

既得日差，乃求初行率。置《法圖》內初行法一百二十九日九十分內，減去一日，餘一百二十八日九十分，乘日差一十一秒二十三小分六十六小秒，得空度一十四分四十八秒三十九小分七十七小秒四十微分，爲寄。次置初行法一百二十九日九十分[1]，半之，得六十四日九十五分，乘寄，得九度四十分七十三秒四十三小分三十二小秒一十三微分，爲得數。

---

[1] "次置"以下，庫本脫文，注云："按：此下脫三十一字，應作次置寄以半法乘之得九度四十分七十三秒四十三小分三十二小秒一十三微秒。"明鈔本作"有"。

以得數加伏度三度九十分，見度一十七度八十三分，共得三十一度一十三分七十三秒四十三小分三十二小秒一十三微分，爲初行實。如初行法一百二十九日九十分而一。

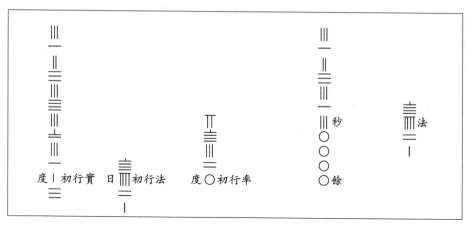

乃得空度二十三分九十七秒，爲伏合初日行率，餘三秒一十三小分三十二小秒一十三微分，棄之。

求末行率，置合伏段日數一十六日九十分，乘日差一十一秒二十三小分六十六小秒，得一分八十九秒八十九小分八十五小秒四十微分，爲得數。

乃以得數減初行率二十三分九十七秒，餘二十二分七秒一十小分一十四小秒六十微分，爲合伏末日行率。但注曆收棄小分以下數①，餘爲定。

求平行率，置初行率二十三分九十七秒，併末行率二十二分七秒，得四十六分四秒，以半之，得二十三分二秒，爲平行率。

求交段差，置合伏日，下減全日一百分，餘一十分，乘末行率二十二分七秒，得二分二十秒七十小分，爲交段差。

求晨疾初段常度，置合伏日一十六日九十分，乃收九十分作一日，通爲一十七日。併舊曆所注晨疾初段常日三十，得四十七，爲共日，乘合伏初行率二十三分九十七秒，得一十一度二十六分五十九秒，爲寄上。

【庫本】按：此有第一日行度，有逐日遞減之差，有前後各段日

---

① 注：明鈔本作“逐”。

數，有前段積度，求後段積也。先以共日乘初行率者，以最疾爲率之共積也。下求遞差以減之，故爲寄。

乃副置共日四十七，減一，餘四十六，以半之，得二十三。以乘副四十七，得一千八十一；以乘日差一十一秒二十三小分六十六小秒，得一度二十一分四十六秒七十六小分四十六小秒；以減上寄一十一度二十六分五十九秒，餘一十度五分一十二秒二十三小分五十四小秒，爲合伏晨疾初兩段共積度。

【庫本】按：此乃求積差，以減上數，得共日之積度也。法應於共日內減一日，以乘日差，得數，爲共日數初、末日行率之較。再以共日數乘之，得數折半，爲積差。此先折半，次連乘，得積差，其理亦同。

置共積，內減合伏三度九十分，餘六度一十五分一十二秒二十三小分五十四小秒，爲泛。次以交段差二分二十秒七十小分，減泛，餘六度一十二分九十一秒五十三小分五十四小秒，爲晨疾初段常度。注曆乃收八秒五①十六小分四十六小秒，爲全分常定度。

【庫本】按：此於共積內減去合伏段積，尚有合伏九十分，不及一日，所差之行分，即交段差，未減，故爲泛數。再減交段差，爲晨疾初段常泛度。再收爲六度十三分，始爲定常度也。

（泛度　交段差　常泛度　收數　常定度晨疾初）

求晨疾初段初行率，以日差一十一秒二十三小分六十六小秒，減合伏末行率二十二分七秒，餘二十一分九十六秒，爲晨疾初段初行率，得泛收之爲定者也。

【庫本】按：此以合伏末日之次日，爲晨疾初段之初日也。故置合伏之末行率，減一日之差，即爲晨疾初段之初行率。五秒餘，收爲六秒。凡奇零未收，名泛數，已收，名定數，下做此。

（度日差　合伏末行率　度晨疾初行泛　收數　度晨疾初行率定數）

求晨疾初末行率，置晨疾初常日三十，減一，餘二十九日，乘日差一十一秒二十三小分六十六小秒，得三分二十五秒八十六小分一十四小

---

① 五：庫本校注作“按：應作‘四’”。

秒，以減晨疾初段初行率泛二十一分九十五秒七十六小分三十四小秒，餘一十八分六十九秒九十小分二十小秒，爲晨疾初末行率。

【庫本】按：此求晨疾初段末日之行率也。常日減一日，乘日差，得數爲晨疾初段初、末二日行率之較也，故減初行率，得末行率。

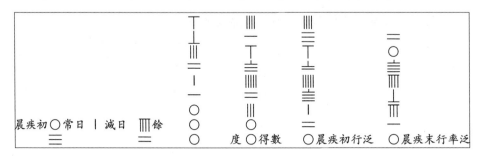

求平行率，以晨疾初初行泛二十一分九十五秒七十六小分三十四小秒，併晨疾初末行泛一十八分六十九秒九十小分二十小秒，得四十分六十五秒六十六小分五十四小秒，以半之，得二十分三十二秒八十三小分二十七小秒，爲晨疾初平行泛，乃以三泛收棄之爲定。

【庫本】按：此與求合伏平行率同。其言泛棄爲定者，蓋截去秒下奇零，過半則收爲一秒也。然語意欠明。

又按：五星行度遲疾差迴，非遞加遞減之數。術中僅以合伏與順見二段，各取中數，至推逐日行度，仍用遞加遞減之法，故古法之疏，五星尤甚。原文語多隱晦，今悉爲解之，可以見古今疏密之所在焉。

上併得，
中半之，
下得泛。

一晨疾初　一晨疾初　○得　　‖半法　　○晨疾初平行泛
度○初行泛　○末行泛
上　　　　　　　　　　中　　　　　下

上下各
併之，中
間相減
之。

○初行泛　○收數　○末行泛　○棄數　○平行泛　○收數

度○
晨疾初初行率

度○
晨疾初末行率

度○
晨疾初平行率

數書九章卷第四

揲日究微①

問：歷代測景，惟唐《大衍曆》最密。本朝《崇天曆》，陽城冬至景一丈二尺七寸一分五十秒，夏至景一尺四寸七分七十九秒，係與《大衍曆》同。今《開禧曆》，臨安府冬至景一丈八寸二分二十五秒，夏至景九寸一分。欲求臨安府夏至後差幾日而景與陽城夏至日等，較以《大衍曆》晷景，所差尺寸各幾何？

答曰：大暑後五日午中景長一尺四寸八分八十五秒。

【庫本】按：舊本答數後有二圖，舛錯潦草，傳寫者失其真也。細考圖內所載之數，皆與今法頗合，知此悉當時實測所定，非同臆說也。因取其數，改正於後。

【附】《札記》卷二：案：此本所載兩圖，其數皆與館校本合，是猶未經錯誤也。

---

① 此題前，庫本有"天時"類題。

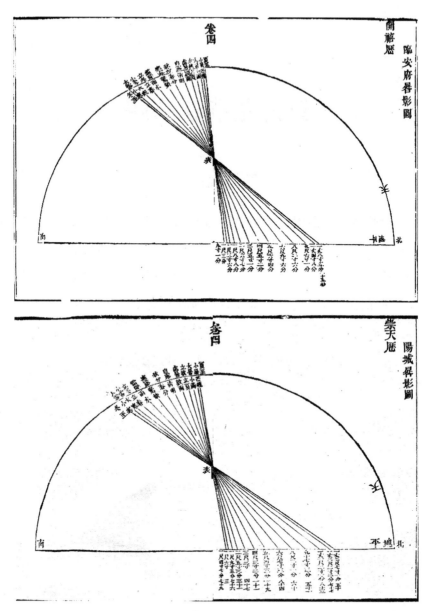

草曰①：置臨安府所測冬至景一丈八寸二分二十五秒，以夏至景九寸
一分減之，餘九尺九寸一分二十五秒，爲景差，以爲實。

① 草曰：原脫，據明鈔本及本篇後復出文字補。

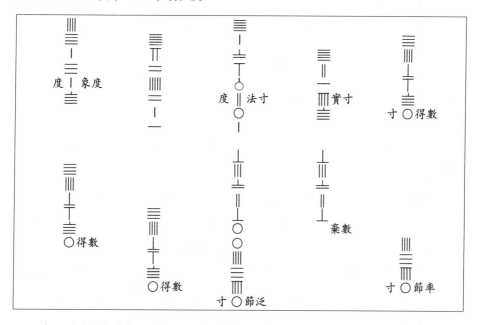

寸⸗臨安冬至景　　　一臨安夏至景　　　寸⸗景差爲實

　置象限度九十一度三十一分四十四秒，加一十一度二十五分二十七秒五十小分，命度爲寸，得一百二寸五千六百七十一分五十秒，爲法，以除前差實，得空寸九千六百六十四分四十秒，不盡，棄之。自乘，得節泛數九千三百四十分，不盡，棄之。

度　象度　　　　　度　法寸　　　實寸　　　寸〇得數

〇得數　　　　〇得數　　寸〇節泛　　棄數　　　寸〇節率

　先以小暑節乘率二十五，乘節率九千三百四十分，得二十三寸三千五百分於上。

‖小暑乘率　寸〇節率　　寸‖上位　　　　節率圖

次以臨安夏至①九寸一分自乘，得八十二寸八千一百分，爲夏至冪②。

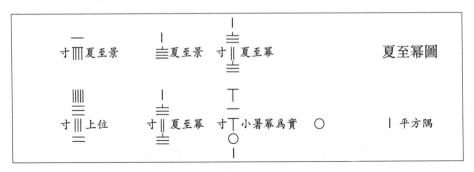

乃以夏至冪③加上，得一百六寸一千六百分，爲小暑冪，以爲實。以一寸爲隅，開平方，得一尺三分，爲臨安小暑節景。不盡七百分，即寸下七毫，棄之。

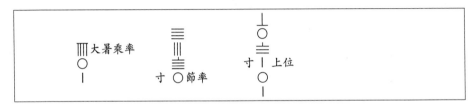

又以大暑乘率一百九，乘節率九千三百四十分，得一百一寸八千六十分於上位。

【庫本】按：各節氣影長，皆當時實測所定，本不待求。今所設求法，乃故爲溟滓，使人不可解也。細查其數，首以象限加十一度餘爲法，以除影差，得數自乘，爲節率。而每節下又有乘率，以乘率、節率相乘，與夏至影冪相加，即爲本節影冪。是知節率乃强取之數，蓋以此數先除各節影冪，與夏至影冪之較，名爲乘率，故以此與節率相乘，加夏至影冪，即各節影冪也。數家設術誤人，往往如此。

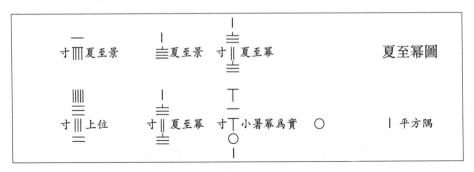

---

① "夏至"下，明鈔本作"影冪"二字。

② 冪：明鈔本作"影冪"。

③ 冪：明鈔本作"景冪"。

仍以[1]夏至冪八十二寸八千一百分，加上位一百一寸八千六十分，得一百八十四寸六千一百六十分，爲大暑冪，以爲實，以一寸爲隅，開平方，得一尺三寸五分八十七秒，爲大暑景，不盡，棄之。

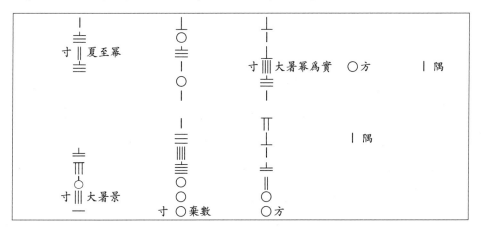

又置立秋乘率二百八十九，乘節率九千三百四十分，得二百六十九寸九千二百六十分於上位。

仍置夏至冪八十二寸八千一百分，加上位二百六十九寸九千二百六十分，得三百五十二寸七千三百六十分，爲立秋冪。

置立秋冪爲實，以一寸爲隅，開平方，得一尺八寸七分八十一秒，爲

---

① 仍以：明鈔本作“仍加”。

立秋景。不盡,棄之。

乃驗陽城夏至景一尺四寸七分七十九秒,在大暑後立秋前,乃置大暑一尺三寸五分八十七秒,併立秋景一尺八寸七分八十一秒,得三尺二寸三分六十八秒,以半之①,得一尺六寸一分八十四秒,爲大暑後九日景。又以九日景併大暑景,得二尺九寸七分七十一秒,以半之②,得一尺四寸八分八十五秒半,爲大暑後五日景③。

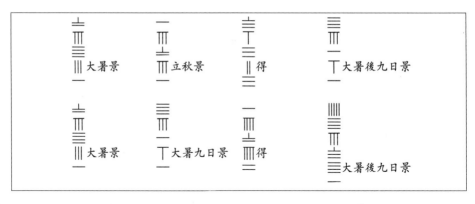

又以大暑景併五日景,得二尺八寸四分七十二秒半④,以半之,得一尺四寸二分三十六秒少,爲大暑後三日景。

---

① "乃置"至"以半之":明鈔本作"仍併大暑立秋二景,半之"。
② "又以九日景"至"以半之":明鈔本作"又併大暑景,半之"。
③ 五日景:明鈔本作"五日午中景"。
④ 半:明鈔本無。

又以五日景併三日景，得二尺九寸一分二十一秒太，以半之，得一尺四寸五分六十秒八十七小分，爲大暑後四日景。

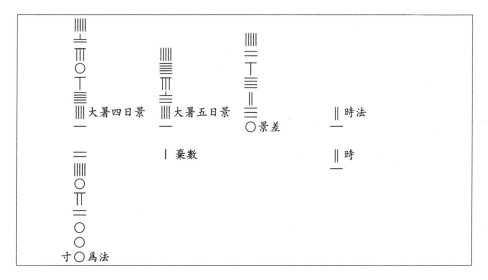

今驗陽城夏至景一尺四寸七分七十九秒，爲入臨安府大暑後四日景一尺四寸五分六十秒太强，乃以四日景減五日景，餘三分二十四秒太弱，爲景差，以十二時除之，得二十七秒五小分二十小秒，爲法。

乃置陽城夏至景一尺四寸七分七十九秒，減臨安大暑後四日景一尺四寸五分六十秒八小分七十五小秒，餘二分一十八秒一十二小分五十小秒，爲實。復以法二十七秒五小分二十小秒除之。

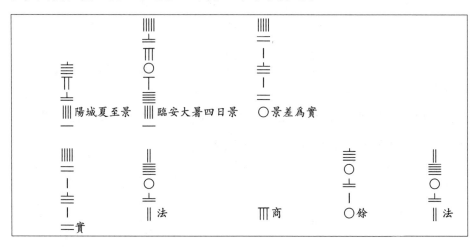

實如法而一，得商數八，有餘。命大暑四日午後數八辰，得大暑五日寅時景，與陽城夏至之日午景等。

求較以《大衍曆》暑景所差，乃置陽城大暑景長一尺九寸五分七十六秒，併陽城立秋景二尺五寸三分三十一秒，得四尺四寸九分七秒，以半之，得二尺二寸四分五十三秒半，爲大暑後九日午中景。

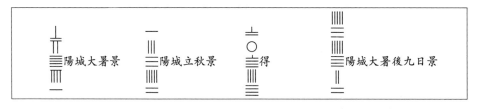

置九日景，復併大暑景一尺九寸五分七十六秒，得四尺二寸二十九秒半，以半之，得二尺一寸一十四秒太，爲大暑後五日景。

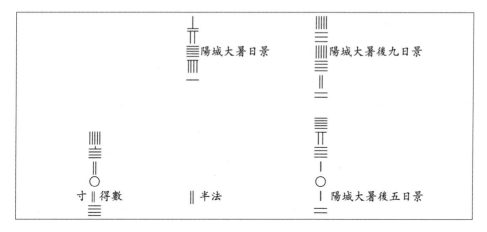

今驗《開禧曆》所推臨安府大暑後五日午中景一尺四寸八分八十五秒，與陽城大暑後五日午中景二尺一寸一十四秒太課之。

乃以臨安府五日景，減陽城五日景，差少①六寸一分二十九秒太。合問②。

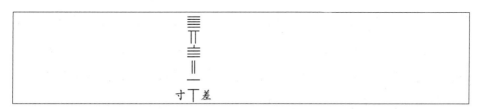

【庫本】按：此法不過以臨安前後兩節氣影長，比例一影長之日數時刻，復以所得節氣日數時刻，比例一陽城影長，與之相較耳。題內引《大衍》《崇天》《開禧》諸法名目，又稱其較同異差數，皆故爲張皇之語。

---

① 少：原無，據明鈔本及本篇後複出文字補。
② 合問：原脫，據明鈔本及本篇後複出文字補。

且影差逐日不同，皆以平派求之，法亦未密也。

　　草曰①：置臨安府所測冬至景一丈八寸二分二十五秒，以夏至景九寸一分減之，餘九尺九寸一分二十五秒，爲景差，以爲實。置象度九十一度三十一分四十四秒，加一十一度二十五分二十七秒半，命度爲寸，得一百二寸五千六百七十一分半，爲法，除差實，得空寸九千六百六十四分四十秒，以自乘之，得空寸九千三百四十分，爲節率。先以小暑乘率二十五乘之，得二十三寸三千五百分於上。次以臨安夏至景九寸一分自乘，得八十二寸八千一百分，爲夏至景冪。以加上，得一百六寸一千六百分，爲小暑冪。開平方，以一寸爲隅開之，得一尺三分，爲小暑景。又以大暑乘率一百九，乘節率九千三百四十分，得一百一寸八千六十分於上。仍加夏至冪八十二寸八千一百分，得一百八十四寸六千一百六十分，爲大暑冪，以爲實。以一寸爲隅，開平方，得一尺三寸五分八十七秒，爲大暑景。又置立秋乘率二百八十九，乘節率九千三百四十分，得二百六十九寸九千二百六十分於上。仍加夏至冪八十二寸八千一百分，共得三百五十二寸七千三百六十，爲立秋冪，以爲實。以一寸爲隅，開平方，得一尺八寸七分八十一秒，爲立秋景。乃驗陽城夏至景一尺四寸七分七十九秒，在大暑後立秋前，乃併大暑立秋二景，半之，得一尺六寸一分八十四秒，爲大暑後九日景。又併大暑景，半之，得一尺四寸八分八十五秒半，爲大暑後五日午中景。又併大暑景，得數，半之，得一尺四寸二分三十六秒少，爲大暑後三日景。又併五日景一尺四寸八分八十五秒半，得數，半之，得一尺四寸五分六十秒強，爲大暑後四日景。驗得陽城夏至景入臨安大景後四日，乃以四日景減五日景，餘三分二十四秒太弱，爲差，以十二時除之，得二十七秒五小分二十小秒，爲法。復除陽城景，與本日景差二分一十八秒一十二小分五十小秒，得八命外，爲在初五日寅時景等。

――――――――――

① "草曰"至"合問"一段，明鈔本無，庫本同，因與前文重出，當從明鈔本刪之。緣文字小有差異，今姑仍舊附後。

求較以《大衍曆》暑景所差，乃置陽城大暑景長一尺九寸五分七十六秒，併陽城立秋景二尺五寸三分三十一秒，得四尺四寸九分七秒，以半之，得二尺二寸四分五十三秒半，爲大暑後九日午中景。復併大暑一尺九寸五分七十六秒，得四尺二寸二十九秒半，以半之，得二尺一寸一十四秒太，爲大暑後五日景。以較今《開禧曆》當日景一尺四寸八分八十五秒，差少六寸一分二十九秒太。合問。

【庫本】按：集中皆術在前，草次之，圖在後，此條之例不同。

天池測雨

問：今州郡都有天池盆，以測雨水。但知以盆中之水爲得雨之數，不知器形不同，則受雨多少亦異，未可以所測便爲平地得雨之數。假令盆口徑二尺八寸，底徑一尺二寸，深一尺八寸，接雨水深九寸，欲求平地雨降幾何？

答曰：平地雨降三寸。

術曰：盆深乘底徑，爲底率。二徑差乘水深，併底率，爲面率。以盆深爲法，除面率，得面徑。以二率相乘，又各自乘，三位併之，乘水深，爲實。盆深乘口徑，以自之，又三因爲法，除之，得平地雨深。

【附】《札記》卷二：沈氏欽裴曰："此倒置方亭積也。以盆深爲股率，二徑差爲句率，水深爲見股，而今有之。得水面、底二徑差，爲見句，加底徑，爲水面徑。水面、底二徑相乘，又各自乘。併之，以水深乘之，三而一，得水積寸，爲實。口徑自乘，爲法。除實，得平地雨深。術恐除不盡，故寄盆深爲分母。分母入者，還須出之，故令盆深乘口徑以自之，又三因爲法，而並除之，重今有之義也。

草曰：以盆深及徑，皆通爲寸。盆深得一十八寸，底徑得一十二寸，相乘得二百十六寸，爲底率。置口徑二十八寸，減底徑一十二寸，餘一十六寸，爲差。以乘水深九寸，得一百四十四寸，併底率二百一十六寸，得三百六十寸，爲面率。以盆深一十八寸爲法，除面率，得二十寸，展爲二尺，爲水面徑。以底率二百一十六寸，乘面率三百六十寸，得七萬七千七百六十寸於上；以底率二百一十六寸自乘，得四萬六千六百五十六寸，加上；又以面率三百六十自乘，得一十二萬九千六百。併上，共得二十五萬四千一十六。以乘水深九寸，得二百二十八萬六千一百四十四寸，爲實。以盆深一十八寸，乘口徑二十八寸，得五百四寸。自乘，得二十五萬四千一十六寸。又三因，得七十六萬二千四十八寸，爲法，除實，得三寸，爲平地雨深。合問。

圓罌測雨①

問：以圓罌接雨，口徑一尺五分，腹徑二尺四寸，底徑八寸，深一尺六寸，並裏明接得雨一尺二寸，圓法用密率，問平地雨水深幾何？

【庫本】按：此題問平地雨深，無關圓法，"密率"句贅。若求罌中雨積數，則當加此語。

答曰：平地水深一尺八寸七萬四千八十八分寸之六萬四千四百八十三。

【庫本】按：答數誤，改正見後。

術曰：底徑與腹徑相乘，又各自乘，併之，乘半罌深，以一十一乘之，爲下率。以四十二爲上法，除得下積。以半罌深併雨深，減元罌深，餘爲上深。以口徑減腹徑，餘乘上深，爲次。以半罌深乘口徑，加次，爲面率。以半深除面率，得水面徑。以半深乘腹徑，爲腹率。置面率，與腹率相乘，又各自乘，併之，以一十一乘之，爲上率。以半深自乘，爲冪。以乘下法，爲上法。上法除上率，得上積。半深冪乘下率，併上率，爲總實。口徑冪乘上法，爲總法。除實，得平地雨高。

---

① 庫本將"竹器驗雪"條移置此條前。

草曰：置底徑八寸，與腹徑二十四寸相乘，得一百九十二寸於上；又底徑八寸自乘，得六十四寸，加上；又腹徑二十四寸自乘，得五百七十六寸。併上，共得八百三十二寸。以乘半罌深八寸，得六千六百五十六寸。又以一十一乘之，得七萬三千二百一十六寸，爲下率[1]。置密率法一十四，以所併三因之，得四十二，爲下法。以半深八寸，併兩深一十二寸，得二十寸，以減元深一十六寸，餘四寸，爲上深。以口徑一十寸五分，減腹徑二十四寸，餘一十三寸五分，以乘上深四寸，得五十四寸，爲次。以半罌深八寸，乘口徑一十寸五分，得八十四寸，加次，共得一百三十八寸，爲面率。以半深八寸，乘腹徑二十四寸，得一百九十二寸，爲腹率。置面率一百三十八寸，與腹率一百九十二寸相乘，得二萬六千四百九十六寸於上；又以面率一百三十八寸自乘，得一萬九千四十四，加上；又以腹率一百九十二寸自乘，得三萬六千八百六十四。併上，共得八萬二千四百四寸[2]。以一十一乘之，得九十萬六千四百四十四寸，爲上率。以半深八寸自乘，得六十四寸，爲半深幂。以乘下法四十二，得二千六百八十八，爲上法。以半深幂六十四寸，乘下率七萬三千二百一十六寸，得四百六十八萬五千八百二十四寸，併上率九十萬六千四百四十四，共得五百五十九萬二千二百六十八寸，爲總實。以口徑一十寸五分自乘，得一百一十寸二分五釐，以乘上法二千六百八十八寸，得二十九萬六千三百五十二寸，爲總法。除實，得一尺八寸，不盡二十五萬七千九百三十二，與法求等，得四，俱約之，爲一尺八寸七萬四千八十八分寸之六萬四千四百八十三，爲平地雨深。合問。

【庫本】按：此法有二誤。法、實皆當用圓幂，或皆用方幂。今以圓幂率乘實，方幂率乘法，法、實不同類，一誤也。罌內雨，自腹徑截之，爲兩圓臺體，下高八寸，上高四寸。於下體併三幂以高乘之，於上體

---

[1] “爲下率”下，庫本注：“按：此下法不合，皆爲題中‘圓法’句所誤。”
[2] “四寸”下，庫本注：“按：此條內落‘以上高四寸乘之’一層。”

只併三冪，未以高乘之，二誤也。有此二誤，故得平地雨深少三十五分之十七。今依本法，改正於後。

法以腹徑、底徑相乘，又各自乘，併三積，以半罌深八寸乘之，得六千六百五十六寸，爲三倍方罌内腹下雨積。又以口徑、腹徑相減，餘一十三寸五分。以雨深減半①罌深，餘四寸，相乘，以半罌深除之，得六寸七分五厘。與口徑相加，得一十七寸二分五厘，爲雨面徑。與腹徑相乘，又各自乘，併三積，以雨上深四寸乘之，得五千一百五十寸二五，爲方罌内三倍腹上雨積。併二雨積，得一萬一千八百零六寸二五，爲方罌内三倍共雨積，爲實。口徑自乘，三因，得三百三十寸七五，爲法。除實，得三尺五寸又一千三百二十三分寸之九百二十，爲平地雨深。若不先用除，則以口徑、腹徑較，與半罌深、雨深較，相乘之五十四寸，爲雨面徑口徑較，加一半罌乘之數，應以半罌除之，得雨徑較。今不除，即如雨徑較以半罌乘之。即爲雨面徑口徑較。此數既加一半罌乘，則諸數皆以半罌乘之，得口徑八十四寸，腹徑一百九十二寸。以口徑與雨面徑口徑較相加，得雨面徑一百三十八寸。與腹徑相乘，又各自乘。併三冪，以腹上雨深四寸乘之，得三十二萬九千六百一十六寸，爲三倍上雨積。又以半罌深冪乘前三倍下雨積，得四十二萬五千九百八十四寸，爲三倍下雨積。併二積，得七十五萬五千六百寸，爲三倍共雨積，爲實。以半罌深冪乘三因口徑冪，得二萬一千一百六十八寸，爲法，除之，得數亦同。

峻積驗雪

問：驗雪占年，墙高一丈二尺，倚木去址五尺，梢與墙齊，木身積雪厚四寸，峻積薄，平積厚，欲知平地雪厚幾何？

答曰：平地雪厚一尺四分。

---

① 半：原無，《札記》卷二："案：半罌深，舊脱'半'字，今增，下同。"據補。

術曰：以少廣求之，連枝入之。以去址自乘爲隅。以墻高自乘，併隅於上。以雪厚自之乘上，爲實。可約者約而開之。開連枝平方，得地上雪厚。

草曰：以問數皆通爲寸，置去址五十寸自乘，得二千五百，爲隅。以墻高一百二十寸自乘，得一萬四千四百寸，併隅，得一萬六千九百寸於上。以雪厚四寸自之，得一十六，乘上，得二十七萬四百寸，爲實，開連枝平方。今隅、實可求等，得一百。俱約之，得二千七百四，爲實。得二十五，爲隅。開平方，得一十寸四分，展爲一尺四分，爲平地雪厚。合問。

【庫本】按：此術理法皆確，然實用勾股。不曰"勾股"，而曰"少廣"，曰"連枝"者，猶有所閉匿而不肯盡發也。試以圖明之：甲、乙爲墻上雪厚，即平地雪厚；乙、丙爲木上雪厚。甲、乙、丙勾股形，與木倚墻所成勾股形同式。墻高爲大股，木爲大弦，木去址爲大勾。甲、乙爲小弦，甲、丙爲小股，乙、丙爲小勾。以墻高大股自乘，木去址大勾自乘，併之，爲大弦冪，爲實。以木上雪厚乙、丙小勾冪乘之，以木去址大勾冪除之，得甲、乙小弦冪。開平方，即爲平地雪厚也。

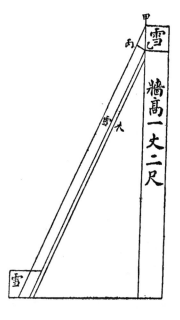

竹器驗雪

問：以圓竹籠驗雪，籠口徑一尺六寸，深一尺七寸，底徑一尺二寸，雪降其中，高一尺。籠體通風，受雪多則平地少。欲知平地雪高幾何？

【庫本】按："籠體通風"一語，與算術不相涉。或籠口所降之雪歸於籮底，與前《天池測雨》題相同。然依上步算，平地雪深只七寸餘①，今其數又不合，殆故爲是語以誤人也。

答曰：平地雪厚九寸三千②四百三十九分寸之七百六十四。

術曰：口徑減底徑，餘乘雪深，半之，自乘，爲隅。以籮深冪乘雪深冪，併隅，又乘雪深冪，爲實。隅、實可約，約之。開連枝三乘方，得平地雪厚。

草曰：列問數③，各通爲寸。置口徑一十六寸，減底徑一十二寸，餘四寸，乘雪深一十寸，得四十寸，以半之，得二十寸。自乘，得四百寸，爲隅。以籮深一十七寸自乘，得二百八十九寸，爲籮深冪。次置雪深一十寸，自乘，得一百寸，爲雪深冪。以乘籮深冪數，加隅，又乘深冪④。得二百九十三萬寸，爲實。隅、實求等，得四百，俱約之，得七千三百二十五，爲實。得一，爲隅，開三乘方。步法不可超，乃約實，置商九寸，與隅一相生，得九，爲下廉。又與商相生，得八十一寸，爲上廉。又與商相生，得七百二十九，爲從方。乃命上商除實，不盡七百六十四。已而復以商生隅，入二廉。至方，陸續又生畢。以方、廉、隅共併之，得三千四百三十九分寸之七百六十四，爲平地雪厚九寸三千四百三十九分寸之七百六十四。合問。

【庫本】按：此法之意不可見，然以數考之，非通法也。設原題雪深爲一寸，以口徑、底徑較四寸乘雪深一寸，仍得四寸。半之，得二寸；自之，得四寸，爲隅。以籮深一十七寸自之，得二百八十九寸，爲籮深冪。雪深一寸自之，仍得一寸，爲雪深冪。二深冪相乘，仍得二百八十九寸。併隅，得二百九十三寸。再以雪深冪乘之，仍得二百九十三寸，爲實。

---

① 七寸餘：《札記》卷二：案：當作“六寸餘”。
② 三千：原作“二千”，據明鈔本、庫本改。
③ “列問數”至“合問”一段，與下文有重複，明鈔本無。
④ 加隅又乘深冪：《札記》卷二：沈氏欽裴曰：“‘乘’下脫‘雪’字。此本當作大字，原本誤作小字。”

隅、實相約，得七十四寸二十五百分，爲實，一爲隅。開三乘方，得二寸又六千四百分寸之五千七百二十五，是平地雪反深於籬內矣。

【附】《札記》卷二：沈氏欽裴曰：此術於率不通，答數亦誤，改立術、草於後。

術曰：籬深乘底徑，爲底率。二徑差乘雪深，併底率，爲面率。二率相乘，又各自乘。併之，乘雪深，爲實。口徑乘籬深，自乘，又三之，爲法，除實，得平地雪厚。

草曰：列問數，皆通爲寸。以籬深一十七寸乘底徑一尺二寸，得二百四寸，爲底率。置口徑一十六寸，減底徑一十二寸，餘四寸。乘雪深一十寸，得四十寸。併底率二百四寸，得二百四十四寸，爲面率。以底率二百四寸乘面率二百四十四寸，得四萬九千七百七十六寸於上。以底率二百四寸自乘，得四萬一千六百一十六寸，加上。又以面率二百四十四寸自乘，得五萬九千五百三十六寸。併上，共得一十五萬九百二十八寸。以乘雪深一十寸，得一百五十萬九千二百八十寸，爲實。以籬深一十七寸乘口徑一十六寸，得二百七十二寸。自乘，得七萬三千九百八十四寸。又三之，得二十二萬一千九百五十二寸，爲法，除實，得六寸。不盡一十七萬七千五百六十八，與法求等，得三十二。俱約之，爲六寸六千九百三十六分寸之五千五百四十九，爲平地雪厚。合問。

此今有術也。籬中雪深爲所有數，併三冪，面徑底徑相乘冪、面徑自乘冪、底徑自乘冪。爲所求率。三因口徑冪，爲所有率。而今有之，得平地雪厚。元術以股冪即雪深冪。爲所有數，帶分弦冪即籬深冪乘雪深冪，併隅。爲所求率，帶分句冪爲所有率，即二徑差乘雪深，半之，自乘冪。數率不通，宜其不合也。

列問數，各通爲寸。口徑得一十六寸，深一十七寸，底徑一十二寸，籬中雪高一十寸。

⊤籬口徑		⫪籬深	
—	‖籬底徑		○籬中雪高
	—		

乃以底徑減口徑，餘四寸，乘雪深一十寸，得四十寸。

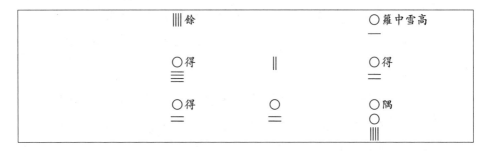

以半得數二十寸自乘，得四百寸，爲隅。以籬深一十七寸自乘，得二百八十九寸，爲籬深幂。

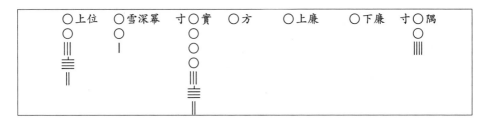

次置雪深一十寸，自乘，得一百，爲雪深幂。

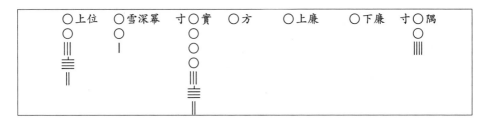

以雪深幂一百寸，乘籬深幂二百八十九寸，得二萬八千九百寸，併隅四百寸，得二萬九千三百寸，爲上。

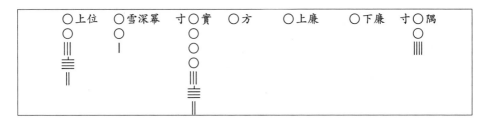

置上位數二萬九千三百寸，又乘雪深幂一百寸，得二百九十三萬寸，爲實，開三乘方。

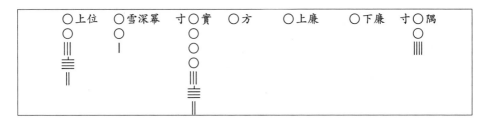

以隅、實求等，得四百，俱爲約之，得七千三百二十五，爲實，一爲隅，開之。

寸𝍸實　○方　○上廉　○下廉　丨隅

步法不可超，乃約實，置商九寸，與隅相生，得九，下廉。

寸𝍸商　𝍸實　○方　○上廉　𝍸下廉　丨隅

下廉九又與商九相生，得八十一，爲上廉。

𝍸商　𝍸實　○方　丨上廉　𝍸下廉　丨隅

上廉又與商相生，得七百二十九，爲從方。

𝍸商　𝍸實　𝍸方　丨上廉　𝍸下廉　丨隅

乃以從方七百二十九，命上商九，除實七千三百二十五訖，實餘七百六十四。既而復以商生隅，入下廉。

𝍸商　𝍸實餘　𝍸方　丨上廉　𝍸下廉　丨隅

下廉得一十八，又與商九相生，入上廉。

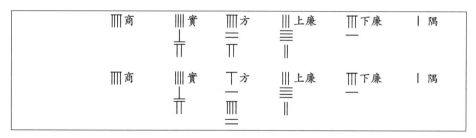

上廉得二百四十三，又以商相生，入方，得二千九百一十六。

商	實餘	方	上廉	下廉	隅
Ⳙ	Ⳙ	丅	Ⳙ	丅		

又以商九生隅一，入下廉一十八內，得二十七。

商	實餘	方	上廉	下廉	隅
Ⳙ	Ⳙ	丅	丅	丅		
末圖　商	實	方	上廉	下廉	隅

又以商九生下廉二十七，入上廉二百四十三內，得四百八十六。又以商生隅，入下廉二十七內，得三十六，爲《末圖》。乃以《末圖》方、廉、隅四者併之，得三千四百三十九，爲母，以實餘七百六十四爲子。

雪厚　寸 商	實餘	方廉隅
	子	母

命爲平地雪厚九寸三千四百三十九分寸之七百六十四。合問。

數書九章卷第五

田域類

【**庫本**】按：此卷以方圓斜直冪積相求，即方田少廣勾股諸法，而術中累乘累除，錯綜變換，與常法迥然，其本則出於立天元一法。今擇其難解者，以立天元一法明之，皆不攻自破矣。

尖田求積①

問：有兩尖田，一段其尖長不等，兩大斜三十九步，兩小斜二十五步，中廣三十步，欲知其積幾何？

答曰：田積八百四十步。

術曰：以少廣求之，翻法入之。置半廣自乘爲半冪，與小斜冪相減、相乘，爲小率。以半冪與大斜冪相減、相乘，爲大率。以二率相減，餘自乘，爲實。併二率，倍之，爲從上廉。以一爲益隅，開翻法三乘方，得積。一位開盡者，不用翻法。

草曰：置廣三十步，以半之，得一十五，以自乘，得二百二十五，爲半冪。以小斜二十五步自乘，得六百二十五，爲小斜冪。與半冪相減，餘四百，與半冪二百二十五相乘，得九萬步，爲小率。

尖田步

① 庫本"古池推元"條移置此條前。

　　置大斜三十九步自乘，得一千五百二十一，爲大斜幂。與半幂二百二十五相減，餘一千二百九十六，與半幂二百二十五相乘，得二十九萬一千六百，爲大率。以小率九萬減大率，餘二十萬一千六百，自乘，得四百六億四千二百五十六萬，爲實。以小率九萬併大率二十九萬一千六百，得三十八萬一千六百。倍之，得七十六萬三千二百，爲從上廉①。以一爲益隅，開玲瓏翻法三乘方。步法乃以從廉超一位，益隅超三位，約商得十。今再超進，乃商置百，其從上廉爲七十六億三千二百萬。其益隅爲一億，約實。

　　置商八百，爲定商。以商生益隅，得八億，爲益下廉。又以商生下廉，得六十四億，爲益上廉。與從上廉七十六億三千二百萬相消，從上廉餘十二億三千二百萬。又與商相生，得九十八億五千六百萬，爲從方。又與商相生，得七百八十八億四千八百萬，爲正積。與元實四百六億四千二百五十六萬相消，正積餘三百八十二億五百四十四萬，爲正實。又以益隅一億與商相生，得八億。增入益下廉，爲一十六億。又以益下廉與商相生，得一百二十八億，爲益上廉。乃以益上廉與從上廉一十二億三千二百萬相消，餘一百一十五億六千八百萬，爲益上廉。又與商相生，得九百二十五億四千四百萬，爲益方。與從方九十八億五千六百萬相消，益方餘八百二十六億八千八百萬，爲益方。又以商生益隅一億，得八億。增入益下廉，得二十四億。又以商相生，得一百九十二億，入益上廉，得三百七億六千八百萬，爲益上廉。又以商生益隅一億，得八億，入益下廉，得三十二億畢。其益方一退，爲八十二億六千八百八十萬；益上廉再退，得三億七百六十八萬；益下廉三退幂，得三百二十萬；益隅四退，爲一萬畢，乃約正實。

　　續置商四十步，與益隅一萬相生，得四萬，入益下廉，爲三百二十四萬。又與商相生，得一千二百九十六萬，入益上廉内，爲三億二千六十四萬。又與商相生，得一十二億八千二百五十六萬，入從方内，爲九十五億五千一百三十六萬。乃命上續商四十，除實，適盡。所得八百四十步，爲田積。今列求率開方圖于後。

【庫本】按：此術以立天元一法明之。法立天元一爲尖積，即大小兩三角積和，自之，得一平方，爲和，自乘。以半廣冪減大斜冪，與餘積相乘，得二十九萬一千六百步，爲大三角積，自乘。以半廣冪減小斜冪，與餘數相乘，得九萬步，爲小三角積，自乘。二自乘數，併而倍之，内減去和，自乘，得七十六萬三千二百步少一平方，爲較，自乘。與和自乘，再相乘，得七十六萬三千二百平方少一。三乘方，寄左。次以大小兩三角積[1]相減，餘二十萬零一千六百步，爲和較相乘數。自之，得四百零六億四千二百五十六萬步，與左相等，則後步數爲實，前平方數爲從上廉，三乘方數即益隅，與草中所取之數悉合。

又按：此法若以小率九萬步開平方，得三百步，即小三角積，以大率二十九萬一千六百步開平方，得五百四十步，即大三角積。併之，得八百四十步，即尖積，其法甚易。然必如此費算者，殆欲用立天元一法，不求分積，即得所問之總積也。

【附】《札記》卷三：案：此所用立天元一法，即西法之借根方，以多少爲識，以加減相等得法實，與古人以正負爲識，以相消得法實者稍殊，然其大體不異。今就其法，附古算式於後，以爲學天元術者之一助焉。

---

[1] “三角積”下，《札記》卷三補“自乘數”三字。

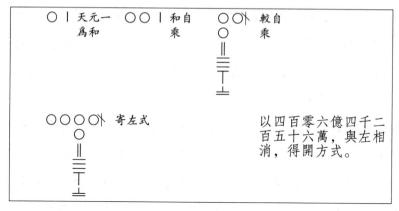

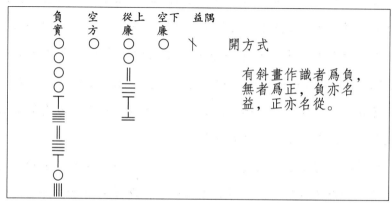

　　立天元一，其位降實數一等，當平方之方。自乘，又降一等，當平方之隅。再自乘，又降一等，當立方之隅。三自乘，又降一等，當三乘方之隅。四乘以下做此。若天元與實數相乘，則乘得之數，當天元之位。平方與實數相乘，則乘得之數，當平方之位。立方以下做此。天元與天元相乘，所得當平方之位。天元與平方相乘，所得當立方之位。天元與立方相乘，所得當三乘方之位。平方與平方相乘，所得亦當三乘方之位。餘可類推。其有加減，則有正負，有正負者，以方程入之。

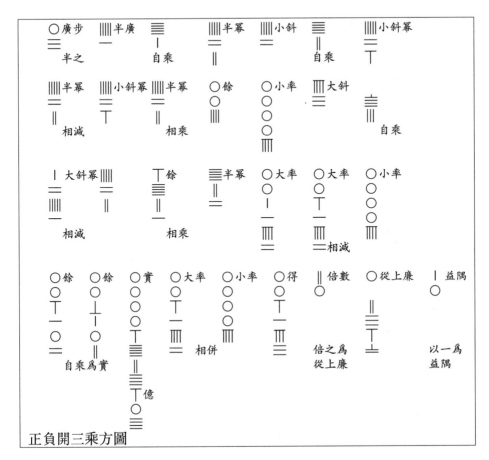

正負開三乘方圖

術曰：商常爲正，實常爲負，從常爲正，益常爲負。

商○　實○　虛方　從上廉○　虛下廉○　∣益隅

上廉超一位

益隅超三位

商數進一位

商○　實○　方　上廉　　　○下廉　　∣益隅

上廉再超一位

益隅再超三位

商數再進一位

商〣　實○　○方　○上廉　　　○下廉　　∣益隅

上商八百爲定，

以商生隅，

入益下廉

商〣　實○　○方　從上廉　益上廉　　○下廉　∣益隅

以商生下廉

消從上廉

商　　實　　方　　上廉　　下廉　　益隅

以商生上廉，入方

商　　實　　方　　上廉　　下廉　　益隅

以商生方，得正積，乃與實相消

商　　負實　　正積　　方　　上廉　　下廉　　益隅

以負實消正積，其積乃有餘，爲正實，謂之換骨

商　　正實　　方　　上廉　　下廉　　益隅

以商生隅，入下廉

一變

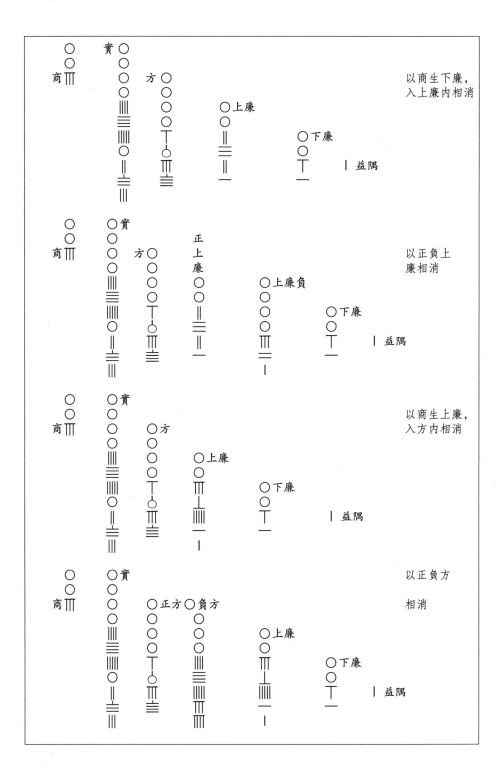

商　實　方　上廉　下廉

以商生隅，
入下廉

二變
｜益隅

商　實　方　上廉　下廉

以商生下廉，
入上廉

｜益隅

商　實　方　上廉　下廉

以商生隅，
入下廉

｜益隅
三變

商　實　方　上廉　下廉

方一退，上廉
二退，下廉三
退，隅四退，
商續置
｜隅
四變

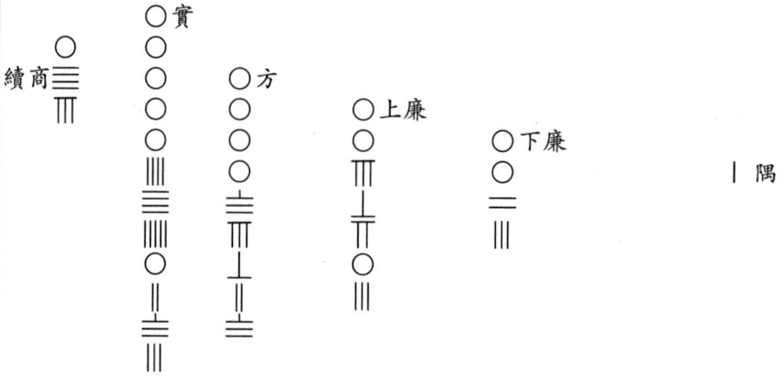

續商　　實　　　　　　　　　　　　　　　　　以方約實，

　　　　方　　　　　　　　　　　　　　　　　續商置四十，

　　　　　　上廉　　　　　　　　　　　　　　生隅，入下

　　　　　　　　下廉　　　　｜隅　　　　　　廉內

商　　　實　　　　　　　　　　　　　　　　　以商生下廉，

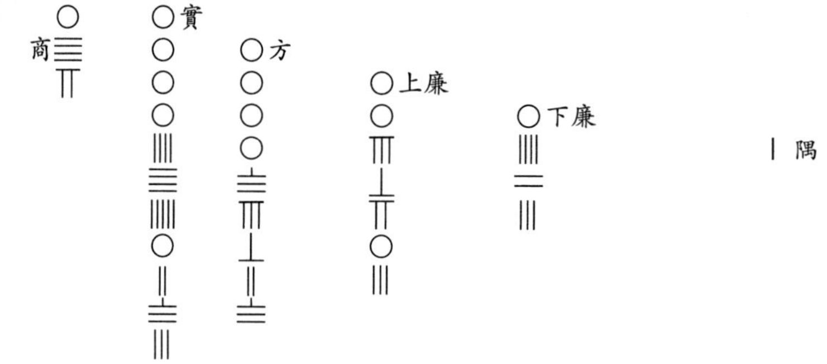

　　　　方　　　　　　　　　　　　　　　　　入上廉內

　　　　　上廉　　　　　　　　　　　　　　

　　　　　　　下廉　　　　　｜隅

商　　　實　　　　　　　　　　　　　　　　　以商生上廉，

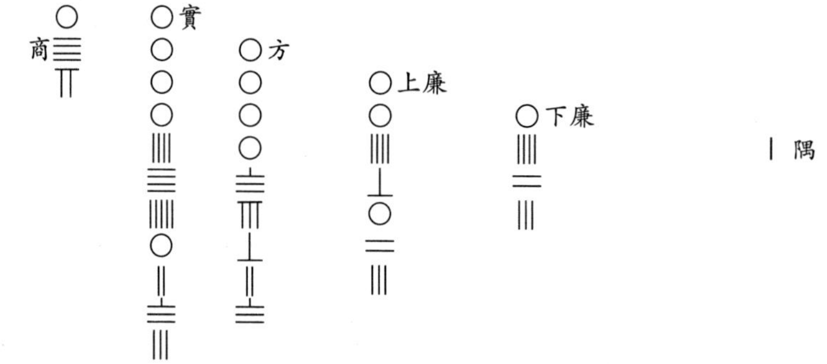

　　　　方　　　　　　　　　　　　　　　　　入方內

　　　　　上廉　　　　　　　　

　　　　　　　下廉　　　　　｜隅

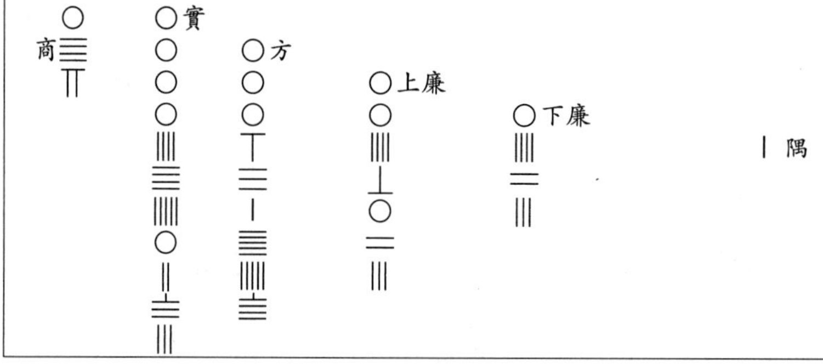

商　　　實　　　　　　　　　　　　　　　　　以續商四十

　　　　方　　　　　　　　　　　　　　　　　命方法，除

　　　　　上廉　　　　　　　　　　　　　　　實，適盡

　　　　　　　下廉　　　　　｜隅

所得商數八

百四十步，

｜隅　爲田積

已上係《開三乘方翻法圖》，後篇效此。

三斜求積

問：沙田一段，有三斜，其小斜一十三里，中斜一十四里，大斜一十五里，里法三百步，欲知爲田幾何？

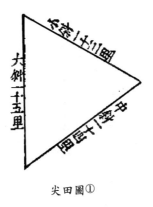

尖田圖①

答曰：田積三百一十五頃。

術曰：以少廣求之。以小斜冪併大斜冪，減中斜冪，餘半之，自乘於上。以小斜冪乘大斜冪，減上，餘四，約之，爲實。一爲從隅，開平方，得積。

草曰：以小斜一十三里自乘，得一百六十九里，爲小斜冪。以大斜一

_____

① 尖田圖：原無，據庫本補。

十五里自乘，得二百二十五里，爲大斜冪。併小斜冪，得三百九十四里於上。以中斜一十四里自乘，得一百九十六里，爲中。斜冪減上，餘一百九十八里，以半之，得九十九里，自乘，得九千八百一里於上。以小斜冪一百六十九乘大斜冪二百二十五，得三萬八千二十五。減上，餘二萬八千二百二十四，以四約之，得七千五十六里，爲實。

以一爲隅，開平方。以隅超步，爲一百。乃於實上商置八十，以商生隅，得八百，爲從方。乃命上商，除實，餘六百五十六。又以商生隅，入方，得數，退一位，爲一百六十。隅退二位，爲一。乃於實上續商四里，生隅，入從方内，得一百六十四。乃命續商，除實，適盡，所得八十四里，爲田積。其形長八十四里，廣一里，以里法三百步自乘，得九萬步。乘八十四里，得七百五十六萬步。以畝法二百四十除之，得三萬一千五百畝。又以頃法一百畝約之，得三百一十五頃。

【庫本】按：此術以立天元一法明之。法立天元一爲三角積，倍之，得二元。自之，得四平方，爲中長冪，乘底冪，以大斜爲底，寄之。又以小斜冪與大斜冪相加，内減中斜冪，得一百九十八里。半之，得九十九里，爲小分底。與底相乘，長冪自之，得九千八百零一里，爲小分底冪乘底冪之數。又以小斜冪、大斜冪相乘，得三萬八千零二十五里，爲小分底冪乘底冪、中長冪乘底冪各一，内減小分底冪乘底冪之數，餘二萬八千二百二十四里，爲中長冪乘底冪之數，與寄數等。兩邊各以四約之，得七千零五十六里，與一平方等里數爲實方數，即從隅也。從二題同此。

【附】《札記》卷三載算式圖

○│ 天元	○│‖ 倍之	○○‖‖ 中長	下	○ᓚ	開方式
一爲		冪乘	三		
三角		底乘	○		
積			丄		

斜蕩求積

問：有蕩一所，正北闊一十七里，自南尖穿徑中長二十四里，東南斜二十里，東北斜一十五里，西斜二十六里，欲知畝積幾何？

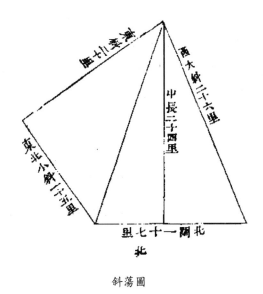

斜蕩圖

答曰：蕩積一千九百一十一頃六十畝。

術曰：以少廣求之。置中長，乘北闊，半之爲寄。以中長冪減西斜冪，餘爲實。以一爲隅，開平方，得數，減北闊，餘自乘。併中長冪，共爲內率。以小斜冪併率，減中斜冪，餘半之，自乘於上。以小斜冪乘率，減上，餘四約之，爲實。以一爲隅，開平方，得數，加寄，共爲蕩積。

草曰：以中長二十四里，乘北闊一十七里，得四百八，乃半之，得二百四里，爲寄。以中長自乘，得五百七十六，爲長冪。以西斜二十六里自乘，得六百七十六，爲大冪。以減長冪，餘一百里，爲實。開平方，得一十里。以減北闊數一十七里，餘七里，自乘，得四十九。併長冪五百七十六，得六百二十五，爲內率。

次置東小斜一十五里，自乘，得二百二十五，爲小斜冪。又置東南中斜二十里，自乘，得四百，爲中冪。却以小斜冪併率，得八百五十，以減中冪四百，餘四百五十，乃半之，得二百二十五。自乘，得五萬六百二十五里於上。又以小斜冪二百二十五乘率六百二十五，得一十四萬六百二十五。減上，餘九萬里，以四約，得二萬二千五百，爲實。開平方，得一百五十，併寄二百四里，得三百五十四里，爲泛。以里法三百六十自乘，得一十二萬九千六百步，乘泛，得四千五百八十七萬八千四百步。以畝法二百四十步約之，得一千九百一十一頃六十畝，爲蕩積。

計地容民

問：沙洲一段，形如棹刀，廣一千九百二十步，縱三千六百步，大斜二千五百步，小斜一千八百二十步，以安集流民，每戶給一十五畝，欲知地積、容民幾何？

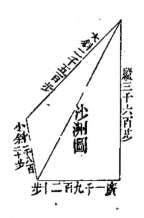

答曰：地積一百四十九頃九十五畝，容民九百九十九戶①，餘地一十畝。

術曰：以少廣求之。置廣，乘長，半之，爲寄。以廣冪併縱冪，爲中冪②。以小斜冪併中冪，減大斜冪③，餘半之，自乘於上。以小斜冪乘中冪，減上，餘以四約之，爲實。以一爲隅，開平方，得數加寄，共爲積。

---

① “地積”至“九十九戶”：《札記》卷三：沈氏欽裴曰：“《地積容民》答數誤，係草中開方得數誤退一位所致。”案：當作“地積二百三頃五十畝，容民一千三百五十六戶”。

② 中冪：庫本注：“按：實大斜冪。”

③ 大斜冪：庫本注：“按：實中斜冪。”

以每户給數除積，得容民户數。

草曰：置廣一千九百二十步，乘縱三千六百步，得六百九十一萬二千步。乃半之，得三百四十五萬六千步，爲寄。以廣自乘，得三百六十八萬六千四百步，爲廣冪。又以縱自乘，得一千二百九十六萬步，爲縱冪。併廣冪，得一千六百六十四萬六千四百步，爲中冪。次以小斜一千八百二十步自乘，得三百三十一萬二千四百步，爲小斜冪。又以大斜二千五百步自乘，得六百二十五萬步，爲大斜冪。却以小斜冪併中冪，得一千九百九十五萬八千八百步。以大斜冪減之，餘一千三百七十萬八千八百步，乃半之，得六百八十五萬四千四百步。自乘，得四十六萬九千八百二十七億九千九百三十六萬步于上。次以小斜冪乘中冪，得五十五萬一千三百九十五億三千五百三十六萬步。減上，餘八萬一千五百六十七億三千六百萬，爲實。以四約之，得二萬三百九十一億八千四百萬，爲實。

以一爲隅，開平方，得一十四萬二千八百步，併寄三百四十五萬六千步，共得三百五十九萬八千八百步。以畝法二百四十步除之，得一萬四千九百九十五畝。次以頃法一百畝約之，爲一百四十九頃九十五畝，爲地積，又爲實。以每户所給一十五畝爲法，除實，得九百九十九户。不盡一十畝，不及一户所給數，以爲餘地一十畝。

【附】《札記》卷三："開平方得"至"不盡一十畝"，案：當作"開平方得一百四十二萬八千步，併寄三百四十五萬六千步，共得四百八十八萬四千步。以畝法二百四十步除之，得二萬三百五十畝。次以頃法一百畝約之，爲二百三頃五十畝，爲地積，又爲實。以每户所給一十五畝爲法，除實，得一千三百五十六户。不盡一十畝"。

蕉田求積

問：蕉葉田一段，中長五百七十六步，中廣三十四步，不知其周，求積畝合幾何？

答曰：田積四十五畝一角①十一步六萬三千七十分步之五千二百一十三。

術曰：以長併廣，再自乘，又十乘之，爲實。半廣半長各自乘，所得相減，餘爲從方。一爲從隅，開平方，半之，得積。

草曰：以長五百七十六步，併廣三十四步，得六百一十。以兩度自乘②，得二億二千六百九十八萬一千步。進一位，即是以十乘之，得二十二億六千九百八十一萬步。定得此數，以爲實。置長五百七十六，以半之，得二百八十八，自乘，得八萬二千九百四十四於上。又置廣三十四步，以半之，得一十七，自乘，得二百八十九。減上，餘八萬二千六百五十五，爲從方。以一爲從隅，開平方，得二萬一千七百四十二步，不盡一萬四百二十六步。以商生隅，入方，又併隅算，共得一十二萬六千一百四十，爲母。與不盡及開方田積數，皆半之，田積定得一萬八百七十一步六萬三千七十分步之五千二百一十三。以畝法二百四十約之，得四十五畝一角一十一步六萬三千七十分步之五千二百一十三。

【庫本】按：此術以長與廣相加，自乘再乘，又以十乘之，爲長方積。以半長自乘，半廣自乘，相減爲長閼較，求得閼，折半爲田積，非法也。此題中廣甚小，故得數較古法多七百餘，較密法少二千七百餘。若設長爲七百零七，廣爲二百九十三，亦以此法求之，長廣相加，自之再之，又十乘之，得一百億，爲實。半長半廣，各自之，相減，得十萬零三千五百，爲長閼較，求得閼。折半，得三萬零四百二十六步，餘爲田積。依密法求之，實十四萬四千九百餘步，所差甚遠。其術之不合，顯然矣。蓋數必三乘，而後可以平方求之。今再乘之後，僅以十進之，宜其不可用也。

中長五百七十六步

中廣三十四步

_____

① 角：庫本注："按：六十步爲一角，蓋四分畝之一也。"
② 兩度自乘：庫本注："按：即自乘再乘。"

均分梯田①

問：户業田一段，若梯之狀，南廣小三十四步，北廣大五十二步，正長一百五十步。合係兄弟三人均分。其田邊道，各欲出入②。其地難分，經官乞分定，南甲、乙，北丙。欲知其田共積，各人合得田數，及各段正長、大小廣幾何？

答曰：田共積二十六畝二百一十步。

甲得八畝三角五十步。小廣三十四步，係元南廣。大廣四十步五萬八千七百九分步之五萬二千二百八十四，大約百分步之八十九分。正長五十七步二千四十五分步之八百五十三，大約一百分步之四十一分。

乙得八畝三角五十步，小廣同甲大廣。大廣四十六步八萬四千八百二十六億八千九百五十七萬二千六百五十一分步之六萬五千八百七十四億五千四百八十二萬五千二百八十三，計大率約百分步之七十七分半強。正長四十九步四億一千二百四十萬六千三百九分步之二千二百二十七萬六千三百一十九③，大約百分步之四分九釐。

丙得八畝三角五十步。小廣同乙大廣。大廣五十二步，係元北廣。正長四十三步八千四百三十三億七千九十萬一千九百五分步之四千四百八十八億八千六百二萬七千四十六④，大約百分步之五十三分強。

術曰：以少廣及從法求之。併兩廣，乘長，得數，以分田人數約

---

① 《札記》卷一："第五卷《均分梯田》，館本入卷三下。"
② 其田邊道各欲出入：《札記》卷三：案：此語與算無涉。
③ 六千三百九分：《札記》卷三引沈氏曰："當作'六千三百一十九分'。"
④ "正長四十三步"句：《札記》卷三引沈氏曰："當作'四十三步八千四百三十三億七千九十二萬二千三百五十五分步之四千五百一億二千三百二十五萬九千八百九十三'。"

之，爲通率。半之，爲各積。以長乘各積，爲共實。以長乘南廣，爲甲從方。二廣差，半之，爲共隅。開連枝平方，得甲截長。以甲長除通率，得數，減小廣，餘爲甲廣，即爲乙小廣。以元長乘乙小廣，爲乙從方。置共隅共實，開連枝平方，得乙截長。以乙長除通率，得數，減乙小廣，餘爲乙大廣，即爲丙小廣。併甲、乙長，減元長，餘爲丙長。以元大廣爲丙大廣。各有分者通之。

草曰：置小廣三十四，併大廣五十二，得八十六，乘長一百五十，得一萬二千九百，爲實。以兄弟三人約之，得四千三百，爲通率。半之，得二千一百五十，爲各積。以畝法二百四十步約之，得八畝。不盡二百三十步，以角法六十步約之，得三角五十步，是三人各得八畝三角五十步。以元長一百五十步乘各積二千一百五十，得三十二萬二千五百，爲共實。以長一百五十乘小廣三十四，得五千一百，爲甲從方。以小廣減大廣，餘一十八，乃半之，得九，爲共隅。開連枝平方，開方草，更不繁具。得五十七步，不盡三，約爲二千四十五分步之八百五十三，爲甲截長。乃以分母二千四十五通全步內子，共得一十一萬七千四百一十八，爲法。又以分母乘通率四千三百，得八百七十九萬三千五百，爲實。以法除之，得七十四步，不盡一十萬四千五百六十八，與法求等，得二。俱約之，爲五萬八千七百九分步之五萬二千二百八十四。乃以小廣三十四步於所得全步七十四步內減之，餘四十步五萬八千七百九分步之五萬二千二百八十四，爲甲大廣，即爲乙小廣。

今次求乙長，乃以分母五萬八千七百九通乙小廣四十步，得二百三十四萬八千三百六十，內子五萬二千二百八十四，得二百四十萬六百四十四。又元長一百五十乘之，得三億六千九萬六千六百，爲乙從方。又以分母五萬八千七百九通共實三十二萬二千五百，得一百八十九億三千三百六十五萬二千五百，爲乙實。又以分母通共隅九，得五十二萬八千三百八十一，爲乙從隅。開連枝平方，更不立草。得四十九步，不盡二千二十七萬六千三百一十九。隔併方，得共四億一千二百四十萬六千三百九，爲母①。與不盡求等，單一不可約，乃定爲四十九步四億一千二百四十萬六千三百九分步之二千二百二十七萬六千三百一十九，爲乙截長。以乙長母通全步内子，得二百二億二千八百一十八萬五千四百六十，爲法。以乙長步下母四億一千二百四十萬六千三百九乘通率四千三百，得一萬七千七百三十三億四千七百一十二萬八千七百，爲實。以法除之，得八十七步，不盡一百三十四億九千四百九十九萬三千六百八十。與法求等，得一百四十。俱約之，爲八十七步一億四千四百四十八萬七千三十九分步之九千六百三十九萬二千八百一十二，爲得數。乃以乙小廣母五萬八千七百九乘得數子九千六百三十九萬二千八百一十二，得五萬六千五百九十一億二千五百五十九萬九千七百八，爲泛。却以得數母一億四千四百四十八萬七千三十九分乘乙小廣子五萬二千二百八十四，得七萬五千五百四十三億六千三十四萬七千七十六，以爲寄數於上。乃以小廣母五萬八千七百九乘得數母一億四千四百四十八萬七千三十九，得八萬四千八百二十六億八千九百五十七萬二千六百五十一。以寄減泛，今不及減，乃破全步一爲分，併泛，得八十六步十四萬一千四百一十八億一千五百一十七萬二千三百五十九，減去小廣四十步及分，餘四十六步八萬四千八百二十六億八千九百五十七萬二千六百五十一分步之六萬五千八百七十四億五千四百八十二萬五千二百八十三，爲乙大廣，亦丙小廣。

求丙長，置甲長五十七步二千四十五分步之八百五十六②，乙長四十九步四億一千二百四十萬六千三百九分步之二千二百二十七萬六千三百一十九。以甲、乙分母互乘子，甲、乙分母相乘，得甲正長五十七步八千四百三十三億七千九十萬一千九百五分步之三千五百三十億一千九百八十萬五百四，乙正長四十九步八千四百三十三億七千九十萬一千九百五分步之四

① 六千三百九爲母：《札記》卷三引沈氏曰："分母三百下，脱'一十'兩字，以下由此而誤。"
② 步之八百五十六：《札記》卷三引沈氏曰："五十三，誤作'五十六'，以下又因此而誤。"

百一十四億六千五百七萬二千三百五十五。併甲、乙長及分，共長一百六步三千九百四十四億八千四百八十七萬二千八百五十九分。用減元長一百五十步，先破一步，通分母，作八千四百三十三億七千九十萬一千九百五，減去甲乙共長，餘四十三步八千四百三十三億七千九十萬一千九百五分步之四千四百八十八億八千六百二萬九千四十六，爲丙正長。

【庫本】按：此術以立天元一法明之。法立天元一爲甲正長、南北廣差，折半得九，以乘天元，得九元。以共正長除之，得一百五十分天元之九，爲甲之半廣差。與小廣相加，得三十四步多一百五十分元之九。再以天元乘之，得三十四元多一百五十分平方之九，即與每人分田二千一百五十步。等兩數，各以分母一百五十乘之，得三十二萬二千五百步。與九平方，多五千一百元。等步數爲實，元數爲從方，平方數爲隅，得甲正長。求乙、丙長廣，同此，但多一帶分，故其數較繁。

【附】《札記》卷三：案：自乙截長開方子母至卷末，沈氏校改至百餘字，極爲精確，今錄於此。

隅併方得共四億一千二百四十萬六千三百一十九，爲母。與不盡求等，單一不可約，乃定爲四十九步四億一千二百四十萬六千三百一十九分步之二千二百二十七萬六千三百一十九，爲乙截長。以乙長母通全步內子，得二百二億二千八百一十八萬五千九百五十，爲法。以乙長步下母四億一千二百四十萬六千三百一十九，乘通率四千三百，得一萬七千七百三十三億四千七百一十七萬一千七百，爲實。以法除之，得八十七步。不盡一百三十四億九千四百九十九萬四千五十，與法求等，得一百五十。俱約之，爲八十七步一億三千四百八十五萬四千五百七十三分步之八千九百九十六萬六千六百二十七，爲得數。乃以乙小廣母五萬八千七百九，乘得數子八千九百九十六萬六千六百二十七，得五萬二千八百一十八億五千七十萬四千五百四十三，爲泛。却以得數母一億三千四百八十五萬四千五百七十三分，乘乙小廣子五萬二千二百八十四，得七萬五百七億三千六百四十九萬四千七百三十二，以爲寄數於上。乃以小廣母五萬八千七百九，乘得數母一億三千四百八十五萬四千五百七十三，得七萬九千一百七十一億七千七百一十二萬六千二百五十七。以寄減泛，今不及減，乃破全步一爲分，併泛，得八十六步十三萬一千九百九十億二千七百八十三萬八百，減去小廣四十步及分，餘四十六步七萬九千一百七十一億七千七百一十二萬六千二百五十七分步之六萬一千四百八十二億九千一百三十三萬六千六十八，爲乙大廣，亦丙小廣。求丙長，置甲長五十七步二千四十五分步之八百五十三，乙長四十九步四億一千二百四十萬六千三百一十九分步之二千二百二十七萬六千三百一十九。以甲乙分母互乘子，甲乙分母相乘，得甲正長五十七步八千四百三十三億七千九百九十二萬二千三百五十五分步之三千五百一十七億八千二百五十九萬一百七，乙正長四十九步八千四百三十三億七千九百九十二萬二千三百五十五分步之四百一十四億六千五百七萬二千三百五十五。併甲乙長及分，共長一百六步三千九百三十二億四千七百六十六萬二千四百六十二分。用減元長一百五十步，先破一步，通分母作八千四百三十三億七千九百九十二萬二千三百五十五，減去甲乙共長，餘四十三步八千四百三十三億七千九百九十二萬二千三百五十五分步之四千五百一億二千三百二十五萬九千八百九十三，爲丙正長。

數書九章卷第六

漂田推積①

問：三斜田，被水衝去一隅，而成四不等直田之狀。元中斜一十六步，如多長。水直五步，如少闊。殘小斜一十三步，如弦。殘大斜二十步，如元中斜之弦。橫量徑一十二步，如殘田之廣，又如元中斜之句，亦是水直之股。欲求元積、殘積、水積、元大斜、元中斜、二水斜各幾何？

答曰：元積一百三十八步一十一分步之八。水積一十二步一十一分步之八②。殘積一百二十六步。元大斜二十九步一十一分步之一。元小斜一十八步一十一分步之一十。水大斜九步一十一分步之一。水小斜五步一十一分步之一。

術曰：以少廣求之，連枝入之，又句股入之。置水直減中斜，餘爲法。以中斜乘大殘，爲大斜實。以法除實，得元大斜。以殘大斜減之，餘爲水大斜。以法乘徑，又自之，爲小斜隅。以水直幂併徑幂，爲弦幂。又乘徑幂，又乘中斜幂，爲小斜實。與隅可約，約之。開連枝平方，得元小斜。以殘小斜減之，餘爲水小斜。以水直乘之，爲水實。倍水小母爲法，除之，得水積③。以水直併中斜，乘徑，爲實。以二爲法，除之，得殘積。以殘積併水積，共爲元積。有分者通之，重有者重通之。

---

① 《札記》卷一："第六卷《漂田推積》，館本入卷三上。"
② 之八：庫本作"十八"，注："按：應一十三步一十一分步之七。"
③ "水積"下，庫本注："按：此處法疎。"

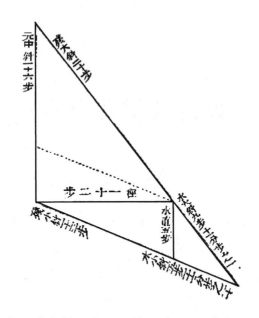

草曰：以水直五減中斜一十六，餘一十一，爲法。以中斜一十六乘大殘二十，得三百二十，爲大斜實。以法除之，得二十九步一十一分步之一，爲元大斜。內減殘大斜二十步，餘九步一十一分步之一，爲水大斜。以法一十一乘徑一十二①，得一百三十二。自之，得一萬七千四百二十四，爲小斜隅。以水直五自乘，得二十五，爲水直冪。以徑一十二自之，得一百四十四，爲徑冪。併水直冪，得一百六十九，爲弦冪。以乘徑冪②一百四十四，得二萬四千三百三十六於上。又以中斜一十六自乘，得二百五十六，爲中斜冪。以乘上，得六百二十三萬一十六，爲小斜實。開平方，與隅求等，得一百四十四。俱約之，實得四萬三千二百六十四，隅得一百二十一。開方，不盡，以連枝術入之。用隅一百二十一乘實四萬三千二百六十四，得五百二十三萬四千九百四十四，爲定實。以一爲定隅，開平方，得二千二百八十八，爲實。以約隅一百二十一，除之，得一十八步。不盡一百一十，與法一百二十一，俱以一十一約之，得一十一分

---

① "十二"下，庫本注："按：乘徑可省。"
② "徑冪"下，庫本注："按：此'乘徑冪'亦可省，蓋以此乘，復以此除，徒爲多筭耳。"

步之十，爲元小斜。減殘小斜一十三步，餘五步一十一分步之十，爲水小斜。置水小斜通步內子，得六十五。以水直五步乘之，得三百二十五，爲水實。倍水小母一十一，得二十二，爲法。除之，得一十四步，不盡一十七，以法命之，得一十四步二十二分步之一十七，爲水積①。置中斜一十六，併水直五，得二十一。乘徑一十二，得二百五十二。以半之，得一百二十六，爲殘積。以併水積，共得一百四十步二十二分步之一十七，爲元積②。

【附】《札記》卷三：案：此條有三誤。一曰命名誤。凡三斜術，皆以最長者爲大斜，其次爲中斜，其次爲小斜。今中斜反短於小斜，一誤也。一曰布算誤。元小斜內減殘小斜，餘五步一十一分之一十。今分子誤作單一，二誤也。一曰立術誤。求水實當用三斜求積術，今用勾股求積術，三誤也。今據沈氏校本，逐條辨正於後。

元中斜一十六步，沈氏曰："元中斜皆當作元小斜。"

元大斜、元中斜，沈氏曰："惟此'中'字不誤。"

元積一百三十八步一十一分步之八，沈氏曰："當作'一百三十九步一十一分步之七'。"

水積一十二步一十一分步之八，沈氏曰："當作'一十三步一十一分步之七'。"

水小斜五步一十一分步之一，沈氏曰："'步之一'當作'步之一十'。"

以法乘徑，沈氏曰："'乘徑'可省。"

又乘徑冪，沈氏曰："'乘徑冪'亦可省，蓋以此乘，復以此除，徒爲多算爾。"

---

① "得一十四步"至"水積"：庫本作："得一十二步，不盡一十六，與法俱以二約之，爲一十二步一十一分步之八（按：應一十二步一十一分步之七）水積。"
② "元積"下，庫本注："按：應一百三十九步一十一分步之七。"

圖，沈氏曰："原圖元大斜作弧線，今改爲直線，與水直線相切，成大小勾股形。更增一虛線，與殘小斜平行則比例之理顯矣。"餘五步一十一分步之一，沈氏曰："'步之一'當作'步之一十'。以下布算皆因此而誤。"

通步内子得五十六，沈氏曰："'五十六'當作'六十五'。"

得二百八十，爲水實，沈氏曰："'二百八十'當作'三百二十五'。"

得一十二步，不盡一十六，沈氏曰："當作'一十四步，不盡一十七'。"

"與法俱以二約之"至"步之八"，沈氏曰："當作'以法命之，爲一十四步二十二分步之一十七'。"

共得一百三十八步一十一分步之八，沈氏曰："當作'一百四十步二十二分步之一十七'。"

附沈氏求元中斜簡術。

術曰：置水直，減元小斜，餘爲法。以元小斜乘殘小斜，爲中斜實。以法除實，得元中斜。

草曰：以元小斜一十六，本名元中斜，今改。乘殘小斜一十三，得二百八，爲元中斜本名元小斜，今更正。實。以法一十一除之，得一十八步一十一分步之一十，爲元中斜。

改正求水積術。

術曰：以水直、水大斜、水小斜三較連乘，又乘半總，開連枝平方，得水積。

草曰：置水直五步，水大斜九步一十一分步之一，水小斜五步一十一分步之一十。併而半之，得一十步，爲半總。與三面相較，水直較五步，水大斜較一十一分步之一十，水小斜較四步一十一分步之一。三較通步内子，連乘，又乘半總，得二萬二千五百，爲實。分母一十一自之，得一百二十一，爲隅。開方，不盡，以連枝術入之。用隅一百二十一乘實二萬二千五百，得二百七十二萬二千五百，爲定實。以一爲定隅，開平方，得一千六百五十。以隅一百二十一除之，得一十三步。不盡七十七，與法一百二十一，俱以一十一約之，得一十一分步之七，爲水積。併殘積一百二十六，共得一百三十九步一十一分步之七，爲元積。

環田三積

問：環田、大小圓田共三段。環田外周三十步，虛徑八步。大圓田徑一十步，小圓田周三十步。欲知三田積及環內周、通①實徑、大圓周、小圓徑各幾何？

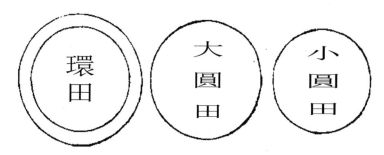

答曰：環田積二十步_{二百三十六萬二千二百五十六分步之一百二十九萬八千二}

答曰：環田積二十步<small>二百三十六萬二千二百五十六分步之一百二十九萬八千二十五</small>。通徑九步<small>一十九分步之九</small>。實徑一步<small>一十九分步之九</small>。內周二十五步<small>一十七分步之五</small>。

大圓田積七十九步<small>五十三分步之三</small>。周三十一步<small>二十一分步之十三</small>。

小圓田積七十一步<small>二百八十六分步之四十三</small>。徑九步<small>一十九分步之九</small>。

術曰：以方田及少廣率變求之。各置環圓徑自乘，爲冪，進位爲實，以一爲隅，開平方，得周。各置環、圓周自乘，爲冪，退位爲實，以一爲隅，開平方，得徑。以周冪或徑冪乘各實，以一十六約之，爲實，以一爲隅，開平方，得圓積。置環周冪，乘徑實，十六約之，爲大率。置虛徑冪，乘內周實，十六約之，爲小率。以二率相減之餘，以自乘爲實。併二率，倍之，爲從上廉。一爲益隅，開三乘方，得環積。置環周，自乘，退位爲實，一爲隅，開平方，得通徑。以虛徑減通徑，餘爲實徑。其有開不盡者，約而命之。

草曰：置大圓徑一十步，自乘，得一百，爲徑冪。進位得一千，爲實。以一爲隅，開平方，得三十一步，不盡三十九，爲分子。乃以隅生方，又益隅，共得六十三，爲分母。以分子與母求等，得三。俱以三約之，母子得二十一分步之一十三，爲大圓周三十一步二十一分步之一十三。

次以徑冪一百乘前實一千，得一十萬，以十六約之，得六千二百五十，爲實。以一爲隅，開平方，得七十九步，不盡九，爲分子。乃以隅生方，又增隅，得一百五十九，爲分母。以分子母求等，得三。俱以三約母子，得五十三分步之三，爲大圓積七十九步五十三分步之三。

次置小圓田周三十步，以自乘，得九百，爲周冪。退位得九十，爲徑實。以一爲隅，開平方，得九步，不盡九。以隅生方，又益隅，得一十九分步之九，爲小圓徑九步一十九分步之九。

次以周冪九百乘前實九十，得八萬一千，以十六約之，得五千六十二步五分，爲實。以一爲隅，開平方，得七十一步，有不盡數二十一步五分，爲子。以隅生方，又益隅，得一百四十三，爲分母。以分子母求等，得五分。俱約之，得二百八十六分步之四十三，爲積。

次置環田周三十步，自乘，得九百，爲周冪。退位得九十，爲實。以一爲隅，開平方，得九步，不盡九，爲分子。以隅生方，併隅，得一十九，爲分母，直命之爲環田通徑九步一十九分步之九。

次以環周冪九百乘環實九十，得八萬一千，以十六約之，得五千六十二步五分，爲大率。次置環田虛徑八步，自乘，得六十四，爲虛冪。進位得六百四十，爲實。以一爲隅，開平方，得二十五步，不盡一十五，爲分子。以隅生方，又併隅，得五十一，爲分母。與子求等，得三。俱約之，得一十七分步之五，爲環田內周二十五步一十七分步之五。

次以虛冪六十四乘周實六百四十，得四萬九千九百六十，以十六約之，得二千五百六十，爲小率。以小率減大率，餘二千五百二步五分，自乘，得六百二十六萬二千五百六步二分五釐，爲實。以小、大二率併之，得七千六百二十二步五分。倍之，得一萬五千二百四十五，爲從上廉。以一爲益隅，開玲瓏三乘方，得二十步，不盡三十二萬四千五百六步二分五釐，爲分子。續商無數，乃以益隅一、益下廉八十併之，得八十一，爲減母。次以從上廉一萬二千八百四十五併從方五十七萬七千八百，得五十九萬六百四十五，以減母八十一減之，餘五十九萬五百六十四，爲分母。以分子求等，得二分五釐。俱約之，得二百三十六萬二千二百五十六分步之一百二十九萬八千二十五，爲環田積二十步二百三十六萬二千二百五十六分步之一百二十九萬八千二十五。次置環田通徑九步一十九分步之九，以虛徑八步減之，餘一步一十九分步之九，爲環田實徑。合問。

【庫本】按：周徑相求，以進位退位爲實者，蓋以徑一周三有奇，徑一自之，仍得一周，自之，略與十等，故徑冪升一位爲周冪，周冪降一位爲徑冪，以省算，亦法之巧者。其徑求周，較密率約大一百五十七分之一。周求徑，約小一百五十九分之一。然較古率，則已密矣。其周冪、徑冪相乘，十六約之，開平方，得圓積者，蓋周、徑相乘四歸得圓積，徑自乘爲方積，故四歸亦展爲自乘。十六之數約之，得四分徑之冪，乘周冪之數，故開方得圓積。至求環積，與前求尖田積同。但彼立天元一爲兩積之和，此立天元一爲兩積之較耳。其式如左。

法立天元一爲環田積，即內外兩圓積之較，自之，得一平方，爲較自乘。以大、小率，即二圓積各自乘。併而倍之，得一萬五千二百四十五步。內減較，自乘，得一萬五千二百四十五步少一平方，爲和自乘，與較自乘，再相乘，得一萬五千二百四十五平方少一，三乘方，寄之。次以大小率相減，餘二千五百零二步五分，爲和較相乘，再自之，得六百二十六萬二千五百零六步二分五釐，與寄數等，即爲實。寄數內平方數，即從上廉，三乘方數，即益隅。

【附】《札記》卷三載算式圖

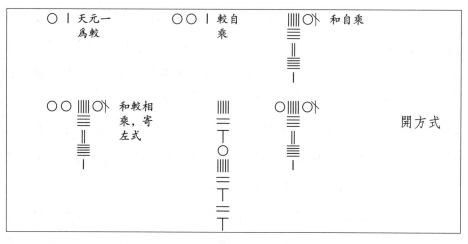

問數圖

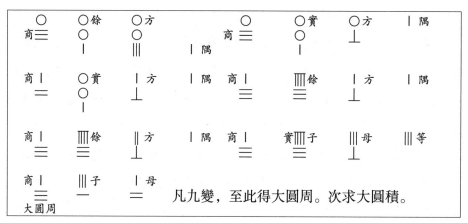

凡九變,至此得大圓周。次求大圓積。

徑幂〇步　周實〇步　得〇步　法　實〇步　隅　　上副自乘，得
　　〇　　　　〇　　　　〇　　　　　　　　　　　　　中，以次約之，
　　一　　　　〇　　　　〇　　　　　　　　　　　　　得下爲實
　　　　　　　　　　　　〇
　　　　　　　　　　　　一

上　　　副　　　中　　　次　　　下

商〇　　實〇　　〇方　　隅　　〇　　實〇　　〇方
　　　　　　　　　　商　　　　　　　　　　隅

商　　〇餘　　〇方　　隅　　　〇　　實　　〇方　　隅
　　　　　　　　　　　　商

變

商　　〇實　　〇方　　隅　商　　〇實　　方　　隅

商　　實　　方　　隅　商　　實　　方　　隅

商　　實餘　　母　　〇　實　　餘子　母　　等

大圓徑　步　子　母　〇　凡十一變，至此得大圓積。次求小圓徑。

小圓周〇步　小周〇步　小周幂〇　徑〇商　徑實　〇方　隅

自乘

商　〇實　　〇方　隅　商　實〇　方　隅

商　餘　　方　隅　商　餘　方　隅

小圓徑　子　　母　　凡七變，至此得小圓徑。次求小圓積。

小周幂　　　○小徑實　　　實　　　　法　　　　實　　　　隅
　　　　　　　　　　　　　　　　　　　　　　　　　　　　大率圓

商　　　　　　　　　　○方　　　　商　　　　　　○方　　　隅

商　　　實餘　　　○方　　　隅　　　商　　　實　　　方　　　隅

商　　　實　○　　　隅　商　　　實　　　方　　　隅

商　　　實餘　方　　　隅　　　商　　　實　　　方　　　隅

商　　　實餘　母　　　等小圓積 步　　　母

一十變，得小圓積。次求環田通徑。

　　當求環田通徑，蓋環田之外周三十步，與小圓田外周同，則不過與前七變諸圖一理。茲不復繁，乃求實徑。

大率　　　虛徑　　　虛徑　　　虛冪　　　　　　　○實　　　　　　｜隅

商　　　實○　　方○　　　｜隅　　　商　　　實○餘　　　　｜隅

商　　　實○　　　○方　　｜隅　　　商　　　實○　　　　　｜隅

商　　　○餘　　方｜隅　　　　　商　　　實方　　｜隅

商　　　實○　○方　｜隅　　　商　　　　　　　○　｜｜｜等

內周　步　　子　　母

凡九變，得環田內周。次求環積。

虛冪　　　〇周實　　　〇實　　　法　　　小率〇

只求此小率，與前大率兩者求實徑

大率　　　〇小率　　　餘　　　餘

二率相減，得餘，以餘自乘，得後實

實　　大率　　小率〇　　得　　倍數

併二率爲得數，倍得數爲從上廉，以一爲益隅

商〇　實　　〇方　　從上廉　　〇上廉　隅

從上廉超二位，益隅超三位

商〇　實　　〇方　　上廉　　〇下廉　益隅

乃商置二十步

商〇　實　　〇方　　上廉　　〇下廉　益隅

以商生隅，入下廉

商二　　　實　　　○方　　上廉

○下廉　　以下廉
　　　　益隅　生負廉

商二　　　實　　　○方　正廉負廉

○下廉　　以負廉與正
　　　　益隅　廉相消，得正
　　　　　　　上廉

商二　　　實　　　○方　　上廉

○下廉　　以商與上廉
　　　　益隅　生方

商二　　　實　　　○方　　上廉

○下廉　　以方法命商，
　　　　益隅　除實

商二　　　餘　　　○方　上廉

○下廉　　又以商生隅，

			‖ ｜益隅	入下廉
商○ 餘	○方 上廉	○下廉		以下廉與商 生負上廉
		｜益隅		
商 餘	○方 正上廉 負上廉	○下廉 ｜益隅		負上廉與正 上廉相消
商 餘	○方 上廉	○下廉 ｜益隅		商、隅又相生，入下廉
商 餘	○方 上廉	○下廉 ｜益隅		商又與下廉 生負廉
商 餘	○方 正上 負上			負廉與正廉

商	餘	方	上廉	下廉	益隅	
				下廉	｜益隅	相消
商	餘	○方	上廉	下廉	｜益隅	商又與隅生，入下廉
商	餘	○方	上廉	下廉	｜益隅	方一退，上廉再退，下廉三退，隅四退
商元步	餘	○方	上廉	下廉	｜益隅	無商，以上廉併入方隅，併下廉
商○步	餘	從方正廉	○	下廉益隅	○	益隅併負廉，與正方廉相消，命爲母
商○步	餘	母	○	○	○	求等，約之

開三乘方，凡二十變，至此得環田積數。

所求是實徑者，但以虛徑減通徑之餘一步一十九分步之九，爲環田實徑。

圍田先計[①]

問：有草蕩一所，廣三里，縱一百十八里。夏日水深二尺五寸，與溪面等平。溪闊一十三丈，流長一百三十五里入湖。冬日水深一尺。欲趁此時，圍裹成田，於蕩中順縱開大港一條，罄折通溪。順廣開小港二十四條，其深同。其小港闊比大港六分之一，大港深比大港面三分之一。大小港底，各不及面一尺。取土爲埂，高一丈，上廣六尺，下廣一丈二尺。蕩縱當溪，其岸高、廣倍其埂數。上下流各立斗門一所，須令田內止容水八寸，過餘水復溪入湖。里法三百六十步，步法五尺。欲知田積、埂土積、大小港底面深闊、冬夏積水、田港容水、過水、溪面泛高各幾何？

【庫本】按題意，掘土爲港，即以其土四邊爲埂，當溪者高、闊倍

---

① 《札記》卷一："《圍田先計》，館本入卷七下營建類。"

之，餘三邊等語皆未詳。

【附】《札記》卷三：案：田之四邊及港之兩邊，當有六邊。以爲四邊，亦誤。"餘三邊"當作"餘五邊"，方與術合。

《圍蕩成田圖》，案：題言順縱開大港一條，磬折通溪，則大港當爲磬折形。今圖作勾股形，非是。題言順廣開小港二十四條，今圖順廣只作十一條，却於順縱別作四條，亦非是。又題言磬折，其長便不能與縱等，而術中仍以縱率爲港長，當是以半廣爲勾，斗門至折處爲弦，斗門距廣埂爲股。弦較互相準折，與縱適等，圖中亦無明文。茲爲顯著於後，使閱者無惑焉。惟小港限於篇幅，不能悉載。大約四里二十五分里之十八，而開一港，茲載其一，餘可類推矣。

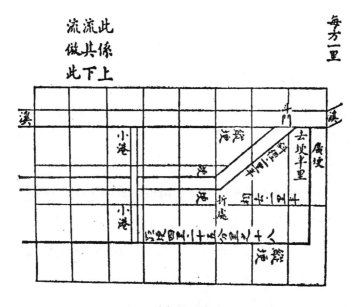

大港磬折通溪圖

斗門去廣埂半里，至折處斜徑二里半，與折處至廣埂等，勾股弦之義也。其小港去廣埂四里二十五分里之一十八。每閱此數，則開一港，盡一百一十三里二十五分里之七，而得二十四港。

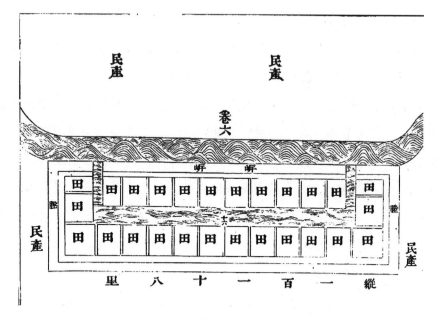

圍蕩成田圖

答曰：田積一千八百六十六頃八畞二十四步。

埂土積九百六十五億五千二百萬立方寸。大港面闊六丈一尺七寸，底闊六丈七寸，深六尺八寸①。小港面闊一丈二寸六分寸之五，底闊九尺二寸六分寸之五，深六尺八寸。夏積水二萬八千六百七十四億萬立方寸。冬積水一萬一千四百六十九億六千萬立方寸。田容水九千七十二億六千九百七十二萬立方寸。港容水九百六十五億五千二百萬立方寸。港上者在田內。過出水一萬八千六百三十五億七千八百八十八萬立方寸。溪面泛高一尺三寸十三萬一千六百二十五分寸之一萬四千四百一十一。

【庫本】按：題言大港深比大港面三分之一，答數中，大港面六丈一尺七寸，深六尺八寸，是九之一不足，而非三之一矣。此數與題不合，以下俱誤。

術曰：以商功求之，步、里法皆先化寸。各通廣、縱爲率，二率相併

_____

① "答曰田積"至"深六尺八寸"：《札記》卷三引沈氏曰："田積誤，大、小港而底闊、深皆誤。"

爲和，二率相乘爲寄。三因縱率於上，倍和，加上爲段。併埂二廣，乘半埂高，又乘段，爲土積，亦爲港容水。以闊母乘土積，爲實。以闊子乘小港數，又乘廣率，爲泛。闊母乘縱率，併泛，共爲隅。開平方，所得至寸收之，爲堡。以深子乘堡，爲實。以深母除之，爲大小港等深。以深母因堡，爲實。以深子除之，爲中。以半不及加中，爲大港面①。以闊母除之，爲小港面。二面各減不及，爲底。以埂下廣乘段，爲址。以大港面乘隅，爲實。以闊母除之，爲港平。以港平併址，減寄，餘爲田積。以址減寄，餘乘容水，爲田容水。以夏、冬水深乘寄，得夏、冬積水。以田容水併港容水，減夏積水，餘爲遏出水。以八節乘之，爲實。以溪闊乘流長，又乘歲日，爲法。除之，得溪面泛高。

草曰：先通步法爲五十寸，通三百六十步，得一萬八千寸，爲里法。以里法通蕩廣三里，得五萬四千，爲廣率。又通蕩縱一百一十八里，得二百一十二萬四千，爲縱率。以縱率併廣率，得二百一十七萬八千，爲和。以縱率乘廣率，得一千一百四十六億九千六百萬，爲寄。三因縱率二百一十二萬四千，得六百三十七萬二千於上。倍和二百一十七萬八千，得四百三十五萬六千，加上，得一千七十二萬八千，爲段。

次以埂上廣六尺併下廣一丈二尺，得一十八尺，乘半埂高五十寸，得九千寸。又乘段一千七十二萬八千，得九百六十五億五千二百萬，爲土積，亦爲港容水。以港闊母六因土積，得五千七百九十三億一千二百萬，爲實。以闊子一乘小港二十四條，又乘廣率五萬四千，得一百二十九萬六千，爲泛。以闊母六因縱率二百一十二萬四千，得一千二百七十四萬四千，併泛，得一千四百四萬，爲隅。開平方②，得二百三寸，不盡七百三十七萬六千四百③，收爲所得一寸，乃得二百四寸，爲堡。以深子一乘

---

① “以闊母乘土積”至“爲大港面”：《札記》卷三引沈氏曰：“求深術誤，求面闊術亦誤。”
② “開平方”下，庫本注：“按：大港闊六分，差一尺，小港闊一分，差一尺，故此法不免有差。”
③ 不盡七百三十七萬六千四百：王鈔本天頭批：“銳案：當云‘不盡七億三千七百六十四萬’。”

之，以深母三除之，得六尺八寸，爲大小港等深。

次以深母三因堡二百四寸，得六百一十二寸，爲實。如深子一而一，得六丈一尺二寸，爲中。以不及一尺半之，得五寸，加中，得六丈一尺七寸①，爲大港面闊。如母六而一，得一丈二寸六分寸之五，爲小港面。以不及一尺，各減大小港面，得六丈七寸，爲大港底，得九尺二寸六分寸之五，爲小港底。

次以埂下廣一丈二尺乘段一千七十二萬八千寸，得一十二億八千七百三十六萬，爲址。以大港面六丈一尺七寸乘隅一千四百四萬，得八十六億六千二百六十八萬，爲實。以闊母六除之，得一十四億四千三百七十八萬，爲港平。以併址一十二億八千七百三十六萬，得二十七億三千一百一十四萬，減寄一千一百四十六億九千六百萬，餘一千一百一十九億六千四百八十六萬，爲田積寸。以步法五十寸自乘，得二千五百，除積寸，得四千四百七十八萬五千九百四十四步，爲田積步。以畝法二百四十步約之，得一千八百六十六頃八畝，不盡二十四步，爲田積。以址一十二億八千七百三十六萬減寄一千一百四十六億九千六百萬，餘一千一百三十四億八百六十四萬，乘令容水八寸，得九千七十二億六千九百一十二萬，爲田容水。

次以夏水深二尺五寸乘寄一千一百四十六億九千六百萬，得二萬八千六百七十四億萬寸，爲夏積水。次以冬水深一尺乘寄，得一萬一千四百六十九億六千萬寸，爲冬積水。乃以田容水九千七十二億六千九百一十二萬併港容水九百六十五億五千二百萬，得一萬三十八億二千一百一十二萬，減夏積水二萬八千六百七十四億萬寸，餘一萬八千六百三十五億七千八百八十八萬，爲遏出水。

當以八節乘之，歲日三百六十除之，爲實。今從省。先以八節約歲日

---

① "七寸"下，庫本注："按：如此則不成分數矣。"

三百六十，得四十五，爲除率。次以里法一萬八千寸通流長一百三十五里，得二百四十三萬，又乘溪闊一十三丈，得三十一億五千九百萬，以乘除率四十五，得一千四百二十一億五千五百萬，爲法。除過出水一萬八千六百三十五億七千八百八十八萬，得一尺三寸，爲溪面泛高。不盡一百五十五億六千三百八十八萬，與法一千四百二十一億五千五百萬求等，得一百八萬。俱以約之，爲一十三萬一千六百二十五分寸之一萬四千四百一十一，爲泛高寸下分母之數。合問。

【庫本】按：草中自求大小港闊深以後，既與題問不合，且法多疎漏。今以立天元一術推明，求大小港闊深之法于後。至田積、水積等，不過冪積、體積相較，初無深義，可無論也。

法立天元一爲一分六，因之，得六元，爲大港闊。減十寸，得六元少十寸，爲大港底闊。併之，得十二元少十寸。以半深一元乘之，得十二平方少十元。以縱率因之，得二千五百四十八萬八千平方少二千一百二十四萬元。又以天元一爲小港闊，減十寸，得一元少十分，爲小港底闊。併之，得二元少十寸。以半深一元因之，得二平方少十元。以二十四廣率因之，得二百五十九萬二千平方少一千二百九十六萬元。併二數，得二千八百零八萬平方少三千四百二十萬元，與土埝共積等，而邊各以一萬除之，得二十八百零八平方少三千四百二十元。與九百六十五萬五千二百寸等三數又求等，得三十六。遍約之，得七十八平方少九十五元，與二十六萬八千二百寸等。乃以寸數爲實，以元數爲縱，以方數爲隅，開帶縱平方，得方邊爲一分數五尺九寸二五〇五三二九，即小港闊。減一尺，得四尺九寸二五〇五三二九，爲小港底闊。六因一分數，得三丈五尺五寸五三〇一九七三，爲大港闊。減一尺，得三丈四尺五寸五〇三一九七三，爲大港底闊。二因一分數，得一丈一尺八寸五〇一〇六五八，爲同深。以此轉求共港容水數，乃與共土埝原積數相合。

【附】《札記》卷三："以港闊母六因土積"至"爲田積寸"，沈氏曰：

"此求深、闊皆非也。深子一乘堡不長深母三除爲深，是深得堡三分之一。深母三因堡爲實，深子一除不消，以爲中，是中得堡之三倍。又加半不及爲大港面，則大港面比深爲九倍多矣。與問所云‘深比大港面三分之一’者不合。大港面闊既誤，所求港平田亦誤，改正於後。"

田積一千八百七十六頃二十七畝二百二十八步。大港面闊三丈五尺五寸二分寸之一，底闊三丈四尺五寸二分寸之一，深一丈一尺八寸二分寸之一。小港面闊五尺九寸四分寸之一，底闊四尺九寸四分寸之一，深一丈一尺八寸二分寸之一。

術曰：求埂土積，同原術。倍土積爲實，以闊母爲深母之倍，故實從隅皆倍之，齊同之義也。以小港不及乘小港數，又乘廣率於上。以大港不及乘縱率，加上，爲益從。闊子不及、闊子皆不折半，亦倍之也。乘小港數，又乘廣率，爲泛。闊母乘縱率，併泛，爲隅。開平方，得深。深母因深，深子除之，爲大港面。闊子因大港面，闊母除之，爲小港面。二面各減不及，爲底。餘同原術。

草曰：置土積九百六十五億五千二百萬，倍之，得一千九百三十一億四百萬，爲實。以小港不及十寸乘二十四條，又乘廣率五萬四千，得一千二百九十六萬於上。以大港不及十寸乘縱率二百一十二萬四千，得二千一百二十四萬。加上，得三千四百二十萬，爲益從。以闊子一乘小港二十四條，又乘廣率五萬四千，得一百二十九萬六千，爲泛。以闊母六乘縱率二百一十二萬四千，得一千二百七十四萬四千。加泛，得一千四百四萬，爲隅實。從隅求等，得三十六萬。約實，得五十三萬六千四百。約從，得九十五。約隅，得三十九。開平方，步法益從再進，隅再超。初商置一百，以初商生隅，得三千九百，爲正從。與益從九十五相消，正從餘三千八百五。又與商相生，得三十八萬五百，爲正積。與元實五十三萬六千四百相消，元實餘一十五萬五千九百，爲次商實。又以初商生隅，得三千九百。增入正從，得七千七百五。初商畢，從一退，隅再退，乃約餘實。次商置一十，以次商生隅，得三百九十。入正從，得八千九十五。與次商相生，得八萬九百五十。減實，餘七萬四千九百五十，爲第三商實。又以次商生隅，得三百九十。入正從，得八千四百八十五。次商畢，從一退，隅再退，約餘實。三商置八，以三商生隅，得三百一十二。入正從，得八千七百九十七。與商相生，得七萬三百七十六。減實，餘四千五百七十四，爲分子。以三商生隅，入從，又增隅，得九千一百四十八，爲分母。求等，得四千五百七十四。以約之，命爲二分寸之一，是大小港等深一丈一尺八寸二分寸之一。以深母三因之，深子一除之，得三丈五尺五寸二分寸之一，爲大港面闊。以闊子一乘大港面，闊母六除之，得五尺九寸四分寸之一，爲小港面闊。以不及一尺，各減大小港面，得三丈四尺五寸二分寸之一，爲大港底。得四尺九寸四分寸之一，爲小港底。以大港面三丈五尺五寸二分寸之一通分內子，得七百一十一。乘隅一千四百四萬，得九十九億八千二百四十四萬，爲實。以闊母六乘大港母二，得十二，爲法。除之，得八億三千一百八十七萬，爲港平。以港平併址一十二億八千七百三十六萬，得二十一億一千九百二十三萬。減寄一千一百四十六億九千六百萬，餘一千一百二十五億七千六百七十七萬，爲田積寸。以步法五十寸自乘，得二千五百。除積寸，得四千五百三萬七百八步，爲田積步。以畝法二百四十步約之，得一千八百七十六頃二十七畝二百二十八步，爲田積。餘同原草。

又案：併大港面、底，半之，乘深，又乘縱率，爲大港積。併小港面、底，半之，乘深，又乘港數，又乘廣率，爲小港積。併小港面、底，半之，乘深，又乘港數，又乘大港面、底相併之半，爲公積。併大小港二積，以較土積，則二積內多一公積。前術以大港面乘隅爲實，闊母除之，爲港平，猶仍秦氏之意。今以帶縱立方取深，立術時，先於二積內減去公積，爲土積，得數更真。別設問答術、草於後。

問：有草蕩一所，廣縱、水深、溪闊、流長、大小港條數，俱同原問。小港闊比大港七分之二，大小港深比大港面三分之一，大港底不及面四尺，小港底不及面二尺。取土爲埂，高一丈四尺三寸四千二十三分寸之二千八百五十五。上下廣及岸高廣亦同原問。問田積、土積、大小港面、底、闊、深各幾何？

答曰：田積一千八百七十二頃七十畝九十九步二十五分步之二十一。埂土積一千三百八十七億五千四百五十六萬立方寸。大港面闊四丈二尺，底闊三丈八尺，深一丈四尺。小港面闊一丈二尺，底闊一丈，深一丈四尺。

夏冬積水、田港容水、遏出水、溪面泛高不贅。

術曰：深闊兩母相乘，爲共母。深母乘闊子，爲通子。半大港不及乘闊母，爲大率。半小港不及乘闊母，爲小率。如原術求得土積，闊母乘之，爲定實。半大廣不及併廣率，以小率乘之，又以小港數乘之於上。大率乘縱率，加上，爲益從。半大港不及併廣率，以通子乘之，以小率乘深母。併之，又以小港數乘之，爲泛。共母乘縱率，加泛，爲正廉。深母乘通子，又乘小港數，爲益隅。開立方，得深。深母乘深，深子除之，爲大港面。闊子乘大港面，闊母除之，爲小港面。二面各減不及，爲底。大港面乘縱率，爲大港幂。大港面減廣率，以小港面乘之，又以小港數乘之，爲小港幂。併二幂，爲港平。以港平併址，減寄，爲田積。餘同元術。

草曰：深母三乘闊母七，得二十一，爲共母。深母三乘闊子二，得六，爲通子。置大港不及四尺，半之，得二十寸，乘闊母七，得一百四十，爲大率。置小港不及二尺，半之，得一十寸，乘闊母七，得七十，爲小率。乃依原術，求土埂積。併上廣六尺、下廣一丈二尺，得一丈八尺，半之，通爲九十寸。以埂高一丈四尺三寸四千二十三分寸之二千八百五十五通分內子，得五十七萬八千一百四十四。以九十寸乘之，得五千二百三萬二千九百六十。又以段一千七十二萬八千乘之，得五百五十八萬二

千九十五億九千四百八十八萬。以埂高分母四千二十三除之，得一千三百
八十七億五千四百五十六萬寸，爲埂土積。以闊母七乘之，得九千七百一
十二億八千一百九十二萬，爲立方實。以半大港不及二十寸加廣率五萬四
千，得五萬四千二十。以小率七十乘之，得三百七十八萬一千四百。又以
小港二十四條乘之，得九千七十五萬三千六百於上。以大率一百四十乘縱
率二百一十二萬四千，得二億九千七百三十六萬。加上，得三億八千八百
一十一萬三千六百，爲益從。半大港不及併廣率，得五萬四千二十。以通
子六乘之，得三十二萬四千一百二十。與小率七十乘深母三所得二百一十
相併，得三十二萬四千三百三十。以小港二十四條乘之，得七百七十八萬
三千九百二十，爲泛。以共母二十一乘縱率二百一十二萬四千，得四千四
百六十萬四千。加泛，得五千二百三十八萬七千九百二十，爲正廉。深母
三乘通子六，得一十八。又乘小港二十四條，得四百三十二，爲益隅。以
實從廉隅求等，得四十八。約實，得二百二億三千五百四萬。約從，得八
百八萬五千七百。約廉，得一百九萬一千四百一十五。約隅，得九。開立
方，步法從再進，廉再超，隅三超。初商一百，初商生隅，得九百。與廉
相消，餘一百九萬五百一十五。與商相生，得一億九百五萬一千五百。與
從相消，餘一億九十六萬五千八百，爲正從。與商相生，得一百億九千六
百五十八萬，爲正積。與實相消，餘一百一億三千八百四十六萬，爲次商
實。又以商生隅，與廉相消，餘一百八萬九千六百一十五。與商相生，得
一億八百九十六萬一千五百。增入正從，得二億九百九十二萬七千三百。
又以商生隅，減廉，餘一百八萬八千七百一十五畢。從一退，廉二退，隅
三退。次商四十，次商生隅，得三百六十。與廉相消，餘一百八萬八千三
百五十五。與商相生，得四千三百五十三萬四千二百。入從，得二億五
千三百四十六萬一千五百，爲正從。與商相生，得一百一億三千八百四十六
萬。除實適盡，以商得一百四十，展爲一丈四尺，爲大小港同深。深母三
因深，得四丈二尺，爲大港面闊。闊子二乘大港面，得八丈四尺。闊母七

除之，得一丈二尺，爲小港面闊。以大港不及四尺減大港面四丈二尺，餘三丈八尺，爲大港底闊。以小港不及二尺減小港面一丈二尺，餘一丈，爲小港底闊。以大港面四百二十寸乘縱率二百一十二萬四千，得八億九千二百八萬，爲大港面幂。以大港面四百二十減廣率五萬四千，餘五萬三千五百八十。以小港面一百二十寸乘之，得六百四十二萬九千六百。又以小港二十四條乘之，得一億五千四百三十一萬四百，爲小港面幂。併二幂，得一十億四千六百三十九萬四百，爲港平。以港平併址一十二億八千七百三十六萬，得二十三億三千三百七十五萬四百。減寄一千一百四十六億九千六百萬，餘一千一百二十三億六千二百二十四萬九千六百，爲田積寸。以步法五十寸自乘，得二千五百。除積寸，得四千四百九十四萬四千八百九十九步二十五分步之二十一，爲田積步。以畝法二百四十步約之，得一千八百七十二頃七十畝九十九步二十五分步之二十一，爲田積。若欲轉求土積，則併大港面底闊，半之，得四百。乘縱率二百一十二萬四千，得八億四千九百六十萬於上。置廣率五萬四千，以半大港面底闊併四百減之，餘五萬三千六百。以小港二十四條乘之，得一百二十八萬六千四百。併小港面底，半之，得一百一十。乘之，得一億四千一百五十萬四千。加上，得九億九千一百一十萬四千。又以深一百四十乘之，得一千三百八十七億五千四百五十六萬，與土積適合。

案：沈氏以立方取深，術頗深微，當以立天元術顯之。

草曰：立天元一〇｜爲深，三之，得〇Ⅲ，爲大港面。減四尺，餘
⓪Ⅲ，爲大港底。二因大港面，得〇丅。合以七除，今不除，便爲七段小
港面。七因二尺，減之，得⓪丅爲小港底。併大港底、面而半之，得⓪
Ⅲ。併小港底、面而半之，得⓪丅。置廣率五萬四千，以半大港面底闊併

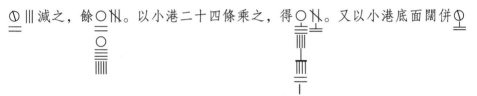

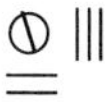減之，餘。以小港二十四條乘之，得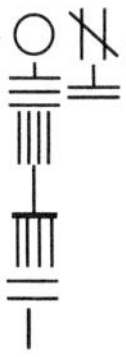。又以小港底面闊併

乘之，得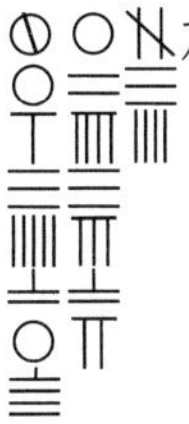於上。七因大港底面闊，併得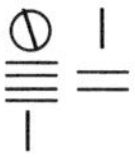以乘縱率，得。

加上，得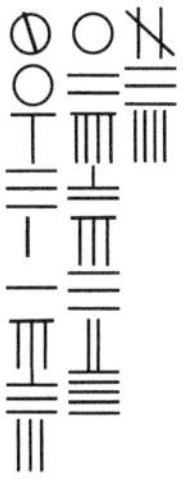。以深乘之，得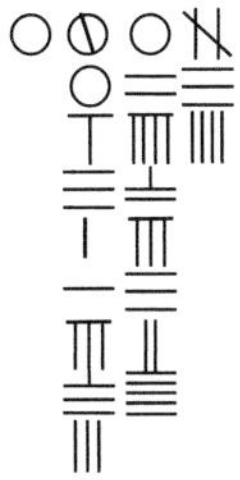，爲七段大小港積併，亦爲七段

埂土積。寄左。乃置埂土積一千三百八十七億五千四百五十六萬寸，亦以七因之，得九千七百一十二億八千一百九十二萬寸，爲同數。與左相消，得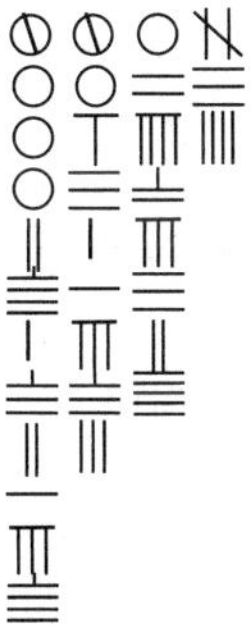。求等，得四十八。約之，得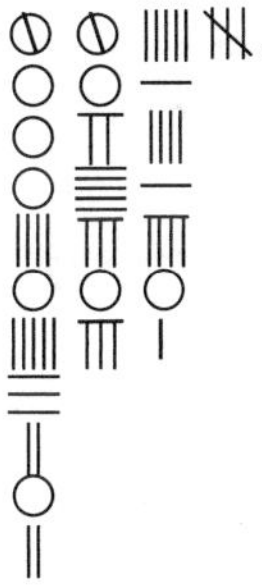。爲開方式，立

方開之，得深。

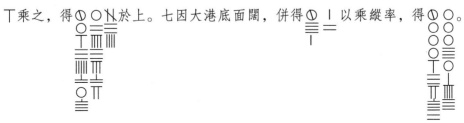

數書九章卷第七

測望類

【庫本】按：測望之法，見於晉劉徽《海島算經》，原名重差。其書一卷九題，法簡數密。此卷本其法而擴充之，於古人之意，實多所發明。然其中譌舛之處，較他卷尤甚，今悉爲正之。至術有未合者，更設法以附其後焉。

望山高遠

問：名山去城，不知高遠。城外平地有木一株，高二丈三尺，假爲前表。乃立後表，與木齊高，相去一百六十四步。先退前表三丈九寸，次退後表三丈一尺三寸，斜望山峰，各與其表之端參合。人目高五尺。里法三百六十步，步法五尺。欲知山高及遠各幾何？

答曰：高二十里半零三步五分步之三。遠二十七里三百二十八步五百七十五分步之六十七。

【庫本】按：術數誤。後入目距山係三十五里二百三十九步一尺三寸，其故詳後。

術曰：以勾股求之，重差入之。置二退表相減，餘爲高法。通表間，併法於上。以目高減表高，餘乘上，爲高實。實如法而一，得山高。以法乘表高，爲遠法①。以退後表乘高實，爲遠實。實如法而一，得

---

① "遠法"下，庫本注："按：此條法誤，應以法乘表高，與人目去地之較。"

山去^①。

【庫本】有《望山高遠圖》，且云按：舊圖畫山木在術前，今山改移於此。

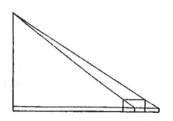

【附】《札記》卷三：案館本，《永樂大典》有山水圖在前，此本脱，今補於後。

草曰：置後退表三丈一尺三寸，減前退表三丈九寸，餘四寸，爲高法。置表去木一百六十四步，以步法五十寸通，得八千二百寸，爲表間。併法四寸，得八千二百四寸於上。以目高五尺減表高二丈三尺，餘通之爲一百八十寸。乘上，得一百四十七萬六千七百二十寸，爲高實。實如高法四寸而一，得三十六萬九千一百八十寸，爲積寸。次以步法五十寸約之，得七千三百八十三步五分步之三。次以里法三百六十步約之，得二十里一百八十三步五分步之三，爲山高^②。

次以法四寸乘表高二丈三尺，得九百二十，爲遠法^③。以退後表三丈一尺三寸乘高實一百四十七萬六千七百二十寸，得四億六千二百二十一萬三千三百六十寸，爲遠實。實如遠法九百二十寸而一，得五十萬二千四百五寸二十三分寸之一十九，爲積寸。乃以步法五十寸乘遠法九百二十，得四萬六千寸，爲法。亦除遠實，得一萬四十八步，不盡五千三百六十，與法求等，得八十。俱以約之，爲五百七十五分步之六十七。又以里法三百六十步約，得二十七里三百二十八步五百七十五分步之六十七，爲山後表人立望處。算圖如後。

【庫本】按：術中求山高法合，其求遠以表高乘高法爲遠法則誤。蓋本法應即以高法爲遠法，以退後表乘表間，并法爲寔，即得後人目距山之遠。今以退後表乘高寔爲寔，而高寔乃目高減表高乘表減併法之數，則遠

―――――――――

① 去：庫本作“遠”。
② “山高”下，庫本注：“按：此所得係人目上之山高，若加人目高，則多一步。”
③ “遠法”下，庫本注：“按：誤同前。”

法亦當以目高減表高乘高法。今即以表高乘之，則法數大，故得數小也。

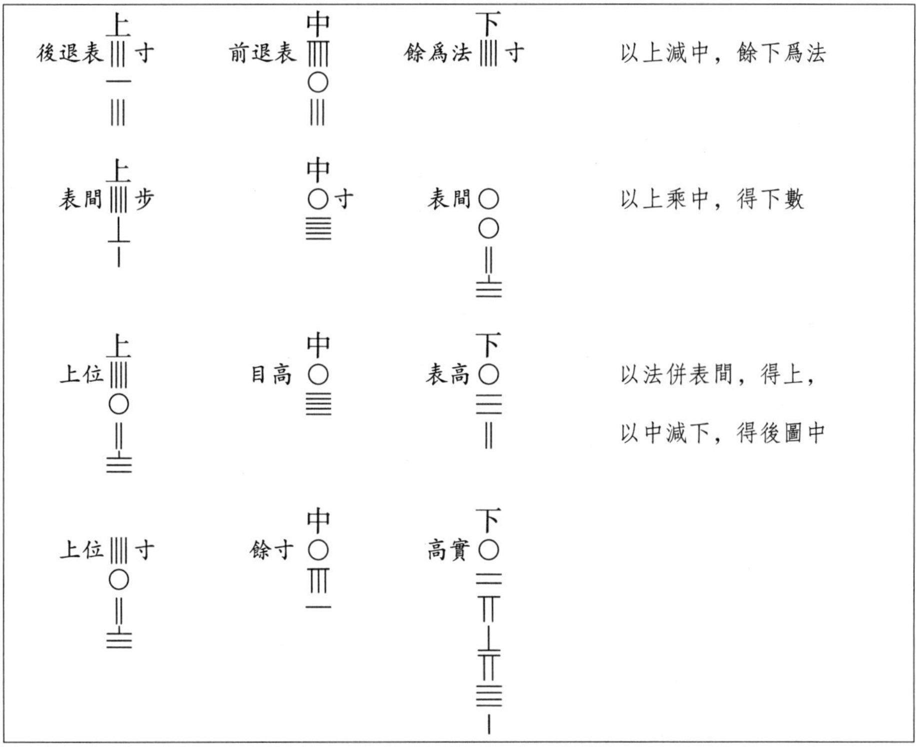

上	中	下	
後退表 寸	前退表	餘為法 寸	以上減中，餘下為法
表間 步	中 寸	表間	以上乘中，得下數
上位	目高	表高	以法併表間，得上，以中減下，得後圖中
上位 寸	餘 寸	高實	

乃以上位八千二百四寸乘中一百八十寸，得一百四十七萬六千七百二十寸，為高實。

高上 ○	高實 中	高法 下	以下除中，得後圖上位數
高積寸	步法 寸	高步 子 母	以中除上，得下
上	中	下	

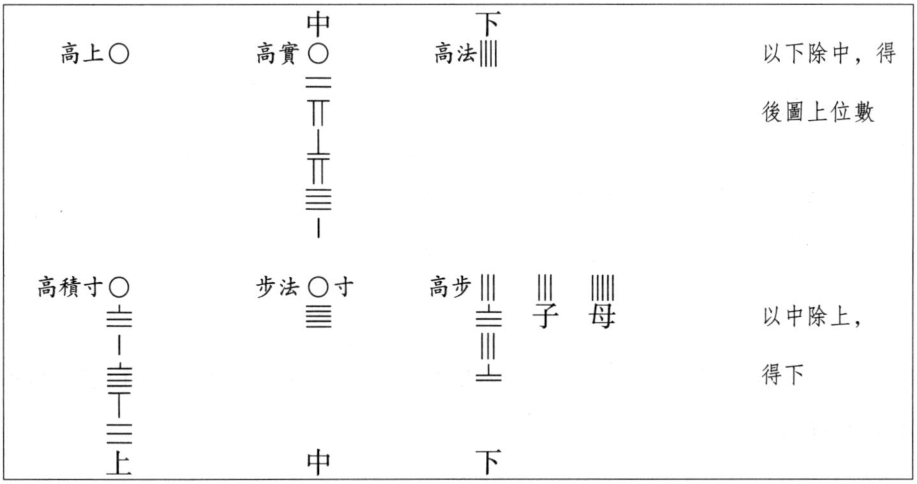

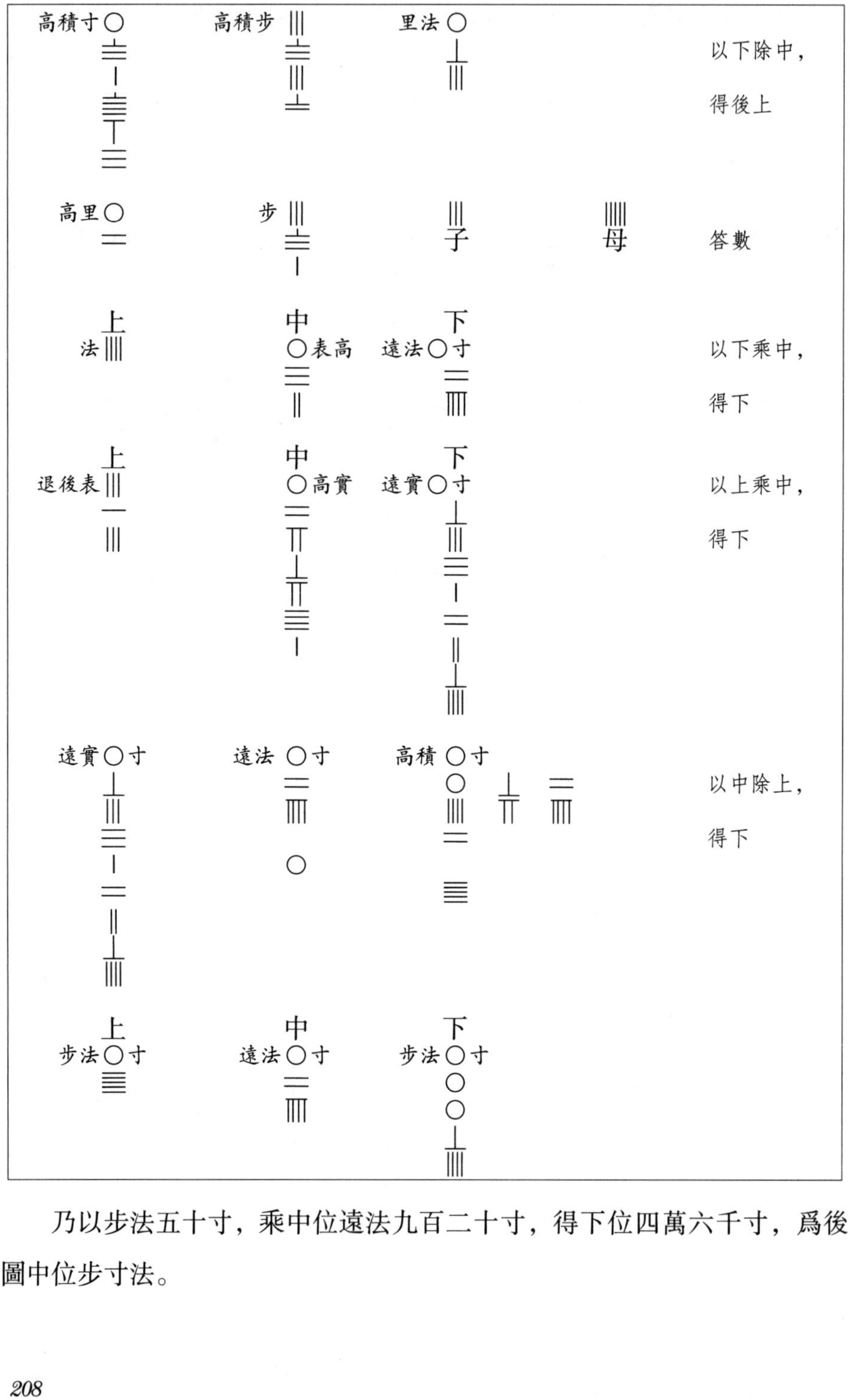

高積寸	高積步	里法		以下除中，得後上
高里	步	子	母	答數
法 上	中 ○表高	下 遠法○寸		以下乘中，得下
退後表 上	中 ○高實	下 遠實○寸		以上乘中，得下
遠實○寸	遠法 ○寸	高積 ○寸		以中除上，得下
步法○寸 上	中 遠法○寸	下 步法○寸		

乃以步法五十寸，乘中位遠法九百二十寸，得下位四萬六千寸，爲後
圖中位步寸法。

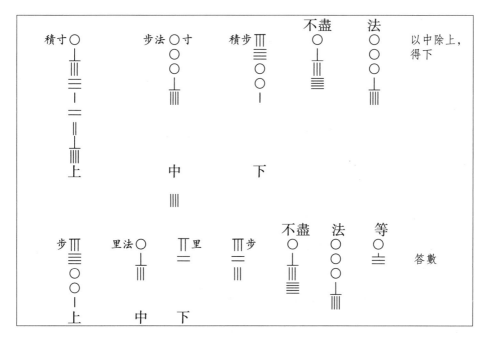

乃以中除上，得下位里法及零步。其不盡寸，與法求等，得八十。俱約之，爲步分母子之數。

【附】《札記》卷三：附錄沈氏改正求遠術、草。

術曰：以高法爲遠法，以退後表乘表間，併法，爲遠實。實如法而一，得山去。

草曰：以高法四寸爲遠法，以退後表三丈一尺三寸乘表間，併法八千二百四寸，得二百五十六萬七千八百五十二，爲遠實。實如遠法四寸而

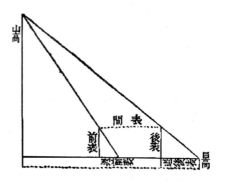

補望山高遠圖

一，得六十四萬一千九百六十三。次以步法五十寸約之，得一萬二千八百三十九步五十分步之一十三。次以里法三百六十步約之，得三十五里二百三十九步五十分步之一十三，爲山去後表人立望處。

臨臺測水

問：臨水城臺，立高三丈，其上架樓。其下址側脚闊二尺，護下排沙下樁，去址一丈二尺，外樁露土高五尺，與址下平。遇水漲時，浸至址。今水退不知多少，人從樓上欄杆腰串間，虛駕一竿出外，斜望水際，得四尺一寸五分，乃與竿端參合。人目高五尺。欲知水退立深，涸岸斜長自臺址至水際各幾何？

【庫本】 按：算題固不厭其難，然必簡而不漏，繁而不贅，始爲合作。如此題，本意謂竿端與臺址上下懸直，則側脚闊二尺，句已贅。又不明言人目距臺邊遠近，皆故爲黯黮也。

答曰：水退立深一丈五尺一百五十七分尺之一百三十五。涸岸自臺址至水際斜長四丈一尺一百五十七分尺之三十七。

術曰：以勾股變法，兼少廣求之。求涸岸斜長，置出竿乘臺高，爲段。以去基乘段，爲闊泛。以岸高乘段，爲淺泛。以目高乘去基，爲約泛。三泛可約者約之，爲定率。不可約，徑爲率。以闊率自乘，爲闊幂。以淺率自乘，爲淺幂。併闊、淺二幂，共爲峻幂。復乘闊幂於上，以臺高幂乘上，爲峻實。

次以闊率乘淺率，爲寄。以臺高數乘闊率，又乘約率，得數，內減寄，餘自乘，爲峻隅。驗峻實、峻隅兩者可約，求等約之，爲峻定實、峻定隅。開同體連枝平方，得峻岸斜長。同體格先以隅開平方，得數，名同隅。以同隅乘定實，開之，得數，爲實。以同隅爲法除之，得峻斜。

求水退深，置岸高幂乘峻定實，爲深實。以去岸幂併岸高幂，乘峻定隅，爲深隅。其深實、深隅可約，約之。仍以同體格入之。開連枝平方，得水退深。

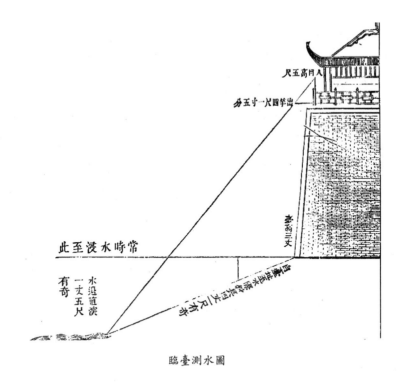

臨臺測水圖

【庫本】 按：舊圖畫樓臺，不畫正高，在術前，今改正，移于此。

草曰：以出竿四尺一寸五分乘臺高三十尺，得一百二十四尺五寸，爲段。以去址一十二尺乘段，得一千四百九十四尺，爲闊泛。以護岸高五尺乘段一百二十四尺五寸，得六百二十二尺五寸，爲淺泛。以目高五尺乘去址一十二尺，得六十尺，爲約泛。以闊泛、淺泛約泛，三者求等，得一尺五寸，皆以約之。其闊泛得九百九十六尺，爲闊率；其淺泛得四百一十五尺，爲淺率；其約泛得四十尺，爲約率。以闊率九百九十六自乘，得九十九萬二千一十六尺，爲闊幂。以淺率四百一十五自乘，得一十七萬二千二百二十五尺，爲淺幂。併闊、淺二幂，得一百一十六萬四千二百四十一，爲峻幂。以闊幂九十九萬二千一十六乘峻幂，得一萬一千五百四十九億四千五百六十九萬九千八百五十六尺於上。又以臺高三十尺自乘，得九百，爲臺高幂。乘上，得一千三十九萬四千五百一十一億二千九百八十七萬四百尺，爲峻實。

次以闊率九百九十六乘淺率四百一十五，得四十一萬三千三百四十，爲寄。以臺高三十乘闊率九百九十六，得二萬九千八百八十。又乘約率四十，得一百一十九萬五千二百，内減寄，餘七十八萬一千八百六十尺。自乘，得六千一百一十三億五百五萬九千六百尺，爲隅。以隅與峻實求等，得二千四百八十萬四百，俱以約之，得四千一百九十一萬二千六百七十六尺，爲峻定實；得二萬四千六百四十九，爲峻定隅。開同體連枝平方，得峻岸至水際斜長。驗同體格，乃以定隅二萬四千六百四十九爲實。先以一爲隅，開平方，得一百五十七，爲同體法。次以峻定實四千一百九十一萬二千六百七十六尺爲實，亦以一爲隅，開平方，得六千四百七十四尺，爲同體實。實如同體法一百五十七而一，得四十一尺，不盡三十七，與法一百五十七求等，得一。俱以一各約之，其法與餘，只得此數。乃直命之，得四丈一尺一百五十七分尺之三十七，爲澗岸斜長至水際。

求退水深，置岸高五尺，自乘，得二十五，爲岸高冪。乘峻定實四千一百九十一萬二千六百七十六尺，得一十億四千七百八十一萬六千九百，爲深泛。以去岸一十二尺自乘，得一百四十四尺，爲去岸冪。併岸高冪二十五，得一百六十九，以乘峻定隅二萬四千六百四十九，得四百一十六萬五千六百八十一，爲隅泛。置二泛求等，得一百六十九。俱約二泛，得六百二十萬一百，爲定實；得二萬四千六百四十九，爲深定隅。開連枝平方，得水退立深。驗同體格，乃以深定隅二萬四千六百四十九爲實。先以一爲隅，開平方，得一百五十七，爲同體法。次以深定實六百二十萬一百爲實，亦以一爲隅，開平方，得二千四百九十，爲同體實。實如法一百五十七而一，得一十五尺，不盡一百三十五，與法求等，得一。俱以一各約法、餘，只得此數。乃直命之，得一丈五尺一百五十七分尺之一百三十五，爲水退立深。

出竿 ⦀尺	臺高 〇尺	得段 ⦀尺	以出竿乘臺高，得段
闊泛 ⦀尺	去址 ‖尺	段 ⦀尺	以去址乘段，得闊泛
淺泛 ‖尺	護岸 ⦀尺	⦀尺	以護岸乘段，得淺泛
約泛 〇尺	去址 ‖尺	目高 ⦀尺	目高乘去址，得約泛
闊泛 ⦀尺	淺泛 ‖尺	約泛 〇尺　等 丨尺	求等
闊率 丅尺	淺率 ⦀尺	約率 〇尺	以等約泛，得率
闊率 丅尺	闊率 丅尺	闊冪 丅尺	上乘中，得下
淺率 ⦀	淺率 ⦀尺	淺冪 ⦀尺	上乘中，得下
闊冪 丅尺	淺冪 ⦀尺	峻冪 丨尺	上併中，得下

上位　尺　　　闊冪　　　　　　　　　　　　　　　中乘下，得上

　　　　　　　　　　　　峻冪一尺

臺高○尺　　　臺高○尺　　臺高冪○尺　　　　　　上乘中，得下

峻實○尺　　　臺高冪○　　　上位　尺　　　　　　中乘下，得上

闊率　尺　　　　　　　淺率　尺　　　　　　　　　上乘下，得寄

寄○　　臺高○　　闊率　　得數○　　約率○　　　副乘中，得
　　　　　　　　　　　　　　　　　　　　　　　　次，次乘下，
　　　　　　　　　　　　　　　　　　　　　　　　得後上

上	副	中	次	下	
得數	寄	餘		餘	上減寄，得餘，餘自乘，得隅
隅	峻實	等數			求得等數，以約隅實
	峻定實 〇尺	峻定隅 〇尺			同體格，各以一爲隅，開平方，得數，除之
隅商 爲實 上數	以峻定實爲實	〇方		｜平隅	以隅開實，得上數，仍爲實
得商 爲峻法	以峻定	〇方		｜平隅	以隅開實，

隔爲實

得上數，仍
爲法，以除
同體實

○商　同體實　同體法

以下除中，

得上

峻長　尺　　子

母

不盡爲子，
法爲母

岸高　上　岸高　副　岸高冪　中　峻定實　深泛○○次下

上乘副，得
中，中乘次，
得下

去岸　上　去岸　副　去岸冪　次　岸高冪　下

上乘副，得
次，次併下，
得後上

得　峻定隔　隔泛

上乘中，得下

深泛○○　隔泛　等數

下除中上，
得隔實

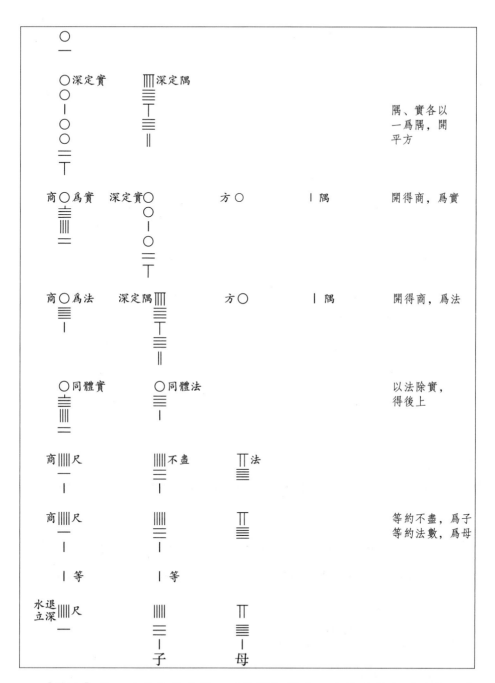

【庫本】按：此條術雖甚繁，理數皆極精密，非兼通於勾股通分之法

者，不能立也。但累乘累除，錯綜變換，皆未嘗明言，其①不能無金鍼不
度之疑。今繪圖以之，並條析其乘除各數于後。

如圖②，甲乙爲臺正高，乙丙爲椿去臺
址，丙丁爲岸高，乙戊爲臺址至水際，即
爲峻斜。己庚爲人目高，甲庚爲出竿，戊
癸爲水面正深。題有甲乙臺高，乙丙椿去
址，丙丁去椿，甲庚出竿，己入庚目
高，求乙辛竣斜。自丁點與乙丙③平行相等
作丁辛線，自乙點與丙丁並行作乙辛

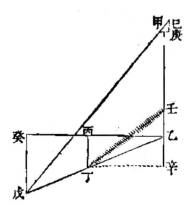

線，自丁點與戊甲平行作丁壬線④，得壬丁辛勾股形。内有乙丁辛勾股形
一，與乙丙丁辛等。有乙丁壬三角形一，與甲乙戊形同式。

法當以己庚小股乘丁辛⑤大句，以甲庚小句除之，得壬辛大股。次以
壬⑥乙丁三小角形下斜邊，乘甲乙戊形直邊，以乙辛減壬辛，餘壬乙，爲
乙丁壬形直邊，爲法除之，得乙戊，爲甲乙戊形下斜邊，即所求臺址至水
際之峻斜。其法只用乘除兩次，甚屬易簡。即遇數不盡者，以通分御
之，再加一二次乘除可矣⑦。乃必增至十餘次多者，始欲窮數之變，就一
題以爲諸法之例，非徒爲繁難也⑧。試依術内遞次乘除之數，逐條細論之。

出竿甲庚乘高臺甲乙，爲段。去址乙丙乘段，爲闊率，原名闊泛，約之爲闊
率，今即爲闊率。爲去址乘臺高出竿長冪之數。闊率自乘，爲闊冪，即如去
址冪乘臺高出竿長冪自乘之數，又即如去址冪乘臺高冪，又乘出竿冪

---

① 其：《札記》卷三作“其故觀者”。
② 庫本原圖未標示甲乙丙丁等字，今據《札記》卷三補。
③ 乙丙：原作“丙丁”，據《札記》卷三改。
④ 線：原作“點”，據《札記》卷三改。
⑤ 丁辛：原作“庚辛”，據《札記》卷三改。
⑥ 壬：原脱，據《札記》卷三補。
⑦ 矣：原作“以”，據《札記》卷三改。
⑧ 此下《札記》卷三載：“景昌案：圖解俱確，舊本訛脱數字，遂不可通，今改正。”

之數。

岸高丙丁乘段，爲淺率，原名淺泛，約之爲淺率，今即爲淺率①。爲岸高乘臺高出竿長冪之數。淺率自乘，爲淺冪，即如岸高冪乘臺高出竿長冪自乘之數，又即如岸高冪乘臺高冪，又乘出竿冪之數。

併闊冪、淺冪②，爲竣冪，即如小斜③乙丁冪乘臺高出竿長冪自乘之數，又即如小斜冪乘臺高冪④，又乘出竿冪⑤之數。

闊冪竣冪相乘，爲上數，即如小斜冪乘去址冪，又乘臺高冪自乘，又乘出竿冪自乘之數。

闊率淺率相乘，爲寄數，即土去址岸高相乘，又乘臺高冪，又乘出竿冪之數。

去址目高己庚相乘，爲約率，即如出竿乘壬辛。

臺高乘闊率，即如去址乘臺高冪，又乘出竿之數。又以約率乘之，即如去址壬辛相乘冪，又乘臺高冪，又乘出竿冪之數。內減寄數，餘去址壬乙相乘冪，又乘臺高冪，又乘出竿冪之數⑥，再自乘之，爲⑦隔數，即如壬乙冪乘去址冪，又乘臺高冪自乘，又乘出竿冪自乘之數。

上數隔數內，去址冪臺高冪自乘，出竿冪自乘，各數皆同。則用上數乘隔數除，即如用小斜冪乘壬乙冪除矣。以臺高冪乘上數，若以隔數除之，即得竣斜乙戊冪。但數不能盡，故約之，帶隔數，開平方，所謂連枝同體法也。至闊泛淺用于乘數，約泛用于除數，故可兩邊同約，又爲省算也。求水立深同此。

【附】《札記》卷三：景昌案：凡算之道，省約爲善。似此繁難，徒

亂人意耳。改立簡術于後，以祛學者之惑。

術曰：以勾股兼少廣求之。求湢岸斜長，以去基自乘，爲闊冪。以岸高自乘，爲淺冪。併闊冪、淺冪，爲峻冪。復乘出竿冪於上。以臺高冪乘上，爲峻實。以出竿乘岸高，爲寄。以目高乘去基，得數內減寄，餘自乘，爲峻隅。實隅可約者，求等約之，爲定實定隅。開同體連枝平方，得峻岸斜長。

求水退深，以目高乘去基，內減出竿乘岸高，餘爲法。以出竿乘岸高，又乘臺高，爲實。實如法，得水退深。

草曰：以去基一十二尺自乘，得一百四十四尺，爲闊冪。以岸高五尺自乘，得二十五尺，爲淺冪。併闊冪、淺冪，得一百六十九尺，爲峻冪。以出竿四尺一寸五分自乘，得一十七尺二十二寸二十五分，爲出竿冪。以峻冪乘之，得二千九百一十尺六十寸二十五分於上。又以臺高三十尺自乘，得九百尺。乘上，得二百六十一萬九千五百四十二尺二十五寸，爲峻實。次以出竿四尺一寸五分乘岸高五尺，得二十尺七寸五分，爲寄。以目高五尺乘去基一十二尺，得六十尺。內減寄二十尺七寸五分，餘三十九尺二寸五分。自之，得一千五百四十尺五十六寸二十五分，爲峻隅。以隅與峻實求等，得六寸二十五分。俱以約之，得四千一百九十一萬二千六百七十六尺，爲峻定實；得二萬四千六百四十九，爲峻定隅。未約之前，尺下帶零數，故數小。既約之後，便命零數爲尺，故數反大，其實一也。開方同原術。

求水退深，以目高乘去基，內減出竿乘岸高，餘三十九尺二寸五分，爲法。以出竿乘岸高，得二十尺七寸五分。又乘臺高三十尺，得六百二十二尺五寸，爲實。實如法，得一丈五尺三千九百二十五分尺之三千三百七十五。子母求等，得二十五。約之，爲一百五十七分尺之一百三十五。合問。

陡岸測水

問：行師遇水，須計篾纜，搭造浮橋。今垂繩量陡岸，高三丈。人立其上，欲測水面之闊。以六尺竿爲矩，平持去目下五寸。令矩本抵頤，遙望水彼岸，與矩端參相合。又望水此岸沙際，入矩端三尺四寸。人目高五尺。其水面闊幾何？

答曰：水闊二十三丈四尺六寸[①]。

術曰：以勾股、重差求之。置矩去目下寸爲法。以人目併岸高，減去法[②]，餘乘入矩端，爲實。實如法而一，得水闊。

草曰：置矩本去目下五寸，爲法。以人目高五尺併岸高三丈，得三丈五尺，通爲寸，得三百五十寸。減法五寸，餘三百四十五寸。乘沙際入矩端三十四寸，得一萬一千七百三十寸，爲實。實如法五寸而一，得二千三百四十六寸，展爲二十三丈四尺六寸，爲水闊。合問。

【庫本】按：舊圖畫岸水視線[③]，不能在術前，今改正，移於此。

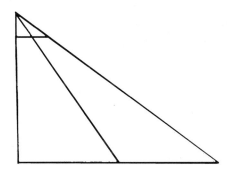

水闊陡岸測水圖

---

① “六寸”下，庫本注：“按：應二十三丈八尺。”
② “減去法”下，庫本注：“按：減法誤。”
③ 此圖與底本不同，今附於底本圖前。

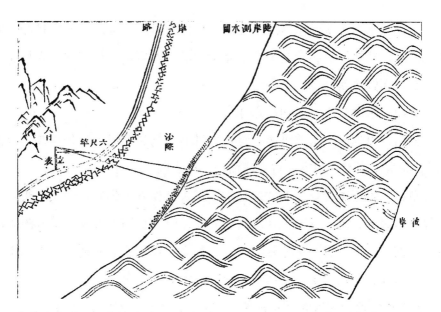

【庫本】按：測望諸線，皆合于人目之一點，其高正當自人目計之。今減去人目距矩，自矩下計之，不得其理矣。

數書九章卷第八

表望方城①

問：敵城不知廣遠，傍城南山原林間望之，林際有木二株，南北相去一百六十步，遥與城東方面參相直。於二木之東相對立表，表間與木四方平。人目以繩維之。人自東後表向西行一十步，望城東北隅，入東前表一十五步。又望城東南隅，入東前表四十八步強半步。里法三百六十步。欲知其方廣及相去幾何？

答曰：城方廣各一十二里三百二十步。城去木九里三百二十步。圖具于後②。

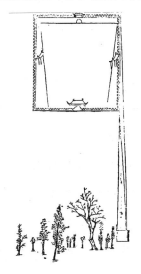

表望方城圖

---

① 《札記》卷一："第八卷《表望方城》，館本'表'作'遠'，與《遥度圓城》俱入卷四上。"
② 庫本於"表望方城圖"下注："按：舊圖畫城南二木，與城東面不成一直線，在術前，今改正，移于此。"

223

【庫本】按：答數皆誤。今推得城方廣各一十一里二百二十步又三十一分步之二十，城東南隅至北木一里九十九步又三十一分步之一十二①。

術曰：以勾股、重差求之。置城東南隅景入表，減表間，餘乘表間，爲城去木實。以西行步減城東北隅景入表，餘爲法②，得城去木數。以城東北隅景入表，減表間，餘乘表間，爲廣實。實如前法而一，得城廣數③。

草曰：以西行一十步減東北隅入表一十五步，餘五步，爲法。以城東南隅景入表四十八步七分半減表間一百六十步，餘一百一十一步二分半。乘表間一百六十步，得一萬七千八百，爲城去木實。以法五步除之④，得三千五百六十步。以里法三百六十約之，得九里三百二十步，爲城去北株木里及步數。

次置城東北隅景入表一十五步，減表間一百六十，餘一百四十五步。乘表間一百六十，得二萬三千二百，爲城廣實。以前法五步除之，得四千六百四十步，以里法三百六十約之，爲一十二里三百二十步，即城方廣里數及步數⑤。合問。

【庫本】按：此題之要，在二木與城東面成一直面，方城與表木方形各邊俱平。西行減城東南隅入表之較，與表間成小勾股形。城東南隅入表間，表間之表與城東南隅至前木成大勾股形。此二形同式，可以相比，故術、草中第二求，以城東北隅入表減表間之餘，乘表間，爲實。以西行步減城東北隅入表之餘，爲法除實，是也。但所得爲城東北隅至前木之遠，以爲城廣，則誤矣。

又西行步減城東南隅入表之較，與表間成小勾股形，城東南隅入表減

---

① 一十二：《札記》卷三作"一十一"，是。
② "爲法"下，庫本注："按此句法誤。"
③ "廣數"下，庫本注："按：此所得乃城東北隅至前木之遠，以爲城廣數，誤也。"
④ "除之"下，庫本注："按：誤同上。"
⑤ "步數"下，庫本注："按：誤亦同上。"

表間之較，與城東南隅至前木成大勾股形。此二形亦同式，可以相比。以城東南隅入表減表間之餘，乘表間，爲實。應以西行步減城東南隅入表之爲法，除之，即得城東南隅之前木之遠。術、草中以西行步減城東北隅入表之餘爲法，故得數大七倍餘。既得城東面南北二隅距前木之遠，則相減爲城廣，可知矣。

【附】《札記》卷三：景昌案：館本推得答數甚確，而未詳其法，今補術、草於後。

術曰：置南景入表，減表間，餘乘表間，爲城去木實。以西行步減南景入表，餘爲法。實如法，得城去木數。

求城廣者，以西行步減北景入表，餘乘前法，爲法。乘前實，爲寄。以北景入表減表間，餘乘表間，又乘前法，得數內減寄，餘爲城廣實。實如法，得城廣數。此古法也，與今法先推得城東北隅去木數，後減城東南隅去木數，得城廣者稍殊，然與此書體例却合。

草曰：以南景入表四十八步七分半減表間一百六十步，餘一百一十一步二分半。乘表間，得一萬七千八百，爲城去木實。以西行一十步減南景入表，餘三十八步七分半，爲法。實如法，得四百五十九步。不盡一十三步七分半，與法求等，得一步二分半。以約之，爲三十一分步之一十一。又以里法三百六十約全步，得一里九十九步三十一分步之一十一，爲城去北株木里及步數。

次以西行步減北景入表一十五步，餘五步。以五步乘前法三十八步七分半，得一百九十三步七分半，爲法。以五步乘前實一萬七千八百，得八萬九千，爲寄。以北景入表一十五步減表間一百六十步，餘一百四十五步，乘表間，得二萬三千二百。又以前法三十八步七分半乘之，得八十九萬九千。內減寄八萬九千，餘八十一萬，爲城廣實。實如法一百九十三步七分半而一，得四千一百八十步。不盡一百二十五步，與法求等，得六步二分半。以約之，爲三十一分步之二十。又以里法三百六十約全步，得一十一里二百二十步三十一分步之二十，爲城方廣數。

遥度圓城

問：有圓城不知周、徑，四門中開，北外三里有喬木，出南門便折東行九里，乃見木。欲知城周、徑各幾何？圓用古法。

答曰：徑九里，周二十七里。

術曰：以勾股差率求之。一爲從隅，伍因北外里，爲從七廉。置北里幂，八因，爲從五廉。以北里幂爲正率，以東行幂爲負率。二率差，四因，乘北里，爲益從三廉。倍負率，乘五廉，爲益上廉。以北里乘上廉，爲實。開玲瓏九乘方，得數，自乘，爲徑。以三因徑，得周。

《遥度圓城圖》具於後①。

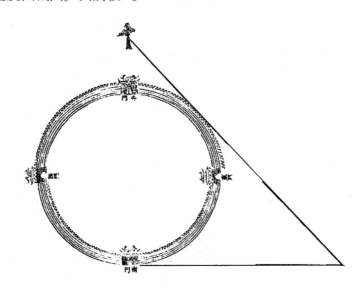

遥度圓城圖

---

① 庫本於《遥度圓城圖》下注："舊圖畫城掛在術前，今刪改，移于此。"

上	副	次	下	
｜ 從隅	‖‖ 因率	‖‖ 北里	‖‖‖ 從七廉 一	以副乘次，得下
‖‖ 北里	‖‖ 北里	‖‖‖ 正率	‖‖‖ 因率	以上乘副，得次，以次乘下，得後上
‖ 從五廉 ⊥	‖‖‖ 東行步	‖‖‖ 東行步	｜ 負率	以副乘次，得下
‖‖‖ 正率	｜ 負率 ⊥	‖ 負差 ⊥	‖‖‖ 因率	以上減副，得次，以次乘下，得後上
‖‖‖ 得數 ⊥ ‖	‖‖ 北里 ⊥	‖‖‖ 益三廉 ⊥	○	以上乘副，得次
｜ 負率 ⊥ ‖	‖ 倍數 ⊥	‖ 得數 ⊥	‖ 從立廉 ⊥	以上乘副，得次 以次乘下，得後上
‖‖‖ 益上廉 ⊥ ｜ ‖ ｜	‖‖‖ 北里	‖ 實 ⊥ ‖‖‖‖	○	以上乘副，得次實

已上係《求率圖》。以後係《開方圖》。

正商	負實	虛方	負上廉	虛次廉	負才廉	虛維廉	正行廉	虛爻廉	正星廉	虛下廉	正隅	
○	‖ 里 ‖‖‖‖ ‖‖‖	○	‖‖‖ ⊥	○	‖‖‖ ⊥	○	‖ ⊥	○	‖‖‖‖ ⊥	○	｜	約實，商三里
商 ‖‖‖	‖‖‖ ⊥ ‖‖‖ ‖‖‖	○	‖‖‖ ⊥ ｜	○	‖‖‖ ⊥ ｜	○	‖ ⊥ ｜	○	下廉 ‖‖‖ ｜	‖‖‖ 下廉 ｜	｜	以商生隅，得下廉，以商生下廉，得星廉
商 ‖‖‖	‖‖‖ ⊥	○	‖‖‖ ⊥ ┬ ｜	○	‖‖‖ ⊥	○	‖ ⊥	○	星廉 ‖‖‖ ⊥	下廉 隅 ‖		以商生星廉，得爻廉

商‖‖‖　　　　　　　　　爻廉　　　　　　　　　　以商生爻廉，
　　　　　　　　　　　　　　　　　　　　　　　　　入行廉

商‖‖‖　　　　　　　　　行廉　　　　　　　　　　以商生行廉，
　　　　　　　　　　　　　　　　　　　　　　　　　得維廉

商‖‖‖　　　　　　　　　維廉　　　　　　　　　　以商生維廉，
　　　　　　　　　　　　　　　　　　　　　　　　　得才廉

商　實　方　上廉　次廉　益才廉　從才　泛維廉　行爻　星　下　隅　以益才廉消
　　　　　　　　　　　　　　　　　　　　　　　　　　　　　　　　從才廉，餘是
　　　　　　　　　　　　　　　　　　　　　　　　　　　　　　　　從才廉

　　　　　　　　　　　　　從才廉　　　　　　　　　以商生才廉，
　　　　　　　　　　　　　　　　　　　　　　　　　得次廉

　　　　　　　　　　　　次廉　　　　　　　　　　　以商生次廉，
　　　　　　　　　　　　　　　　　　　　　　　　　得從上廉

以益上廉消
從上廉，餘是
從上廉

益上廉　從上廉

次上廉

以商生從上
廉，得從方

實　從方

乃以從方命
上商，除實，
適盡，得三里

里　里

　　草曰：以一爲從隅。以五因北三里，得一十五里，爲從七廉。以北三里自乘，得九里，爲正率。以八因率，得七十二，爲從五廉。以東行九里自乘，得八十一，爲負率。以正率九減負率，餘七十二，爲負差。以四因之，得二百八十八，以乘北三里，得八百六十四，係負差所乘者，爲益三廉。倍負率八十一，得一百六十二。乘五廉七十二，得一萬一千六百六十四，爲益上廉。以北三里乘上廉，得三萬四千九百九十二，爲實。各置實、廉、隅，玲瓏空耦位，方、廉以約實。衆法不可超進，乃於實上定商三里。其隅與商相生，得三，爲從下廉。又與商相生，入從七廉。共得二十四，爲星廉。又與商相生，得七十二，爲從六廉。又與商相生，入五廉內，共得二百八十八。又與商相生，得八百六十四，爲從四廉。又與商相生，得二千五百九十二，爲正三廉。內消益三廉八百六十四訖，餘一千七百二十八，爲從三廉。又與商相生，得五千一百八十四，爲從二廉。又與商相生，得一萬五千五百五十二，爲正上廉。內消益上廉一萬一千六百六十四訖，餘三千八百八十八，爲從上廉。又與商相生，得一萬一千六百六十四，爲從方。乃命上商三里，除實，適盡。所得三里，以自乘之，得九里，爲城圓徑之里數。又以古法圓率三因之，得二十七，爲城周。

【庫本】按：凡勾股難題，用立天元一法取之，多至三乘方。而至元李冶《測圓海鏡》一百七十問，僅一題取至五乘方，猶自以爲煩。此題非甚難者，乃取至九乘方，蓋未得其要也。細校術、草中廉、隅積實之數，與立天元一法自然相生者迥殊。且凡立天元一法，開方後未有不得所求之數者。今得數自乘，始爲所〔求〕之數，尤于古人立法之意不合。爰另立取法並步算之式於後。

法立天元一，爲圓城徑，加三里，得三里多一元，爲大股。自之，得九里多六元多一平方，爲大股冪。九里爲大勾，自之，得八十一里，爲大勾冪。相併，得九十里多六元多一平方，爲大弦冪。又以大股爲小勾弦，和三里爲小勾弦較。和較相乘，得九里多三元，爲小股冪。二分天元之一，爲小勾。加小勾①三里，得三里多二分天②元之一，爲小弦。自之，得九里多三元多四分平方之一，爲小弦冪。乃以小弦冪與大股冪相乘，得八十一里多八十一元多二十九平方又四分平方之一多四立方又二分之一多四分三乘方之一，寄之。又以大弦冪與小股冪相乘，得八百一十里多三百二十四元二十七平方三立方，與寄數等。兩邊各減八十一里三百二十四元二十七平方三立方，得四分三乘方之一多一立方③二平方又四分平方之一少二百四十三元，與七百二十九里等。各以四乘之，得一三乘方多六立方九平方九百七十二元，與二千九百一十六里等。乃以里數爲實，以元數爲益方，平方數爲從上廉，立方數爲從下廉，三乘方數爲隅。開帶縱三乘方，得九里，爲城徑。開方式附後。

法列寔及方、廉、隅數，約商九里，乃以隅生商，得九，入下廉，得一十五。又以下廉生商，得一百三十五，入上廉，得一百四十四。又以商

---

① "小勾"下，《札記》卷三及王鈔本有"弦較"二字。
② 天：原脱，據《札記》卷三補。
③ "多一立方"下，《札記》卷三有"又二分立方之一多"八字。

生上廉，得一千二百九十六，以消益方，得二百二十四，爲從方。以商生從方，得二千九百一十六，減實，恰盡。爲開得三乘方，爲九里，即城徑也。

商	實	益方	從上廉	從下廉	隅
九	六一九二	二七九	九	六	一
九	六一九二	二七九	九	五一	一
九	六一九二	二七九	四四一	〇〇	
九	六一九二	從方 四二三	〇〇〇	〇〇	

【附】《札記》卷三：沈氏曰："此術精深，須以天元一顯之。先識別得東行里自乘，以北外里乘之，又四因之之數，與城徑自乘，又以北外里並城徑乘之數等，然後立草。"

草曰：立天元一〇｜爲城徑開方數，自之，得〇〇｜，爲城徑。又自之，得〇〇〇〇｜，爲徑冪。以北外三里並城徑，得Ⅲ〇｜。乘徑冪，得〇〇〇〇Ⅲ〇｜，爲寄左數。乃置東行九里，自之，得八十一。以北外三里乘之，得二百四十三里。又四之，得九百七十二里，爲等數。與左相消，得〣〇〇〇Ⅲ〇｜。次置北外三里，倍之，得六里。並城徑，得丁〇｜。自之，得下式。丁〇｜｜〇｜。以乘上，得〣〇Ⅲ〇〣〇｜｜〇Ⅲ〇

｜，與秦書脗合。

景昌案：先生此術，本之《測圓海鏡》邊股及底句。第四問即《識別雜記》所謂邊股更股相乘得半徑冪，底句明句相乘得半徑冪也。於天元術相消後，便宜開方。今復以倍北外里併城徑乘之者，所以明九乘方中，較常術多帶此一分母也。若欲相消便得九乘方者，以城徑乘倍北外里，併城徑，爲徑率。以東行里乘倍北外里，併城徑，爲句率。如積求之，即得。

望敵圓營

問：敵臨河爲圓營，不知大小。自河南岸至某地七里，於其地立兩表，相去二步。其西表與敵營南北相直。人退西表一十二步，遙望東表，適與敵營圓邊參合。圓法用密率，里法三百六十步。欲知其營周及徑各幾何？

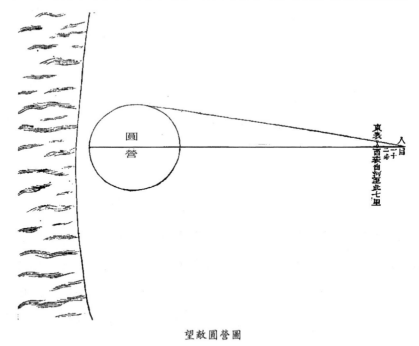

望敵圓營圖

答曰[①]：營周六里一百二步七分步之六，徑二里。

【庫本】按：答數有誤。營周係六里七十六步又一萬一千九百二十一分步之四千九百四十八，徑係一里三百五十一步又一千七百零三分步之九百九十九。

【附】《札記》卷三：《望敵圓營圖》，原本人目右亦畫河形，今刪。

案：此術開方廉隅誤，故得數不合。然立術已誤，雖開方不誤，仍不合也。今別立術、草於後。

術曰：置里通步，併退表，爲率。自之，又以小句冪乘之，爲泛實。以小句冪乘率，爲泛從。四約小股冪，爲泛隅。三泛可約，約之。開連枝平方，得營徑。

草曰：表間二步，爲小句。自乘，得四步，爲小句冪。退表一十二步，爲小股。自乘，得一百四十四步，爲小股冪。立天元一〇｜爲營徑，即大句之倍。半之，得 〇〇 （上列算籌），爲大句。自之，得 〇〇〇 （上列算籌），爲大句冪。

置相去七里，以里法通之，得二千五百二十步。併退表一十二步，得二千五百三十二步，爲大句弦和。以營徑〇｜減之，餘 ‖Ｎ （算籌），爲大句弦較。和較相乘，得 ‖Ｎ （算籌），爲大股冪。以小句冪四步乘之，得 ＴＮ 寄左。次以小股

冪一百四十四步乘大句冪 ‖‖‖ （算籌），得〇〇Ｔ （算籌），爲同數。與左相消，得 Ｔ‖‖ （算籌）

〢。求等，得十二，以約之，得〣〢〇〡〣〣。開連枝平方，得七百一十四步五

千一百三十一分步之五千四，爲營徑。求營周者，置營徑，通分內子，得
三百六十六萬八千五百三十八。以二十二乘之，得三千七十萬七千八百三
十六，爲實。以分母通七，得三萬五千九百一十七，爲法。除之，得二千
二百四十七步三萬五千九百一十七分步之二千三百三十七，爲營周。各以
里法約之，營徑得一里三百五十四步餘，周得六里八十七步餘。合問。

　　此亦同式勾股相求法也。今以
圖明之。人目至西表爲小股，至東
表爲小弦，表間爲小句。人目至圓
邊爲大股，至圓心爲大弦，圓心至
視線切圓邊處，爲大句，即圓半徑。

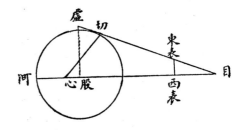

自圓心至河，亦爲半徑，故人目至河爲大句弦和。原術以西表至河爲大句
弦和，是和內少一小股矣。

　　此勾股一俯一仰，大勾股俯，小勾股仰。而亦爲同式者，其率通也。試以
大股度如目切。截目河線於股，如目股。復從目切線引長至虎，如切虛。自虛
至股作虛股線，則目虛線必與大弦等，如目心。虛股線必與大句等。如心切。
是目西東勾股形，與目股虛勾股形爲同式。夫目股虛勾股形原與目切心勾
股形等，則目西東勾股形，必與目切心勾股形同式矣。

　　術曰：以勾股、夕桀求之。置表間自乘爲勾冪，以退表自乘爲股
冪，併二冪爲弦冪。置里通步，自之，乘勾冪，爲率。自乘，爲泛實[①]。

---

① “泛實”下，庫本注：“按：此數當即爲實，開帶從方。今不開平方，乃以此數自乘，並以此數
　升，他數開帶從三乘方，不合。”

半弦冪①乘率，爲泛從上廉。以勾冪減股冪，餘四約之②，自乘，爲泛益隅。三泛可約，約之爲定。開連枝三乘玲瓏方，得營徑。以密率二十二乘，七除，爲周。

草曰：置表間二步，自乘，得四，爲勾冪。以退表一十二步自乘，得一百四十四，爲股冪。以勾股二冪併之，得一百四十八，爲弦冪。置七里，以里法三百六十步通之，得二千五百二十步。自乘，得六百三十五萬四百。乘勾冪四，得二千五百四十萬一千六百，爲率。以率自乘，得六百四十五萬二千四百一十二億八千二百五十六萬，爲泛實。乃半弦冪，得七十四，乘率二千五百四十萬一千六百，得一十八億七千九百七十一萬八千四百，爲泛從上廉。以勾冪四減股冪一百四十四，餘一百四十。以四約之，得三十五。以自乘，得一千二百二十五，爲泛益隅。置三泛，求等，得一千二百二十五③。俱以約之，得五千二百六十七億二千七百五十七萬七千六百，爲定實；一百五十三億四千四百六十四，爲從上廉，一爲定益隅。

開玲瓏三乘方，乃以廉、隅超二度，約商。置七百，上廉約一百五十三億，益隅爲一億。乃以上商生隅，得七億，爲益下廉。又以上商生益廉，減從廉，餘一百四億四千四百六十四萬。又以上商生從廉，得七百三十一億一千二百四十八萬，爲從方。乃命上商除實，實餘一百四十九億四千二百二十一萬七千六百。又以上商生益隅，入下廉，得一十四億。又以上商生益廉，減從廉，餘六億四千四百六十四萬。又以上商生從廉，入方，得七百七十六億二千四百九十六萬。又以上商生益隅，入下廉，得二十一億。又以上商生益廉，減從廉，餘一百四十億五千五百三十六萬，爲益上廉。又以上商生益隅，入下廉，得二十八億。諸法皆退。方一退，爲七十

---

① 半弦冪：庫本注：“按：半弦冪即半弦自乘又倍之之數。”
② “約之”下，庫本注：“按：此即半勾半股各自乘相減之數。”
③ “二十五”下，庫本注：“按：即泛益隅。”

七億六千二百四十九萬六千。益上廉再退，爲一億四千五十五萬三千六百。益下廉三退，爲二百八十萬。益隅四退，爲一萬。乃於上商之次，續商，置二十步。以續商生隅，入下廉，爲二百八十二萬。又以續商生下廉，入上廉，爲一億四千六百一十九萬三千六百。又以續商生上廉，減從方，餘七十四億七千一十萬八千八百。乃命續商除實，適盡。所得七百二十步，以里法約之，得二里，爲營徑。次以密率二十二乘七百二十，得一萬五千八百四十，爲實。以七除之，得二千二百六十二步七分步之六。以里法約，得六里一百二步七分步之六，爲營周。

（算籌圖）

表間　　表間　　句冪步　退表　　退表　　股冪步

句冪　　股冪　　弦冪步　里數　　里法〇步　得〇步

得〇　　　　　得冪〇　　　　　率〇　　　　　〇率

　　　　〇得

泛實〇　半弦冪　率〇 泛從上廉〇　句冪　　股冪

餘　　　約法　　　得　　　泛益隅

得

置三泛，求等，
得一千二百
二十五，以約
三泛

泛實○步　　　泛從上廉○　　泛益隅　　　等數

以等約三泛

商○　　　○方　　　從廉　　○下廉　　│益隅

空方一進，
從上廉二進，
空下廉三進，
益隅四進

商○　　實　　○方

○下廉

│益隅

同前各進

○步
商
○方
‖‖上廉
○下廉
｜益隅
約實，置商七
百步，生隅，
得下廉

○實
商
○方
‖‖上廉
○下廉
｜益隅
以商生下廉，
得益上廉

商
○方
從益
上上
廉廉
○下廉
｜益隅
以益上廉消
從上廉，餘是
從上廉

○實
商
○方
‖‖上廉
以商生上廉，
得從方

○下廉

｜益隅

商　○實　○方　上廉　○下廉

｜益隅

乃以從方命上商，除實

商　○實餘　○方　上廉　○下廉

｜益隅

復以商生隅，入下廉

商　○實　○方　上廉　○下廉

｜益隅

復以商生隅，入下廉

商　○實　○方　從益上廉　上廉

以商生下廉，得益上廉，相消

○下廉

｜益隅

商　　　實　　　○方　　　×上廉　　　○下廉

｜益隅

以商生上廉，入方

商　　　實　　　○方　　　×上廉　　　○下廉

｜益隅

仍以商復生隅，入下廉

商　　　實　　　○方　　　上廉　　　○下廉

｜益隅

又以商生下廉，得益上廉

商　　　實　　　○方　　　益上廉　從上廉

上廉益從相消

○下廉

｜益隅

商　實　○方　益上廉　○下廉

｜益隅

還以商生隅，
入下廉

商　實　○方　上廉　○下廉

｜益隅

從方一退，
上廉再退，
下廉三退，
益隅四退

商　○方　○下廉

｜益隅

續以商生隅，
入下廉

商　實　○方　上廉　○下廉

｜益隅

又以商生下
廉，入上廉

商

商

○方

實 ○方

上廉 上廉

○下廉 下廉

益隅 益隅

再以商生上廉，消從方

乃以從方命上續商，除益隅實，適盡

【庫本】按：此題用平方可矣。術中所謂率者，即平方實也。乃復加自乘，開三乘方，徒爲繁冗耳。且乘從廉用半弦自乘之倍數，乘隅數應用半股自乘之數，今用勾股冪較四分之一，即用半股冪半勾冪之較，比半股自乘數小一半勾自乘數，故得數較大。若轉求表間及退步，必與原數不合。試以相去七里爲大勾弦，和營徑三里，爲倍大勾，相減得五里，爲大勾弦。較和相乘，得較三十五，爲大股冪大勾弦里。自之，仍得一，爲大勾冪。置小勾冪四步，以大股冪乘之，得（百）〔一〕百四十步。以大勾冪除之，仍得一百四十步，爲小股冪，比原小股冪少四步。其術之疎，可知矣。設用平方法，如左。

法立天元一爲營徑，相去七里，通爲二千五百二十步，爲大勾弦。和相減，得二千五百二十步少一元，爲大勾弦較。和較相乘，得六百三十五

242

萬零四百步二千五百二十元，爲大少股冪。天元一半之，以減相去步，得二千五百二十步少二分天元之一，爲大弦。自之，得六百三十五萬零四百步少二千五百二十元多四分平方之一，爲大弦冪。退步十二，爲小股。自之，得一百四十四步，爲小股冪。表間二步爲小勾，自之，得四步，爲小勾冪。相併，得一百四十八步，爲小弦冪。以小弦冪乘大股冪，得九億三千九百八十五萬九千二百步少三十七萬二千九百六十元，寄之。又以小股冪乘大弦冪，得九億一千四百四十五萬七千六百步少三十六萬二千八百八十元多三十六平方，與寄數爲相等。兩邊各減九億一千四百四十五萬七千六百步，各加三十七萬二千九百六十元，得二千五百四十萬零一千六百步，即術中率數。與三十六平方多一萬零八十元等。三數求總等，得三十六。約步數，得七十萬零五千六百，爲長方積，爲實。約元數，得二百八十，爲從方，爲長闊較。約平方數，得一，爲隅。用帶從從平方法開得闊七百一十一步又一千七百零三分步之九百九十九，爲營徑步。以密率用二十二乘之，徑七除之，得二千二百三十六步又一萬一千九百二十一分步之四千九百四十八，爲營周步。各以里率收之，得營周六里七十六步又一萬一千九百二十一分步之四千九百四十八，營徑一里三百五十一步又一千七百零三分步之九百九十九。還原之法，置營徑步數，通分納子，得一二一一八三二分，爲倍大勾分數。又以分母通相去步，得四二九一五六分，爲大勾弦和分數。二數相減，餘三七九七二八分，爲大勾弦較分數。和較分數相乘，得一三二一六八三七四五九六八分，爲大股冪分倍大勾分。折半，得六五九一六。自之，得三六七一三四一九九五六分，爲大勾冪分。及以小勾冪四步乘大股冪分，得五二八六七三四九九八二七二分。以大勾冪分除之，得一百四十四步，爲小股冪，與原數合。此猶用西表相去步也。若細較之，當用人目相去步，則營周當多十二步餘，營徑當多四步不足也。

望敵遠近

問：敵軍處北山下，原不知相去遠近。乃於平地立一表，高四尺。人退表九百步。步法五尺。遙望山原，適與表端參合。人目高四尺八寸。欲知敵軍相去幾何？圖具于後。

望敵遠近圖

答曰：一十二里半。

術曰：以勾股求之，重差入之。置人目高，以表高減之，餘爲法。置退表乘表高，爲實。實如法而一。

草曰：置人目高四尺八寸，減表高四尺，餘八寸，爲法。置退表九百步，以步法五十寸通之，得四萬五千寸。乘表高四十寸，得一百八十萬寸，爲實。如法八寸而一，得二十二萬五千寸。以步法五十寸約之，得四千五百步，爲相去步。以里法三百六十步約之，得一十二里半，爲敵去表所。合問。

古池推元①

問：有方中圓古池，堙圮，止餘一角。從外方隅斜至內圓邊七尺六寸，欲就古跡修之。欲求圓、方、方斜各幾何？

答曰：池圓徑三丈六尺六寸<small>四百工十九分寸之四百一十二</small>。方面三丈六尺六寸<small>四百二十九分寸之四百一十二</small>。方斜五丈一尺八寸<small>四百二十九分寸之四百一十二</small>。

術曰：以少廣求之，投胎術②入之。斜自乘，倍之，爲實。倍斜爲益方。以半爲從隅，開投胎平方，得徑，又爲方面。以隅併之，共爲方斜。

草曰：以斜七十六寸自乘，得五千七百七十六。倍之，得一萬一千五百五十二寸，爲實。倍斜七十六寸，得一百五十二，爲益方③。以半寸爲從隅，開平方。置實一萬一千五百五十二於上，益方一百五十二於中，從隅五分於下。超步，約得百，乃於實上商置三百寸。方再進④，爲一萬五千二百。隅四進⑤，爲五千，以商隅相生，得一萬五千，爲正方。以消益方一萬五千二百，其益方餘二百。次與商相生，得六百。投入實，得一萬二千一百五十二。又商隅相生，又得正方一萬五千。內消負方二百訖，餘一萬四千八百，爲從方⑥，一退，爲一千四百八十。以隅再退，爲五十。乃於上商之次續商，置六十寸，與隅相生，增入正方，得一千七百八十。乃命驗續商，除實訖，實餘一千四百七十二。次以商生隅，增入正方，爲二千八十。方一退，爲二百八。隅再退，爲五分。乃於續商之次又商，置六寸，與隅相生，增入正方，爲二百一十一。乃命商，除實訖，實不盡二百六寸。不開，爲分子。乃以商生隅，增入正方，又併隅，共得二百一十

---

① 《札記》卷一："《古池推元》，館本入卷三上田域類。"
② 投胎術：庫本注："按：即益積之名。"
③ 益方：庫本注："按：有長方積，先求長，其長闊較，名益方。"
④ 再進：庫本注："按：再進者，以百乘之也。"
⑤ 四進：庫本作"五進"，注："按：隅五分，以百再乘，得五千。"
⑥ "從方"下，庫本注："按：倍正方減益方之數。"

四寸五分，爲分母。以分母分子求等，得五分，爲等數。皆以五分約其分子分母之數，爲四百二十九分寸之四百一十二。通命之，得池圓徑及方面皆三丈六尺六寸四百二十九分寸之四百一十二。又倍隅斜七尺六寸，得一丈五尺二寸。併徑三丈六尺六寸，共得五丈一尺八寸四百二十九分寸之四百一十二，爲方斜。

【庫本】按：此術以立天元一法明之。法立天元一爲池徑，即方邊。自之，得一平方，爲方冪。倍之，得二平方，爲斜冪，寄左。次倍斜至步加天元一，得一百五十二寸多一元，爲方斜。自之，得二萬三千一百零四寸多三百零四元多一平方，亦爲斜冪。與左相消，兩邊各減一平方，得二萬三千一百零四

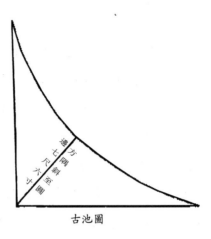

古池圖

寸多三百零四元，與一平方等寸數爲實元數爲較。或兩邊各半之，得一萬一千五百五十二寸多一百五十二元多半平方，與一平方等寸數爲實元數半方數共爲較。術中所用，蓋次數也，然不如前數之便。至開方法，即有長方積，有長闊較、帶縱先求長之法也。

【附】《札記》卷三：案：館本此術有圖，此本無圖，蓋脫佚也。今補于後。

此術精微，當以立天元顯之。

立天元一〇丨爲圓徑，亦爲方邊，自之，得〇〇丨，爲方邊冪，又爲半段方斜冪，_{寄左}。倍隅斜七十六步，得一百五十二步，併圓徑〇丨，得⊥丨，爲方斜。半之，得　，爲半方斜。以乘方斜，得　，亦爲

半段方斜冪。與左相消，得  ，與原草合。

表望浮圖

問：有浮圖攲側，欲換塔心木，不知其高。去塔六丈有剎竿，亦不知其高。竿木去地九尺二寸始釘鍋，鍋一十四枚，枚長五寸。每鍋下股相去二尺五寸。就竿爲表，人退竿三丈，遙望浮圖尖，適與竿端斜合。又望相輪之本，其景入鍋第七枚上股。人目去地四尺八寸。心木放三尺，爲楯卯剪截。欲求塔高、輪高、合用塔心木長各幾何？

答曰：塔高一十一丈七尺。相輪高三丈。塔身高八丈七尺，竿高四丈二尺二寸，塔心木九丈。內三尺爲剪截穿鑿楯卯。

【庫本】按：塔高、竿高二數合，相輪高、塔身高、塔心木長三數俱誤。相輪高四丈五尺，塔身高七丈二尺，塔心木長七丈五尺，説詳草後。

術曰：以勾股求之，重差入之。置鍋數減一，餘乘鍋相去數，併一枚長數，加竿本，共爲表竿高。以退表爲法，以人目高減表竿高，餘乘竿去塔，爲實。實如法而一，得數，加表竿高，共爲塔高。置相輪本之鍋數減一，餘乘鍋相去，又乘竿去塔，爲實。實如法而一，得相輪高[①]。以減塔高，餘爲塔身高。以益楯卯尺數，爲塔心木長

草曰：置鍋一十四枚，減一，餘一十三，以乘鍋相去二尺五寸，得三百二十五寸。併最上鍋一枚長五寸，得三百三十寸。又加竿本九尺二寸，共得四百二十二寸，爲表竿高。以人退表三丈，通爲三百寸，爲法。

次以人目高四尺八寸減表竿高四百二十二寸，餘三百七十四寸。以乘竿去塔六丈，得二十二萬四千四百寸，爲實。實如法三百而一，得七百四

---

① “相輪高”下，庫本注：“按：未加入鍋人數，法誤。”

十八寸。加表竿高四百二十二寸，得一千一百七十寸。以十約之，爲一十一丈七尺，爲塔高。

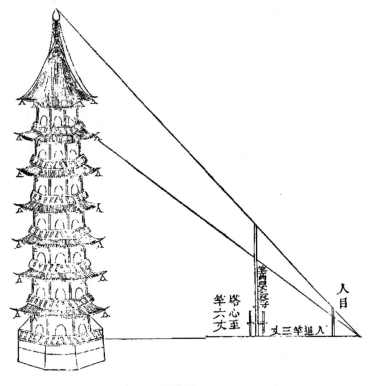

望塔圖

置相輪本入第七鋪，減一，餘六。以乘鋪相去二尺五寸，得一百五十寸。又乘竿去塔六丈，得九萬寸，爲實。實如前法三百寸而一，得三百寸。約三丈，得相輪高[①]。以相輪高三丈減塔高一十一丈七尺，餘八丈七尺，爲塔身高[②]。益三尺，爲剪截楣卯，共得九丈，爲塔心木長。合問。

【庫本】按：此皆大小形同式相求法也。人目去塔爲總勾，人目上塔尖高塔身皆爲總股高，相輪高爲總股較。人目去竿爲分小勾，人目上竿高及相輪本入竿高，俱爲分小股。相輪本入竿爲小股較，竿去塔爲分大勾。

––––––––––––

① "相輪高"下，庫本注："按：不加入鋪，即爲相輪高，誤。"
② "塔身高"下，庫本注："按：此數及塔心木數，皆因上數而誤。"

術以竿去塔分大勾，與小勾股乘除，得大股數，加小股，爲總股。故塔尖高數，合以大勾與小勾小股較乘除，得大股較數，即爲總股較。故相輪高數，少一小股較一丈五尺也。塔身高、塔心木長皆本此數加減而得，故誤數相等。

【附】《札記》卷三：景昌案：原術以分大句乘小股較，所得爲分大股較，故必加小股較，而後爲總股較也。若徑以總句乘小股較，則所得即爲總股較矣。以圖明之。

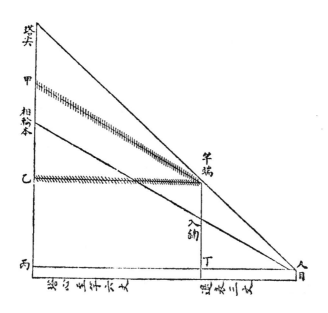

如圖，人目至丙，爲總句，塔尖至丙，爲總股。相輪至丙，亦爲總股。塔尖至相輪本，爲總股較。人目至丁，爲分小句。竿端至丁，爲分小股。入鍋至丁，亦爲分小股。竿端至入鍋，爲小股較。竿端至乙，爲分大句。塔尖至乙，爲分大股。甲至乙，亦爲分大股。塔尖至甲，爲大股較。以小句人目至丁，比小股較竿端至入鍋，猶以大句竿端至乙，比大股較塔尖至甲，此塔尖至甲，即原術所得相輪高數也。較相輪高，尚少自甲至相輪本一段，與竿端至入鍋數等，故加入鍋數，而後爲相輪高也。以小句人目至丁，比小股較竿端至入鍋，猶以總句人目至丙，比總股較塔尖至相輪本，此塔尖至相輪本，即相輪高也。故以塔心至竿併退表，乘入鍋，爲實，退表爲法。實如法，即得相輪高。

數書九章卷第九

賦役類

【庫本】按：《賦役》一章，即古《九章》中差分、粟米諸法。但從來算書設題之數，未有如此卷之多者。如首題答數至一百七十五條，每條步算之數至十餘位，而得數皆無不合，亦可謂能廣其用矣。且諸問皆足以明貴賤廩稅及交質變易之同異，使公私各得其平，誠治民之要務也。但題語多晦，術、草中間有與所問不相應者，亦於各條下指出，俾觀者無惑焉。

復邑脩賦

問：有海坍縣地，今已復漲。歲久，鄉井再成，申請創邑，秤①土排到六鄉，以附郭爲甲，最遠爲己，各有田九等，開具下項：

甲鄉共計田一十四萬一百九十三畝三角一十二步。上等上田五千六百七十八畝一角四十八步，中田四千八百九十二畝三十步，下田六千六百二十一畝五十四步；中等上田八千二百二十五畝二十四步，中田一萬三十五畝六步，下田一萬六千五百三十畝；下等上田二萬一千九十畝二十四步，中田三萬二千六十畝三步，下田三萬五千六十一畝三角三步。

乙鄉田共計八萬四千一十畝二角二步。上等上田六千七百八十九畝一角三十六步，中田五千九百八十七畝二角，下田八千一十畝三角三步；中

①　秤：明鈔本、庫本作"稱"。

等上田七千五百四十一畝，中田九千一百二十一畝二角一十二步，下田一萬九千六十六畝六步；下等上田一萬八千三十七畝一角六步，中田九千四百五十六畝三角五十九步，下田無。

丙鄉田共計一十二萬九百三十五畝五十八步五分。上等上田四千八百六十八畝二角三步，中田五千九百七十九畝三角六步，下田六千八百八十八畝二角六步；中等上田七千九百八十四畝一角，中田一萬四千五十六畝一十二步，下田二萬三千三百三十三畝一十二步；下等上田二萬七千七百五十五畝一十六步五分，中田無，下田三萬七十畝三步。

丁鄉田共計八萬九千六十六畝二步三分。上等上田一萬一千一百二畝一步，中田九千八百七十六畝一角，下田八千七百六十五畝一角三十步；中等上田七千五百三十九畝三十四步三分，中田無，下田一萬二千九百八十七畝四十二步；下等上田無，中田五千四百三十二畝一角六步，下田三萬三千三百六十三畝三角九步。

戊鄉田共計二十萬四千四百七十四畝一角二十四步四分。上等上田二萬四千六百三十二畝三十九步，中田一萬三千五百二十一畝二十七步，下田九千九百八十八畝三角三步；中等上田八千八百七十七畝五十六步四分，中田一萬一千三百三十三畝三角，下田二萬七千六十七畝；下等上田一萬九千八百七十六畝三角六步，中田七萬九千一百三十五畝三角四十三步，下田一萬四十一畝二角三十步。

己鄉田共計一十五萬八千四百六十畝三角十八步二分。上等上田無，中田七千七百八十八畝三角五十一步，下田無；中等上田九千九百九十九畝一角六十三步，中田一萬八百三十六畝五十六步，下田無；下等上田三萬二千八十九畝一角四十五步六分，中田四萬三千六百七十八畝二角五十七步，下田五萬四千六百六十七畝三角四十五步六分。

照得昨來本縣元科苗米一十萬三千五百六十七石八斗四升四合二勺，和買一萬三千四百九十八疋一丈七尺三寸七分五釐，夏稅九千八百七十六疋三丈二尺六寸五分六釐。其六鄉田，係三色，甲爲上，乙、丙爲次，丁、戊、己又爲次。先令官物爲三差，使上比中，中比下，皆十分外差一。次令各鄉九等，皆於十分內差一拋科，用合租額。其乙鄉田最肥，次丁，次甲，次丙，次己，次戊。欲知三色等每畝等則及共科數，各鄉幾何？

【庫本】按：題內言"田有三色，甲爲上"云云，又言"乙鄉田最肥"云云，語若相左，蓋前言三色者，六鄉共科之等，後言田肥者，每畝所出之異也。若易田係三色爲科，有三差，則語意明矣。

答曰：

甲鄉上等上田，苗三斗二升三合二勺，和一尺六寸九分，稅一尺二寸三分；中田，苗二斗九升九勺，和一尺五寸二分，稅一尺一寸一分；下田，苗二斗五升八合六勺，和一尺三寸五分，稅九寸九分。

中等上田，苗二斗二升六合三勺，和一尺一寸八分，稅八寸六分；中田，苗一斗九升三合九勺，和一尺一分，稅七寸四分；下田，苗一斗六升一合六勺，和八寸四分，稅六寸二分。

下等上田，苗一斗二升九合三勺，和六寸七分，稅四寸九分；中田，苗九升七合，和五寸一分，稅三寸七分；下田，苗六升四合六勺，和三寸四分，稅二寸五分。

乙鄉上等上田，苗三斗六升三合三勺，和一尺八寸九分，稅一尺三寸九分；中田，苗三斗二升七合，和一尺七寸，稅一尺二寸五分；下田，苗二斗九升六勺，和一尺五寸二分，稅一尺一寸一分。

中等上田，苗二斗五升四合三勺，和一尺三寸三分，稅九寸七分；中田，苗二斗一升八合，和一尺一寸四分，稅八寸三分；下田，苗一斗八升一合六勺，和九寸五分，稅六寸九分。

下等上田，苗一斗四升五合三勺，和七寸六分，稅五寸五分；中田，苗一斗九合，和五寸七分，稅四寸二分；下田，苗七升二合七勺，和三寸八分，稅二寸八分。

丙鄉上等上田，苗三斗三合五勺，和一尺五寸八分，稅一尺一寸六分；中田，苗二斗七升三合一勺，和一尺四寸二分，稅一尺四分；下田，苗二斗四升二合八勺，和一尺二寸七分，稅九寸三分。

中等上田，苗二斗一升二合四勺，和一尺一寸一分，稅八寸一分；中田，苗一斗八升三合，和九寸五分，稅六寸九分；下田，苗一斗五升一合七勺，和七寸九分，稅五寸八分。

下等上田，苗一斗二升一合四勺，和六寸三分，稅四寸六分；中田，苗九升一合，和四寸七分，稅三寸五分；下田，苗六升七勺，和三寸二分，稅二寸三分。

丁鄉上等上田，苗三斗四升三合二勺，和一尺七寸九分，稅一尺三寸一分；中田，苗三斗八合九勺，和一尺六寸一分，稅一尺一寸八分；下田，苗二斗七升四合六勺，和一尺四寸三分，稅一尺五分。

中等上田，苗二斗四升二勺，和一尺二寸五分，稅九寸二分；中田，苗二斗五合九勺，和一尺七分，稅七寸九分；下田，苗一斗七升一合七勺，和八寸九分，稅六寸五分。

下等上田，苗一斗三升七合三勺，和七寸二分，稅五寸二分；中田，苗一斗三合，和五寸四分，稅三寸九分；下田，苗六升八合六勺，和三寸六分，稅二寸六分。

戊鄉上等上田，苗一斗五升三合八勺，和八寸，稅五寸九分；中田，苗一斗三升八合四勺，和七寸二分，稅五寸三分；下田，苗一斗二升三合，和六寸四分，稅四寸七分。

中等上田，苗一斗七合七勺，和五寸六分，稅四寸一分；中田，苗九升二合三勺，和四寸八分，稅三寸五分；下田，苗七升六合九勺，和四寸，稅二寸九分。

下等上田，苗六升一合五勺，和三寸二分，稅二寸三分；中田，苗四升六合一勺，和二寸四分，稅一寸八分；下田，苗三升八勺，和一寸六分，稅一寸二分。

己鄉上等上田，苗二斗八升二合一勺，和一尺四寸七分，稅一尺八分；中田，苗二斗五升三合九勺，和一尺三寸二分，稅九寸七分；下田，苗二斗二升五合七勺，和一尺一寸八分，稅八寸六分。

中等上田，苗一斗九升七合五勺，和一尺三分，稅七寸五分；中田，苗一斗六升九合三勺，和八寸八分，稅六寸五分；下田，苗一斗四升一合一勺，和七寸四分，稅五寸四分。

下等上田，苗一斗一升二合九勺，和五寸九分，稅四寸三分；中田，苗八升四合六勺，和四寸四分，稅三寸二分；下田，苗五升六合四勺，和二寸九分，稅二寸二分。

甲鄉苗米一萬九千五百五十石二斗四升八合三勺，和買一萬一百九十二丈二尺六寸五分六釐，夏稅七千四百五十七丈六尺八寸九分八釐；乙鄉苗米一萬七千七百七十二石九斗五升三合，和買九千二百六十五丈六尺九寸六分，夏稅六千七百七十九丈七尺一寸八分；丙鄉苗米一萬七千七百七十二石九斗五升三合，和買九千二百六十五丈六尺九寸六分，夏稅六千七百七十九丈七尺一寸八分；丁鄉苗米一萬六千一百五十七石二斗三升，和買八千四百二十三丈三尺六寸，夏稅六千一百六十三丈三尺八寸；戊鄉苗米一萬六千一百五十七石二斗三升，和買八千四百二十三丈三尺六寸，夏稅六千一百六十三丈三尺八寸；己鄉苗米一萬六千一百五十七石二斗三升，和買八千四百二十三丈三尺六寸，夏稅六千一百六十三丈三尺八寸。

術曰：以衰分求之。先列本縣色位，自下錐行列之。又以鄉數對列而乘之，副併爲法，以除諸官物數，得一分之率。以率數乘未併者，各得諸鄉之數。次列各鄉等位，自上等置十分，每以內分錐行，九折之，至九等之。又各以畝步乘之，副併爲鄉法，以除諸各鄉所得官物數，所得爲一分之率。以乘未併者，各得每畝稅色。

草曰：列本縣色位三目，下色列十分，中十一分，上比中，身外加一。上得一百二十一，中得一百一十，下得一百，爲上、中、下三率，列之右行。

乃列甲一，對上率。乙、丙共二，對中率。丁、戊、己共三，對下率，列左行。

乃以左行率數，各相對乘右行率數，其上得一百二十一，其中得二百二十，其下得三百。乃副置而并之，得六百四十一，爲法。置元科苗米一十萬三千五百六十七石八斗四升四合二勺，爲實。以法除之，得一百六十一石五斗七升二合三勺，爲一分之率。以未并下率一百乘率，得一萬六千一百五十七石二斗三升，爲丁、戊、己三鄉各科數。以於身下加一，得一萬七千七百七十二石九斗五升三合，爲乙、丙二鄉各科數。又於身下加一，得一萬九千五百五十石二斗四升八合三勺，爲甲合科數。

求和買，亦用六百四十一爲法。置元科和買一萬三千四百九十八疋。以疋法四丈通之，得五萬三千九百九十二丈，內零一丈七尺三寸七分五釐，得五萬三千九百九十三丈七尺三寸七分五釐，爲實。以法除之，得八十四丈二尺三寸三分六釐，爲一分之率。亦以未并下率一百乘之，得八千四百二十三丈三尺六寸，爲丁、戊、己三鄉各科數。次於身下加一，得九千二百六十五丈六尺九寸六分爲，乙、丙二鄉各科數。又於身下加一，得一萬一百九十二丈二尺六寸五分六釐，爲甲鄉合科數。

求夏稅。亦置六百四十一爲法，置元科夏稅九千八百七十六疋。以疋法四丈通之，得三萬九千五百四丈，內零三丈二尺六寸五分六釐，得三萬九千五百七丈二尺六寸五分六釐，爲實。以法除之，得六十一丈六尺三寸三分八釐，爲一分率。亦以未併下率一百乘之，得六千一百六十三丈三尺八寸，爲丁、戊、己三鄉各科數。次於身下加一，得六千七百七十九丈七尺一寸八分，爲乙、丙二鄉各科數。又於身下加一，得七千四百五十七丈六尺八寸九分八釐，爲甲鄉數。

次列九等，上以十，次九、八、七、六、五、四、三、二，各對乘六鄉九等田畝。其田畝下角、步，以畝法除之，得分、釐、毫、絲、忽，接於畝下。對乘之，各得率。

【庫本】按：題內云"各鄉九等，皆於十分內差一"，則是遞次九折也。術內亦云"列各鄉等位，自上等置十分，每以內分錐行，九折之，至九等止"，則其法當爲遞次九折，益明矣。乃草中則云"上以十，次九、八、七、六、五、四、三、二"，則是遞次減一，而非遞次九折矣。以此得答數，既與題問未合，而術與草亦不相應也。

甲上等上田率五萬六千七百八十四分五釐，中田率四萬四千二十九分一釐二毫五絲，下田率五萬二千九百六十九分八釐；中等上田率五萬七千五百七十五分七釐，中田率六萬二百一十分一釐五毫，下田率八萬二千六百五十分；下等上田率八萬四千三百六十分四釐，中田率九萬六千一百八十分三毫七絲五忽，下田率七萬一百二十三分五釐二毫五絲。

乙上等上田率六萬七千八百九十四分，中田率五萬三千八百八十七分五釐，下田率六萬四千八十六分一釐；中等上田率五萬二千七百八十七分，中田率五萬四千七百二十九分三釐，下田率九萬五千三百三十一分二毫五絲；下等上田率七萬二千一百四十九分一釐，中田率二萬八千三百七十分九釐八毫八絲[1]，下田無。

---

[1] 八絲：《札記》卷三："李氏云：'當作"七絲五忽"。'景昌案：此係布算之誤，故仍而不改。下凡言'當作'者，倣此。"

丙上等上田率四萬八千六百八十五分一釐二毫五絲，中田率五萬三千八百一十七分九釐七毫五絲，下田率五萬五千一百八分二釐；中等上田率五萬五千八百八十九分七釐五毫，中田率八萬四千三百三十六分三釐，下田率一十一萬六千六百六十五分二釐五毫；下等上田率一十一萬一千二十分二釐七毫五絲，中田無，下田率六萬一百四十分二毫五絲。

丁上等上田率一十一萬一千二十分五毫①，中田率八萬八千八百八十六分二釐五毫，下田率七萬一百二十三分；中等上田率五萬二千七百七十四分四釐八毫二絲五忽②，中田無，下田率六萬四千九百三十五分八釐七毫五絲；下等上田無，中田率一萬六千二百九十六分八釐二毫五絲，下田率六萬六千七百二十七分五釐七毫五絲。

戊上等上田率二十四萬六千三百二十一分六釐二毫五絲，中田率一十二萬一千六百九十分一毫二絲五忽，下田率七萬九千九百一十分一釐；中等上田率六萬二千一百四十分六釐四毫五絲，中田率六萬八千二分五釐，下田率一十三萬五千三百三十五分；下等上田率七萬九千五百七分一釐，中田率二十三萬七千四百七分七釐八毫七絲五忽，下田率二萬八十三分二釐五毫。

己上等上田無，中田率七萬一百分六釐六毫二絲五忽，下田無；中等上田率六萬九千九百九十六分五釐八毫七絲五忽，中田率六萬五千一十七分四釐一毫③，下田無；下等上田率一十二萬八千三百五十七分七釐六毫，中田率一十三萬一千三十六分二釐一毫二絲五忽，下田率一十萬八千一百三十五分八釐八毫。

併六鄉之九率，爲九鄉之法。甲法六十萬四千八百八十三分二釐三毫

---

① “五毫”下，庫本注：“按：‘五毫’數誤，應四釐一毫又三分毫之二。”《札記》卷三引李氏云：“當作‘四毫一絲七忽。’”

② “四分”下，庫本注：“按：尚有四分餘。”《札記》卷三：“四釐八毫二絲五忽，此八字今本仍誤衍。館案云：‘當作“四分四忽”。’”

③ “一毫”下，庫本注：“按：四釐整。”

七絲五忽，乙法四十八萬九千二百三十四分一釐一毫三絲①，丙法五十八萬五千六百六十二分九釐，丁法四十七萬七百六十三分五釐七毫五絲②，戊法一百五萬三百九十八分二毫，己法五十七萬二千六百四十四分五釐一毫二絲五忽③。

以六鄉法，各除諸鄉官物，得一分之率。_{米至圭、帛至忽止。半已上收，已下棄。}甲鄉苗米三升二合三勺二抄一撮④，和買一寸六分八釐五毫四忽⑤，夏稅一寸二分三釐二毫八絲⑥；乙鄉苗米三升六合三勺二抄八撮一圭，和買一寸八分九釐三毫九絲二忽，夏稅一寸三分八釐五毫八絲⑦；丙鄉苗米三升三勺四抄八撮⑧，和買一寸五分八釐二毫一絲⑨，夏稅一寸一分五釐七毫五絲⑩；丁鄉苗米三升四合三勺二抄一撮四圭⑪，和買一寸七分八釐九毫三絲，夏稅一寸三分九毫二絲三忽；戊鄉苗米一升五合三勺八抄二撮，和買八分一毫九絲二忽，夏稅五分八釐六毫七絲七忽；己鄉苗米二升八合二勺一抄五撮一圭，和買一寸四分七釐九絲六忽，夏稅一寸七釐六毫三絲。

用各鄉錐行數十、九、八、七、六、五、四、三、二⑫，各乘一分之率，爲各鄉每畝等則泛數。或自上等上田之則，以一分之率累減之，亦得

① 三絲：《札記》卷三引李氏云："當作'二絲五忽'。"
② "五絲"下，庫本注："按：丁法差三釐餘，一等尾數差故也。"五釐七毫五絲：《札記》卷三引李氏云："當作'五釐六毫七絲一忽'。"王鈔本天頭批："銳案：當作'五釐九毫七絲一忽'。琳案：原案及銳案皆錯，當作'五釐六毫六絲七忽'。"
③ "五忽"下，庫本注："按：多一毫，五等分多一毫故也。"
④ 二抄一撮：《札記》卷三引李氏云："當作'二抄七圭'。"
⑤ "遠法"下，庫本注："按：數多四忽。"
⑥ 八絲：庫本注："按：係九絲。"《札記》卷三引李氏云："當作'九絲一忽'。"
⑦ 八絲：庫本注："按：應七絲八忽。"《札記》卷三引李氏云："當作'七絲八忽'。"
⑧ 八撮：庫本注："按：應六撮七圭餘。"
⑨ 王鈔本天頭批："琳案：'一絲'當作'九忽'。"
⑩ 五絲：庫本注："按：應六絲。"《札記》卷三："當作'六絲一忽'。"
⑪ 四圭：庫本注："按：多'四圭'，分數少三釐餘故也。"《札記》卷三："當作'三圭'。"王鈔本天頭批："琳案：原案當止多一圭。"
⑫ 十九八七六五四三二：庫本作"九八七六五四三二一"，王鈔本天頭批："銳案：當云'十九八七六五四三二'。"

甲鄉上等上田苗米三斗二升三合二勺一抄①，和買一尺六寸八分五釐四絲②，夏稅一尺二寸三分二釐八毫③；中田苗米二斗九升八勺八抄九撮④，和買一尺五寸一分六釐五毫三絲六忽⑤，夏稅一尺一寸九釐五毫二絲⑥；下田苗米二斗五升八合五勺六抄八撮，和買一尺三寸四分八釐三絲二忽⑦，夏稅九寸八分六釐二毫四絲⑧。中等上田苗米二斗二升六合二勺四抄七撮，和買一尺一寸七分九釐五毫二絲八忽⑨，夏稅八寸六分二釐九毫六絲⑩；中田苗米一斗九升三合九勺二抄六撮和買一尺一分一釐二絲四忽⑪，夏稅七寸三分九釐六毫八絲⑫；下田苗米一斗六升一合六勺五撮，和買八寸四分二釐五毫二絲⑬，夏稅六寸一分六釐四毫⑭。下等上田苗米一斗二升九合二勺八抄四撮，和買六寸七分四釐一絲六忽⑮，夏稅四寸九分三釐一毫二絲⑯；中田苗米九升六合九勺六抄三撮，和買五寸五釐五毫一絲二忽⑰，夏稅三寸六分九釐八毫四絲⑱；下田苗米六升四合六勺四抄二撮，

---

① 二勺一抄：《札記》卷三："案：於算術當作'二勺七撮'，今作'一抄'者，緣上一分之率誤以'七圭'作'一撮'故也。自此以下，各尾數皆因上率而誤，逐條駁正，轉嫌繁瑣。讀者但取上率附注各數，用各鄉錐行數遞次乘之，便得各鄉各等確數矣。"
② 四絲：庫本注："按：多'四絲'，因一分之率多四忽故也。下同此。"
③ 八毫：庫本注："按：少一毫。同上。"
④ 九撮：庫本注："按：少一撮。"
⑤ 三絲六忽：庫本注："按：多'三絲六忽'。"
⑥ 二絲：庫本注："按：少'九絲'。"
⑦ 三絲二忽：庫本注："按：多'三絲二忽'。"
⑧ 四絲：庫本注："按：少'八絲'。"
⑨ 二絲八忽：庫本注："按：多'二絲八忽'。"
⑩ 九毫六絲：庫本注："按：少'七絲'。"
⑪ 二絲四忽：庫本注："按：多'二絲四忽'。"
⑫ 六毫八絲：庫本注："按：少'六絲'。"
⑬ 二絲：庫本注："按：多'二絲'。"
⑭ 四毫：庫本注："按：多'五絲'。"
⑮ 一絲六忽：庫本注："按：多'一絲六忽'。"
⑯ 一毫二絲：庫本注："按：少'四絲'。"
⑰ 一絲二忽：庫本注："按：多'一絲二忽'。"
⑱ 四絲：庫本注："按：少'三絲'。"

和買三寸三分七釐八忽①，夏稅二寸四分六釐五毫六絲②。

　　乙鄉上等上田苗米三斗六升三合二勺八抄，和買一尺八寸九分三釐九毫二絲，夏稅一尺三寸八分五釐八毫③；中田苗米三斗二升六合九勺五抄二撮，和買一尺七寸四釐五毫二絲八忽，夏稅一尺二寸四分七釐二毫二絲④；下田苗米二斗九升六勺二抄四撮，和買一尺五寸一分五釐一毫三絲六忽，夏稅一尺一寸八釐六毫四絲⑤。中等上田苗米二斗五升四合二勺九抄六撮，和買一尺三寸二分五釐七毫四絲四忽，夏稅九寸七分六絲⑥；中田苗米二斗一升七合九勺六抄八撮，和買一尺一寸三分六釐三毫五絲二忽，夏稅八寸三分一釐四毫八絲⑦；下田苗米一斗八升一合六勺四抄，和買九寸四分六釐九毫六絲，夏稅六寸九分二釐九毫⑧。下等上田苗米一斗四升五合三勺一抄二撮，和買七寸五分七釐五毫六絲八忽，夏稅五寸六分四釐三毫二絲⑨；中田苗米一斗八合九勺八抄四撮，和買五寸五分八釐一毫七絲六忽，夏稅四寸一分五釐七毫四絲⑩；下田苗米七升二合六勺五抄六撮，和買三寸七分八釐七毫八絲四忽，夏稅二寸七分七釐一毫六絲⑪。

　　丙鄉上等上田苗米三斗三合四勺八抄⑫，和買一尺五寸八分二釐一毫，夏稅一尺一寸五分七釐五毫⑬；中田苗米二斗七升三合一勺三抄二

---

① 八忽：庫本注：“按：多‘八忽’。”
② 六絲：庫本注：“按：少‘二絲’。”
③ 八毫：庫本注：“按：多‘二絲’。”
④ 二絲：庫本注：“按：多‘一絲七忽’。”
⑤ 四絲：庫本注：“按：多‘一絲四忽’。”
⑥ 六絲：庫本注：“按：多‘一絲三忽’。”
⑦ 八絲：庫本注：“按：多‘一絲一忽’。”
⑧ 九毫：庫本注：“按：多‘一絲’。”
⑨ 二絲：庫本注：“按：多七忽。”
⑩ 四絲：庫本注：“按：多‘五忽’。”
⑪ 六絲：庫本注：“按：多‘四忽’。”
⑫ 八抄：庫本注：“按：多‘一抄三撮’。”
⑬ 五毫：庫本注：“按：少‘一毫六絲’。”

撮①，和買一尺四寸二分三釐八毫九絲，夏稅一尺四分一釐七毫五絲②；下田苗米二斗四升二合七勺八抄四撮③，和買一尺二寸六分五釐六毫八絲，夏稅九寸二分六釐④。中等上田苗米二斗一升二合四勺三抄六撮⑤，和買一尺一寸七釐四毫七絲，夏稅八寸一分二毫五絲⑥；中田苗米一斗八升二合八抄八撮⑦，和買九寸四分九釐二毫六絲，夏稅六寸九分四釐五毫⑧；下田苗米一斗五升一合七勺四抄⑨，和買七寸九分一釐五絲，夏稅五寸七分八釐七毫五絲⑩。下等上田苗米一斗二升一合三勺九抄二撮⑪，和買六寸三分二釐八毫四絲，夏稅四寸六分三釐⑫；中田苗米九升一合四抄四撮⑬，和買四寸七分四釐六毫三絲，夏稅三寸四分七釐二毫⑭；下田苗米六升六勺九抄六撮⑮，和買三寸一分六釐四毫二絲，夏稅二寸三分一釐五毫⑯。

　丁鄉上等上田苗米三斗四升三合二勺一抄四撮⑰，和買一尺七寸八分九釐三毫，夏稅一尺三寸九釐二毫三絲；中田苗米三斗八合八勺九抄二撮六圭⑱，和買一尺六寸一分三毫七絲，夏稅一尺一寸七分八釐三毫七忽；

---

① 二撮：庫本注：“按：多‘一抄一撮’。”
② 五絲：庫本注：“按：少‘一毫’。”
③ 八抄四撮：庫本注：“按：多‘一抄’。”
④ 六釐：庫本注：“按：少‘九絲’。”
⑤ 三抄六撮：庫本作“三抄四撮”，注：“按：多‘七撮’。”
⑥ 二毫五絲：庫本注：“按：多‘八絲’。”
⑦ 八撮：庫本注：“按：多‘八撮’。”
⑧ 五毫：庫本作“按：少‘七絲’。”
⑨ 四抄：庫本注：“按：多‘六撮’。”
⑩ 七毫五絲：庫本注：“按：少‘六絲’。”
⑪ 九抄二撮：庫本注：“按：少‘六撮’。”
⑫ 三釐：庫本注：“按：少‘四絲’。”
⑬ 四撮：庫本注：“按：多‘四撮’。”
⑭ 七釐二毫：庫本注：“按：多‘八絲’。”
⑮ 六撮：庫本注：“按：多‘三撮’。”
⑯ 五毫：庫本注：“按：少‘二絲’。”
⑰ 四撮：庫本注：“按：多‘四撮’。”
⑱ 二撮六圭：庫本注：“按：多‘三撮餘’。”

下田苗米二斗七升四合五勺七抄一撮二圭①，和買一尺四寸三分一釐四毫四絲，夏稅一尺四分七釐三毫八絲四忽。中等上田苗米二斗四升二勺四抄九撮八圭②，和買一尺二寸五分二釐五毫一絲，夏稅九寸一分六釐四毫六絲一忽；中田苗米二斗五合九勺二抄八撮四圭③，和買一尺七分三釐五毫八絲，夏稅七寸八分五釐五毫三絲八忽；下田苗米一斗七升一合六勺七撮④，和買八寸九分四釐六毫五絲，夏稅六寸五分四釐六毫一絲五忽。下等上田苗米一斗三升七合二勺八抄五撮六圭⑤，和買七寸一分五釐七毫二絲，夏稅五寸二分三釐六毫九絲二忽；中田苗米一斗二合九勺六抄四撮二圭⑥，和買五寸三分六釐七毫九絲，夏稅三寸九分二釐七毫六絲九忽；下田苗米六升八合六勺四抄二撮八圭⑦，和買三寸五分七釐八毫六絲，夏稅二寸六分一釐八毫四絲六忽。

　　戊鄉上等上田苗米一斗五升三合八勺二抄，和買八寸一釐九毫二絲，夏稅五寸八分六釐七毫七絲；中田苗米一斗三升八合四勺三抄八撮，和買七寸二分一釐七毫二絲八忽，夏稅五寸二分八釐九絲三忽；下田苗米一斗二升三合五抄六撮，和買六寸四分一釐五毫三絲六忽，夏稅四寸六分九釐四毫一絲六忽。中等上田苗米一斗七合六勺七抄四撮，和買五寸六分一釐三毫四絲四忽，夏稅四寸一分七毫三絲九忽；中田苗米九升二合二勺九抄二撮，和買四寸八分一釐一毫五絲二忽，夏稅三寸五分二釐六絲二忽；下田苗米七升六合九勺一抄，和買四寸九毫六絲，夏稅二寸九分三釐三毫八絲五忽。下等上田苗米六升一合五勺二抄八撮，和買三寸二分七毫六絲八忽，夏稅二寸三分四釐七毫八忽；中田苗米四升六合一勺四抄六

① 一撮二圭：庫本注："按：多‘三撮餘’。"
② 九撮八圭：庫本注："按：多‘二撮八圭’。"
③ 八撮四圭：庫本注："按：多‘二撮四圭’。"
④ 七撮：庫本注："按：多‘二撮’。"
⑤ 五撮六圭：庫本注："按：多‘一撮六圭’。"
⑥ 四撮二圭：庫本注："按：多‘一撮二圭’。"
⑦ 八圭：庫本注："按：多‘八圭’。"

撮，和買二寸四分五毫七絲六忽，夏稅一寸七分六釐三絲一忽；下田苗米三升七勺六抄四撮，和買一寸六分三毫八絲四忽，夏稅一寸一分七釐三毫五絲四忽。

己鄉上等上田苗米二斗八升二合一勺五抄一撮，和買一尺四寸七分九毫六絲，夏稅一尺七分六釐三毫；中田苗米二斗五升三合九勺三抄五撮九圭，和買一尺三寸二分三釐八毫六絲四忽，夏稅九寸六分八釐六毫七絲；下田苗米二斗二升五合七勺二抄八圭，和買一尺一寸七分六釐七毫六絲八忽，夏稅八寸六分一釐四絲。中等上田苗米一斗九升七合五勺五撮七圭，和買一尺二分九釐六毫七絲二忽，夏稅七寸五分三釐四毫一絲；中田苗米一斗六升九合二勺九抄六圭，和買八寸八分二釐五毫七絲六忽，夏稅六寸四分五釐七毫八絲；下田苗米一斗四升一合七抄五撮五圭，和買七寸三分五釐四毫八絲，夏稅五寸三分八釐一毫五絲。下等上田苗米一斗一升二合八勺六抄四圭，和買五寸八分八釐三毫八絲四忽，夏稅四寸三分五毫二絲；中田苗米八升四合六勺四抄五撮三圭，和買四寸四分一釐二毫八絲八忽，夏稅三寸二分二釐八毫九絲；下田苗米五升六合四勺三抄二圭，和買二寸九分四釐一毫九絲二忽，夏稅二寸一分五釐二毫六絲。

己上田則，苗至勺，絹至分，收歸爲等則定數，答在前。

【庫本】按：右各條下，有不合之數者，皆在寄零尾數。至答數收之，勺及分以下俱不用，故數無不合也。

數書九章卷第十

圍田租畝①

問：有興復圍田已成，共計三千二十一頃五十一畝一十五步。分三等，其上等每畝起租六斗，中等四斗五升，下等四斗。中田多上田弱半，不及下田太半。欲知三色田畝及各租幾何？

【庫本】按：題言“中田多上田弱半，不及下田太半”，蓋以弱半爲三分之一，太半爲三分之二也。多上田弱半者，即比上田多三分之一也。不及下田太半者，即比下田少三分之二也。是上田加三分之一爲中田，即下田三分之一也。轉言之，則中田爲下田三分之一，上田爲中田四分之三也。

【附】《札記》卷三：景昌案：古人以三分之二爲太半，三分之一爲少半，四分之三爲强半，四分之一爲弱半。以弱半爲三分之一，蓋未深考也。

答曰：上田四百七十七頃八畝一十五步，米二萬八千六百二十四石八斗三升七合五勺。中田六百三十六頃一十畝三角，米二萬八千六百二十四石八斗三升七合五勺。下田一千九百八頃三十二畝一角，米七萬六千三百三十二石九斗。

術曰：以衰分求之。列母子求田率，副併爲法，以共田爲實。實如法而一，得一分之率，以遍乘未併者，得三等田。各以起租乘之，各得米。

---

① 《札記》卷一：“第十卷《圍田租畝》，館本入卷五上。”

草曰：置弱半母四，爲中率。子三，爲上率。以太半子二，減母三，餘一。以乘中率四，只得四，爲中泛。又以餘一乘上率三，只得三，爲上泛。次以太半母三乘中泛四，得一十二，爲下泛。副併三泛，得一十九，爲法①。置田三千二十一頃五十一畝，以畝法二百四十通之，得七千二百五十一萬六千二百四十步。内子一十五步，得七千二百五十一萬六千二百五十五步，爲實。以法一十九除之，得三百八十一萬六千六百四十五步，爲一分之數。以上泛三因之，得一千一百四十四萬九千九百三十五步，爲上積。又以中泛四因之一分數，得一千五百二十六萬六千五百八十步，爲中積。又以下泛一十二乘一分數，得四千五百七十九萬九千七百四十步，爲下積。其三積，各以畝法二百四十約之爲畝，其上田得四百七十七頃八畝一十五步，其中田得六百三十六頃一十畝三角，其下田得一千九百八頃三十二畝一角。各以起租三積，爲三實。其上積一千一百四十四萬九千九百三十五步乘上租六斗，得六百八十六萬九千九百六十一石，爲實。以畝法二百四十除之，得二萬八千六百二十四石八斗三升七合五勺，爲上田租。其中積一千五百二十六萬六千五百八十步乘中租四斗五升，得六百八十六萬九千九百六十一石，爲實。以畝法二百四十除之，得二萬八千六百二十四石八斗三升七合五勺。其下積四千五百七十九萬九千七百四十步乘下租四斗，得一千八百三十一萬九千八百九十六石，爲實。以畝法二百四十除之，得七萬六千三百三十二石九斗，爲下田米。

【庫本】按：草内求各衰數，意謂以三分爲上田衰數，加弱半三分之一，得四分，爲中田衰數。三因中田衰數，得一十二分，爲下田衰數。併之，得一十九分，爲總衰數。其法本屬顯明，但語中參入母子副泛等名目，其意反晦矣。

【附】《札記》卷三：景昌案：爲此說者，由不知弱半爲四分之一也。

---

① 法：原作"泛"，據下文及明鈔本、庫本改。

草中三泛，兼爲子母數多者言之。惟施之此題，則無當耳。

築埂均功①

問：四縣共興築圩埂，長三十六里半。甲縣出二千七百八十人，乙縣出一千九百九十人，丙縣出一千六百三十人，丁縣出一千三百二十人。其甲縣先差到一千五百四十四夫，丙縣先差到九百六十五夫。欲知各合賦役埂長計幾何？里法三百六十步。

答曰：甲先到人，築二千六百二十八步。計七里一百八步。丙先到人，築一千六百四十二步。計四里二百二步半。

術曰：以商功求之。置里通步作尺，爲積率。併諸縣人數爲均法。法與率，可約者約之。以科率各乘先到人，爲實。皆如法而一，各得先築里步，爲先賦埂長。其續到人合賦功，準此求之。

草曰：置三十六里五分，以里法三百六十步通之，得一萬三千一百四十步。又以步法五尺乘之，得六萬五千七百尺，爲長率。併甲、乙、丙、丁四縣合科人，得七千七百二十，爲均法。今法與率可求等，得二十以約之，率得三千二百八十五，法得三百八十六。以長率三千二百八十五尺乘甲縣先到人一千五百四十四夫，得五百七萬二千四十尺，爲甲實。實如法三百八十六而一，得一萬三千一百四十尺，以步五尺法約之，得二千六百二十八步，爲甲縣先到人所築積步。又以積率三千二百八十五乘丙縣先到人九百六十五夫，得三百一十七萬二十五尺，爲丙實。實如法三百八十六而一，得八千二百一十二尺五寸。以步法五尺約之，得一千六百四十二步半，爲丙縣先到人所築步。

寬減屯租

問：屯租欲議寬減，仍聽以夏麥折納分數。官牛種者，與減二分；私

牛種者，與減四分。每歲租穀，以三分之一許夏折二麥，内四分大，六分小。折色：每大麥三石折小麥二石，小麥二石折穀三石五斗。屯租舊額，官種一石，納租五石；私種一石，納租三石。今某州屯田，去年計官、私種共九千七百八十二石，共合收租穀三萬九千五百八十六石。欲知官、私種各數目元額、今減、合催成年夏麥秋穀租各幾何？

【庫本】按：此題有官、私共種數、租數，有種一石租數，求各種數、租數，古謂之差分，今謂之和較。比例折色，亦差分也，今謂之和數。比例大小麥與穀相易，古謂之異乘同乘，今謂之和率比列。

答曰：請官種五千一百二十石。私出種四千六百六十二石。元租額共三萬九千五百八十六石：官種二萬五千六百石，私種一萬三千九百八十六石。今減一萬七百一十四石四斗：官種五千一百二十石，私種五千五百九十四石四斗。合催二萬八千八百七十一石六斗。官種租二萬四百八十石：一分折麥，計穀六千八百二十六石六斗六升零三分升之二；四分折大麥二千三百四十石五斗七升七分升之一，係折穀二千七百三十石六斗六升三分升之二。六分折小麥二千三百四十石五斗七升七分升之一，係折穀四千九十六石。二分正色穀一萬三千六百五十三石三斗三升三分升之一。私種租八千三百九十一石六斗：一分折麥，計穀二千七百九十七石二斗，四分折大麥九百五十九石四升，係穀一千一百一十八石八斗八升。六分折小麥九百五十九石四升，係折穀一千六百七十八石三斗二升。二分正色穀五千五百九十四石四斗。

已上成年共計收夏折穀①，大麥三千二百九十九石六斗一升七分升之一，小麥三千二百九十九石六斗一升七分升之一；秋正穀一萬九千二百四十七石七斗三升三分升之一。

術曰：以粟米求之，以互易入之。列共租共種，各以租種率數，依本色對之。先以各種率互乘諸租，驗租數之少者，以乘共種，得數覆減共

---

① 夏折穀：庫本注："按：即官種、私種一分折穀共數。"

租，餘爲實。以二租數相減，餘爲官種法，實如法而一，得官種，以減共種，餘爲私種。各以租率對乘官、私種，各得官、私種所納租。

次以減分對乘各納租，乃得各減數，以減所納，餘爲合催租，乃分列之。先以總折分子乘之，各爲實。並以總分母除之，各得折色、正色數。次置折色數二位，用夏折大小分乘之，各得與每折諸率，如雁翅列。常以多一事者相乘，爲實。以少一事者相乘，爲法。各得所折大小麥。其正色數如故，爲併本色，得成年夏折二麥、秋收正穀。

草曰：列共租三萬九千五百八十六石，並共種九千七百八十二石。次各以官種一石納租五石，私種一石納租三石，各爲率，對租種本色列之。先以種率各一石互乘租數，只得共穀。次驗租數率，三石係少者，以乘共種九千七百八十二石，得二萬九千三百四十六石，爲種。覆減共租，餘一萬二百四十石，爲種實。以租率三減租率五，餘二石，係官租者，爲官種法。除種實，得五千一百二十石，爲官種。以減共種九千七百八十二，餘四千六百六十二石，爲私出種。以官租率五石、私租率三石各對乘官、私種。得二萬五千六百石，爲官種所納租；得一萬三千九百八十六石，爲私種所納租。併之，得元額租。

次列官牛種與減二分，私牛種與減四分，各對乘所納租數。得五千一百二十石，爲官種減租數；得五千五百九十四石四斗，爲私種減租數。併之，得一萬七百一十四石四斗，爲今減數。乃以官種減租五千一百二十石，減官種租二萬五千六百，餘二萬四百八十石，爲合催。次以私種減租①五千五百九十四石四斗，減私種租一萬三千九百八十六石，餘八千三百九十一石六斗，亦是合催租。

乃以二等合催租分列之。先以每歲三分之一，以子一減分母三，得二。乃以一及二皆爲子，各乘合催租。其官種者一分租，得二萬四百八十石；二分租，得四萬九百六十石。其私種者一分租，得八千三百九十一石六斗；二分租，得一萬六千七百八十三石二斗，並爲實。此①四實，並如母三而一。其官種一分折得六千八百二十六石六斗六升零三分升之二，及二分正色穀得一萬三千六百五十三石三斗三升三分升之一；其私種一分折色得二千七百九十七石二斗，二分正色穀得五千五百九十四石四斗。

次置官私種各一分折色數各二位，及用夏折四分大、六分小對乘之，通係四位，乃併四六得一十分約之，是並退一位。其官種四分大麥者，置折穀六千八百二十六石六斗六升三分升之二。通分內子，得二萬四百八十，列二位。上位以四分折之，得八千一百九十二石，爲大麥實。下位以六分折之，得一萬二千二百八十八石，爲小麥實。次置私種折穀二千七百九十七石二斗，列二位。上位以四分折之，得一千一百一十八石八斗八升，爲大麥實。下位以六分折之，得一千六百七十八石三斗二升，爲小麥實。其圖如後。

次列折色，每大麥三石折小麥二石，小麥二石折穀三石五斗，爲諸率，與大小麥實率四數，如雁翅列之。其六分折小麥，勿置。大麥折率，有母者列母。

官種者，先以大麥率三乘小麥率二，得六。又乘穀實八千一百九十二石，得四萬九千一百五十二石，爲大麥實。次以小麥率二乘穀率三石五斗，得七石。又乘母，得二十一石，爲法。除實，得二千三百四十石五斗七升七分升之一，爲官種折大麥數。仍以母三約本實八千一百九十二石，得二千七百三十石六斗六升三分升之二，爲所折上得大麥穀數。次以小麥率二乘穀實一萬二千二百八十八石，得二萬四千五百七十六石，爲小麥實。乃以穀率三石五斗乘母三，得一十石五斗，爲法。除實，得二千三百四十石五斗七升七分升之一，爲官種折小麥穀。仍以母三約本實一萬二千二百八十八石，得四千九十六石，爲所折上得小麥穀數。

私種者，先以大麥率三乘小麥率二，得六。又乘穀數一千一百一十八石八斗八升，得六千七百一十三石二斗八升，爲實。乃以小麥率二乘穀率三石五斗，得七石，爲法。除之，得九百五十九石四升，爲私種折大麥數。次以小麥率二乘穀率一千六百七十八石三斗二升，得三千三百五十六石六斗四升，爲實。以穀率三石五斗爲法，除之，得九百五十九石四升，爲私種穀折小麥數。

次以官種四分大麥二千三百四十石五斗七升七分升之一，併私種四分大麥九百五十九石四升，得三千二百九十九石六斗一升七分升之一，爲成年夏折大麥數。次以官種六分小麥二千三百四十石五斗七升七分升之一，併私種六分小麥九百五十九石四升，得三千二百九十九石六斗一升七分升之一，爲成年夏折小麥數。次以官種二分正色穀一萬三千六百五十三石三斗三升三分升之一，併私種正色穀五千五百九十四石四斗，得一萬九千二百四十七石七斗三升三分升之一。合問。

【附】《札記》卷三：案：雁翅圖，館本作點聯之，更爲明顯，附錄於此。

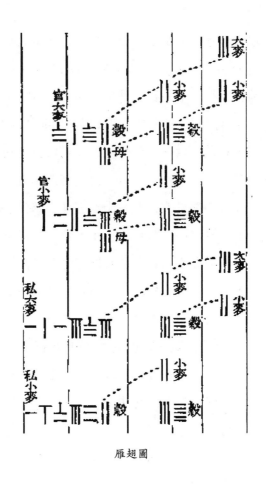

雁翅圖

户田均寬①

問：州郡寬恤，近將某縣下三等稅户秋科餘欠錢米，已與蠲放，共錢一千三百五十五貫七百六文，米五千二百七十二石一斗九升。其本縣下等物力，計三萬七千六百五十八貫五百文。今來官員陳述，本縣多有樂輸無欠之户，今蒙蠲放稅尾，似反寬潤頑輸之户，於理未均，遂議將樂輸三等户，於明年兩稅，與照昨來體例減免。契勘得三等無欠户物力二十二萬八百一十五貫三百二十一文，欲知每百文合減免錢米及共減各幾何？

---

① 《札記》卷一：“《户田均寬》，館本‘田’作‘稅’。”

答曰：每物力一百文，放錢三文六分，放米一升四合。明年兩稅放：

放①錢七千九百四十九貫三百五十一文五分五釐六毫，米三萬九百一十四石一斗四升四合九勺四抄。

術曰：以粟米衰分求之。置元物力爲法，除元放錢米，得每百文物力所放錢米率。以各率乘今來物力，各得錢米，爲明年兩稅合放數。

草曰：以元物力三萬七千六百五十八貫五百文，爲法。先除元放錢一千三百五十五貫七百六文，定法伯文上得一文，爲商。除得三文六分，爲物力伯文所放錢率。次除元放米五千二百七十二石一斗九升，得一升四合，爲物力百文所放米率。以今三等戶物力二十二萬八百一十五貫三百二十一文，遍乘所放錢米二率，得錢七千九百四十九貫三百五十一文五分五釐六毫，得米三萬九百一十四石一斗四升四合九勺四抄，爲明年兩稅合放數。

均科綿稅

問：縣科綿，有五等戶共一萬一千三十三戶，共科綿八萬八千三百三十七兩六錢。上等一十二戶，副等八十七戶，中等四百六十四戶，次等二千三十五戶，下等八千四百三十五戶。欲令上三等折半差，下二等比中等六四折差，科率求之，各戶納及各等幾何？

答曰：上等一戶一百二十四兩，一十二戶計一千四百八十八兩。副等一戶六十二兩，八十七戶計五千三百九十四兩。中等一戶三十一兩，四百六十四戶計一萬四千三百八十四兩。次等一戶一十二兩四錢，二千三十五戶計二萬五千二百三十四兩。下等一戶四兩九錢六分，八千四百三十五戶計四萬一千八百三十七兩六錢。

【庫本】按：題言"下二等比中等六四折差"，是次等爲中等六分之

---

① 放：庫本改作"免"。

四，下等又爲次等六分之四也。乃術、草中皆以十分之四收之，是四分折差，而非四六折差矣。集中題與術不相應者，多類此，豈成書之後，未能重加校正歟？

術曰：列五等戶數，先以四折下等數，加次等戶。又以四折之，加中等戶數。却以半折之，加二等戶。又以半折之，加上等戶數，不折，便爲法。除科綿，得上等一戶之綿。復半之，爲副等。又半之，爲中等。又四折之，爲次等。又四折之，爲下等，各一戶綿。却各以戶數乘之，各得五等共出綿。具圖折之。

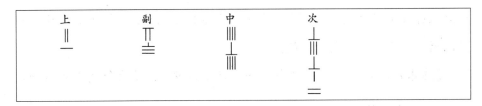

草曰：先置下等戶八千四百三十五，以四折之，得三千三百七十四。

乃以得數併入次戶二千三十五內，得五千四百九戶訖。

又以四折次數五千四百九，得二千一百六十三戶六分。

乃以得次數併入中戶四百六十四內，共得二千六百二十七戶六分。

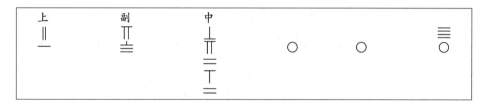

次以五分折中數二千六百二十七戶六分，得數。

次以得數一千三百一十三戶八分，併副戶八十七，得一千四百戶八分。

又以五折副數一千四百戶八分，得七百戶四分，既得數。

乃以副數七百戶四分，併上戶一十二戶，得七百一十二戶四分，不折，便以爲法。

累折至上等，共得七百一十二戶四分，以爲總法。乃置科綿八萬八千三百三十七兩六錢，爲實。如法七百一十二戶四分而一，得一百二十四兩，爲上等一戶所出綿。以五折之，得六十二兩，爲[1]副等一戶所出綿。又五折之，得三十一兩，爲中等一戶所出綿。乃以四折之，得一十二兩四錢，爲次等一戶所出綿。又以四折之，得四兩九錢六分，爲下等一戶所出綿。乃以各等戶數，各乘一戶所出，即各得每等共數之綿。

戶稅移割

問：某縣據甲稱，本户田地元納苗三十五石七斗，和買本色一十一疋二丈二尺九寸四分八釐七毫五絲，折帛二十七疋二寸一分三釐七毫五絲，紬絹折帛八疋三丈九尺七寸三分九釐，紬絹本色二十疋二丈八尺九寸三分九釐。已將田四百七畝出與乙，五百一十六畝出與丙訖。乞移割本户所出田上稅賦，歸併乙、丙兩户稅納。會到乙元有田三百七十五畝，丙元有田四百三十六畝，並係本鄉本等，每畝苗三升五合，稅一尺一寸五分，物力一貫二百。本等地紬一尺三寸四分，物力九百。物力三十二貫，敷和買一疋，內三分本色，七分折帛。夏稅七分本色，三分折帛。紬五分本色，五分折帛併絹紬。欲知甲田地及甲、乙、丙分割合納苗米、和買、夏稅、折帛、本色、畸零各幾何？

【庫本】 按：此題科稅分田、地二項，田有科米、稅絹、物力三色，地只有稅紬、物力二色。絹與紬折色不同物力和買，合田地總計之。又甲户有田者地，乙、丙二户有田無地，此等皆不可不明言者，題中殊未分晰。

答曰：甲元有田一千二十畝，地一十一畝二角四十八步。

甲今有田九十七畝，苗米三石三斗九升五合，夏稅折帛三丈三尺四寸六分五釐，本色一疋，畸零三丈八尺八分五釐，物力一百一十六貫四百文，地一十一畝二角四十八步，稅紬折帛七尺八寸三分九釐，稅紬畸零七

---

① 爲：原脱，據上下文及庫本補。

尺八寸三分九釐，物力一十貫五百三十文。田地共物力一百二十六貫九百三十文，和買折帛二疋三丈一尺六分三釐七毫五絲，本色一疋，畸零七尺五寸九分八釐七毫五絲。

乙今有田七百八十二畝，苗米二十七石三斗七升，夏稅折帛六疋二丈九尺七寸九分，本色一十五疋，畸零二丈九尺五寸一分，物力九百三十八貫四百文，和買折帛二十疋二丈一尺一寸，本色八疋，畸零三丈一尺九寸。

丙今有田九百七十九畝，苗米三十四石二斗六升五合，夏稅折帛八疋一丈七尺七寸五分五釐，本色一十九疋，畸零二丈八尺九分五釐，物力一千一百七十四貫八百文，和買折帛二十五疋二丈七尺九寸五分，本色一十一疋，畸零五寸五分。

術曰：以粟米及衰分求之。置甲元納米，爲實。以每畝苗爲法，除之，得甲元有田。以乘每畝稅，得田絹。次以甲絹本色折帛併之，内減田絹，餘爲地紬。以每紬約之，得甲元有地。次以甲出田併乙、丙元有田，各得三户今有田地。各以等則乘之，各得物力、苗、稅。次以每疋物力率約各户共物力，得和買。副之，三分因之，退位，爲和本。七分因之，退位，爲和折。夏稅反其分而因之，退之，紬以半之，併入稅各得。

草曰：置甲元納米三十五石七斗爲實，每畝以苗三升五合爲法。除之，得一千二十畝，爲甲元有田。以乘每畝稅一尺一寸五分，得一百一十七丈三尺，爲絹積尺。次以甲元納絹紬折帛八疋三丈九尺七寸三分九釐，併紬絹本色二十疋二丈八尺九寸三分九釐，得二十九疋二丈八尺六寸七分八釐。以疋法四丈通疋數，内零丈得一百一十八丈八尺六寸七分八釐。内減田絹積丈尺一百一十七丈三尺，餘一丈五尺六寸七分八釐，爲甲地紬。以每畝紬一尺三寸四分納之，得一十一畝七分。其畝下七分倍之，得一百四十。身下加二，得一百六十八步。以六十步納之，得二角零四十八步。通得一十一畝二角四十八步，爲甲元有地。

乃以甲所出四百七畝及五百一十六畝併，得九百二十三畝。減元有一千二十畝，餘九十七畝，爲甲今有田並元地①。次以甲出田四百七畝，併乙元有田三百七十五畝，共得七百八十二畝，爲乙今有田。次以甲所出田五百一十六畝，併丙元有田四百六十三畝，共得九百七十九畝，爲丙今有田。各列三戶今有田地數于右行，副之。先以每畝苗三升五合遍乘右行，甲得三石三斗九升五合，乙得二十七石三斗七升，丙得三十四石二斗六升五合，爲本戶苗米。次以每畝稅一尺一寸五分遍乘左副行，甲得一十一丈一尺五寸五分，乙得八十九丈九尺三寸，丙得一百一十二丈五尺八寸五分，各爲丈積。各列二位，皆以三分因上位，七分因下位，並退一位，即是自下三七折之。又各以四丈約丈積成疋，其甲得三丈三尺四寸六分五釐，爲夏稅折帛，又得一疋三丈八尺八分五釐，爲夏稅本色；其乙得六疋二丈九尺七寸九分，爲夏稅折帛，又得一十五疋二丈九尺五寸一分，爲夏稅本色；其丙得八疋一丈七尺七寸五分五釐，爲夏稅折帛，得一十九疋二丈八尺九分五釐，爲夏稅本色。

次以田力一貫二百遍乘右副行，並以地物力乘甲元地及紬。甲得一百一十六貫四百，乙得九百三十八貫四百，丙得一千一百七十四貫八百，各爲田物力。其甲又置一十一畝七分，以乘地紬一尺三寸四分，得一丈五尺六寸七分八釐，爲甲地紬。半之，得七尺八寸三分九釐，各爲折紬本色。又以甲地乘物力九百，得一十貫五百三十，爲甲地物力。併田物力一百一十六貫四百，共得一百二十六貫九百三十文，爲甲物力。

列甲、乙、丙三戶共物力，各爲實。皆以物力和買率三十二貫爲法，除之，甲得三疋九分六釐六毫五絲六忽二微五塵，乙得二十九疋三分二釐五毫，丙得三十六疋七分一釐二毫五絲。各爲和買率，亦各列二位，各以七三折之。其上位七折者，爲和買折帛。下位三折者，爲和買本

---

① 並元地：庫本注："按：三字誤，蓋地一十一畝餘，不在田一千二十畝之內也。"

色。折訖，其甲得二疋七分七釐六毫五絲九忽三微七塵五沙，爲和買折帛
率；又得一疋一分八釐九毫九絲六忽八微七塵五沙，爲和買本色率。乙得
二十疋五分二釐七毫五絲，爲和買折帛率；又得八疋七分九釐七毫五
絲，爲和買本色率。丙得二十五疋六分九釐八毫七絲五忽，爲和買折帛
率；又得一十一疋一釐三毫七絲五忽，爲和買本色率。各率除端疋外，乃
以疋下分毫，皆以四因之，收爲丈尺寸分。甲得和買折帛二疋三丈一尺六
分三釐七毫五絲，本色一疋七尺五寸九分八釐七毫五絲；乙得和買折帛二
十疋二丈一尺一寸，本色八疋三丈一尺九寸；丙得和買折帛二十五疋二丈
七尺九寸五分，本色一十一疋五寸五分。爲各戶和買數疋分本色下畸零
數。合問。

移運均勞①_{分郡縣鄉科均}

　　問：今起夫移運邊餉，於某郡交納。合起一萬二千夫。甲州有三
縣，上縣力五十七萬三千二百五十九貫五百文，至輸所九百二十五里；中
縣力五十萬四千九百八十三貫七百八十文，至輸所六百五十二里；下縣力
四十九萬八千七百六十貫九百五十文，至輸所四百六十五里。乙軍倚郭一
縣五鄉，仁鄉力一十二萬八千三百七十一貫九百八十文，至輸所七百六
里；義鄉力一十一萬九千四百七十二貫六百文，至輸所七百九十五里；禮
鄉力一十萬八千四百六十三貫五十文，至輸所七百九十里；智鄉力八萬四
千二百三十六貫二百八十五文，至輸所七百四十九里；信鄉力九千三百四
十五貫一百六十文，至輸所八百四里。欲知以物力多寡、道里遠近均運
之，令勞費等，各合科夫幾何？

　　答曰：甲州上縣差二千四百三十夫，中縣差三千三十七夫，下縣差四
千二百六夫。乙軍郭縣仁鄉七百一十三夫，義鄉五百八十九夫，禮鄉五百

---

① 《札記》卷一：“《移運均勞》，館本入卷八下軍旅類。”

三十八夫，智鄉四百四十一夫，信鄉四十六夫。

　　術曰：以均輸求之。置各縣及鄉力，皆如里而一，不盡者約之。復通分內子，互乘之，或就母遷退之，各得變力。可約約之，爲定力。副併爲法。以合起夫遍乘未併定力，各得爲實。並如前法而一，各得夫。其餘分輩之。

　　草曰：置甲州三縣及乙軍五鄉物力里數，作八行列之，具圖于後。

上縣〇文	‖‖里	〇力	〇	〇上	‖‖定力

（圖：算籌數字圖，詳見原書）

下縣〇文	‖‖里	‖‖力	丅丨子 ‖三母	〇下	‖‖定力

仁鄉〇文	丅里	〇力		〇仁	‖‖定力

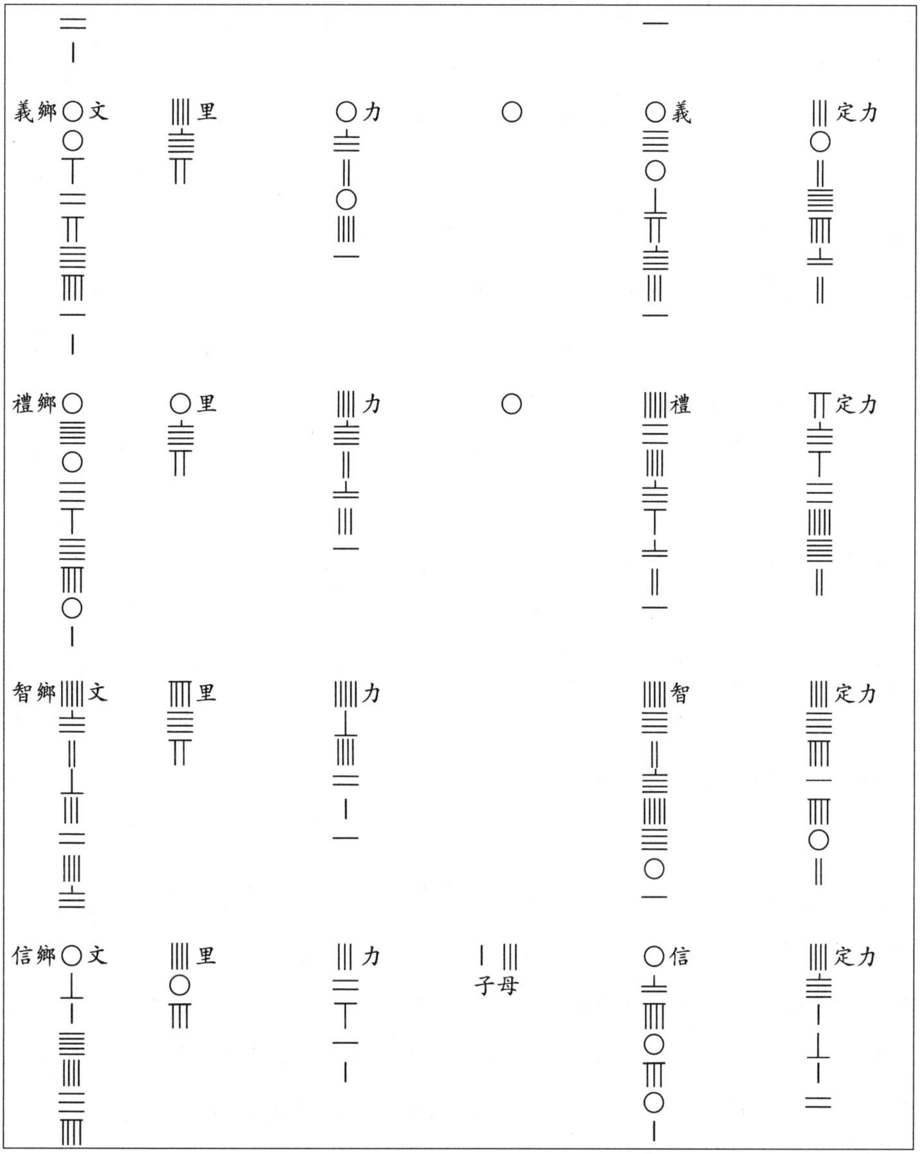
義鄉
文
里
力
義
定力
禮鄉
里
力
禮
定力
智鄉
文
里
力
智
定力
信鄉
文
里
力
子母
信
定力

置①上縣力五十七萬三千二百五十九貫五百文，如九百二十五里而一，得力六十一萬九千七百四十。置中縣五十萬四千九百八十三貫七百八十文，如六百五十二里而一，得力七十七萬四千五百一十五。置下縣四十

① “置”上原有“草曰”二字，重出，據明鈔本、庫本刪。

九萬八千七百六十貫九百五十，如四百六十五里而一，得力一百七萬二千六百四不盡九十文。與法求等，得十五，約之，得三十一分之六。置仁鄉一十二萬八千三百七十一貫九百八十，如七百六里而一，得力一十八萬一千八百三十。置義鄉一十一萬九千四百七十二貫六百文，如七百九十五里而一，得力一十五萬二百八十。置禮鄉一十萬八千四百六十三貫五十文，如七百九十而一，得力一十三萬七千二百九十五。置智鄉八萬四千二百三十六貫二百八十五文，如七百四十九里而一，得力一十一萬二千四百六十五。置信鄉九千三百四十五貫一百六十文，如八百四里而一，得力一萬一千六百二十三，不盡二百六十八文，與法求等，得二百六十八，約爲三分之一。

其下縣信鄉二處帶母子者，各以母互遍乘八處。所得畢，二處各內本子。上得五千七百六十三萬五千八百二十，中得七千二百二萬九千八百九十五，下得九千九百七十五萬二千一百九十，仁得一千六百九十一萬一百九十，義得一千三百九十七萬六千四十，禮得一千二百七十六萬八千四百三十五，智得一千四十五萬九千二百四十五，信得一百八萬九百七十。已上爲三縣五鄉變力率。

可約者復求等，約之。求得五，故俱以五約之。上得一千一百五十二萬七千一百六十四，中得一千四百四十萬五千九百七十九，下得一千九百九十五萬四百三十八，仁得三百三十八萬二千三十八①，義得二百七十九萬五千二百八，禮得二百五十五萬三千六百八十七，智得二百九萬一千八百四十九，信得二十一萬六千一百九十四。已上並爲定力。

副併八處定力，得五千六百九十二萬二千五百五十七②，爲法。以合起一萬二千夫遍乘定力訖，上得一千三百八十三億二千五百九十六萬八

---

① 三十八：庫本作“五十八”，注：“按：‘三十八’訛‘五十八’。”
② 五十七：庫本作“七十七”，注：“按：法多二十，仁鄉定力多二十故也。”

千，爲實①；中得一千七百二十八億七千一百七十四萬八千，爲中實；下得二千三百九十四億五百二十五萬六千，爲下實；仁得四百五億八千四百四十五萬六千②，爲仁實；義得三百三十五億四千二百四十九萬六千，爲義實；禮得三百六億四千四百二十四萬四千，爲禮實；智得二百五十一億二百一十八萬八千，爲智實；信得二十五億九千四百三十二萬八千，爲信實。

已上八實，皆如前法而一。上縣得二千四百三十夫，不盡四百一十五萬四千四百九十，輩歸中縣、下縣；中縣得三千三十六夫，不盡五千四百八十六萬四千九百四十八，輩爲一夫；下縣得四千二百五夫，不盡四千五百九十萬三千八百一十五，輩爲一夫；仁鄉得七百一十二夫，不盡五千五百五十九萬五千四百一十六，輩爲一夫；義鄉得五百八十九夫，不盡一千五百一十萬九千九百二十七，輩歸仁鄉；禮鄉得五百三十八夫，不盡一千九百九十萬八千三百三十四，輩歸智鄉、信鄉；智鄉得四百四十夫，不盡五千六百二十六萬二千九百二十，輩爲一夫；信鄉得四十五夫，不盡三千二百八十一萬二千九百三十五，輩爲一夫。合問。

均定勸分

問：欲勸糶賑濟，據甲民物力畝步排定，共計一百六十二戶，作九等。上等三戶，第二等五戶，第三等七戶，第四等八戶，第五等十三戶，第六等二十一戶，第七等二十六戶，第八等三十四戶，第九等四十五戶。今先勸諭第一等上戶願糶五千石，第九等戶願糶二百石。欲知各等拋差石數，並總認米數各幾何？

答曰：總認米二十三萬七千六百石。上等一戶米五千石，三戶計一萬

---

① “上得一千”至“爲實”：《札記》卷三：案：下文中下仁義禮智信並云某實，此亦當云“上實”，第於義已明，未補。
② 四十五萬六千：庫本作“六十九萬六千”，注：“按：多二十四萬，定力多二十故也。”

五千石。二等一戶米四千四百石，五戶計二萬二千石。三等一戶米三千八百石，七戶計二萬六千六百石。四等一戶米三千二百石，八戶計二萬五千六百石。五等一戶米二千六百石，一十三戶計三萬三千八百石。六等一戶米二千石，二十一戶計四萬二千石。七等一戶米一千四百石，二十六戶計三萬六千四百石。八等一戶米八百石，三十四戶計二萬七千二百石。九等一戶米二百石，四十五戶計九千石。

術曰：以衰分求之。置上下戶米，減餘，爲實。列等數，減一，餘爲法。除之，得拋差石數。以差累減上等米，各得諸等米。以各等戶數乘之，併之爲總數。

草曰：置上等戶米五千石。減下等戶二百戶，餘四千八百石，爲實。以九等減一，餘八，爲法。除實，得六百石，爲每等拋差。用減上等，餘四千四百石，爲二等米。又減六百，得三千八百石，爲三等米。又減六百，得三千二百石，爲四等米。又減六百，得二千六百石，爲五等米。又減六百，得二千石，爲六等米。又減六百，得一千四百石，爲七等米。又減六百，得八百石，爲八等米。又減六百，得二百石，爲九等米。又各乘戶數，併之，得總認米石數二十三萬七千六百石。

數書九章卷第十一

錢穀類

折解輕齎

問：有甲、乙、丙、丁四郡，各合起上供銀、絹。甲郡銀三千二百兩，每兩二貫二百文足。絹六萬四千疋，每疋二貫文足。去京一千里，每擔一里，傭錢六文足，其時舊會每貫五十四文足。乙郡銀二千七百兩，每兩二貫三百文足。絹四萬九千二百疋，每疋二貫四百二十文足。去京九百八十里，每擔一里，傭錢四文二分，舊會價五十九文足。丙郡銀四千兩，每兩新會九貫三百文。絹七萬三千六百疋，每疋新會一十貫三百文。去京二千里，每擔一里，傭銀八十文，舊會。丁郡銀二千二百兩，每兩五十一貫文，舊會。絹三萬一千三十五疋，每疋五十八貫文，舊會。去京一千五百里，每擔一里，傭錢一百文，舊會。諸郡銀每五百兩，絹每六十疋，新會每五千貫爲擔。欲並折新會，均作三限起解，求各郡每限及本色元理，折解實用寬餘傭錢，各新會幾何？

【庫本】按：此題貫數分三項：其一足數，每千文爲一貫；其一舊會數，如甲以五十四文爲一貫，乙以五十九文爲一貫是也；其一新會數，爲舊會數之五倍，如甲以二百七十文爲一貫，乙以二百九十五文爲一貫是也。四郡或言足數，或言舊會數、新會數，並折新會數。傭錢原以銀五百兩或絹六十四各爲一擔，今皆折新會數，以五千貫爲一擔，故有寬餘錢數。題語多未詳，而併爲一擔句，尤混，略爲分析，而術、草之意，大概可見矣。

答曰：甲郡合解五十萬一百四十八貫一百四十八文。初限一十六萬六千七百一十六貫四十九文，次限一十六萬六千七百一十六貫四十九文，末限一十六萬六千七百一十六貫五十文。備錢元理二萬三千八百四十五貫九百二十五文二十七分文之二十五，實用二千二百二十二貫八百七十七文二十七分文之二十一，寬餘二萬一千六百二十三貫四十八文二十七分文之四。

乙郡合解四十二萬四千六百五十七貫六百二十七文。初限一十四萬一千五百五十二貫五百四十二文，次限一十四萬一千五百五十二貫五百四十二文，末限一十四萬一千五百五十二貫五百四十三文。備錢元理一萬一千五百一十六貫四百二十八文五十九分文之二十八，實用一千一百八十五貫一十文五十九分文之一十，寬餘一萬三百三十一貫四百一十八文五十九分文之一十八①。

丙郡合解七十九萬五千二百八十貫文。初限二十六萬五千九十三貫三百三十三文，次限二十六萬五千九十三貫三百三十三文，末限二十六萬五千九十三貫三百三十四文。備錢元理三萬九千五百九貫三百三十三文三分文之一，實用五千八十九貫七百九十二文，寬餘三萬四千四百一十九貫五百四十一文三分文之一。

丁郡合解三十九萬八千一百二十六貫文。初限一十三萬二千七百八貫六百六十六文，次限一十三萬二千七百八貫六百六十六文，末限一十三萬二千七百八貫六百六十八文。備錢元理一萬六千一百七十三貫五百文，實用二千三百八十八貫七百五十六文，寬餘一萬三千七百八十四貫七百四十四文②。

術曰：以均輸求之。置各郡銀、絹，乘各價，併之，歸足元展足爲舊會。次以五約舊會爲新會，各得合解錢。以限數除之，得每限錢，不

---

① 一十八：庫本作“二十七”，注：“按：實用分子五十，訛爲五；寬餘分子一十八，訛爲二十七。”
② “四十四文”下，庫本注：“按：備錢原理六千，訛爲四千；寬餘三千，訛爲一千。”

盡，併歸末限。次置里數，乘每里傭價，爲率。以率乘元銀及元絹，各爲
傭實。以每擔銀、絹率各爲法。實如法而一，不滿者亦爲擔。併之，爲元
理傭錢。次以率乘合解錢，爲實。乃以錢物每擔率爲法。實如法而一，各
得實用傭錢。以減元理傭錢，餘爲寬餘傭錢。

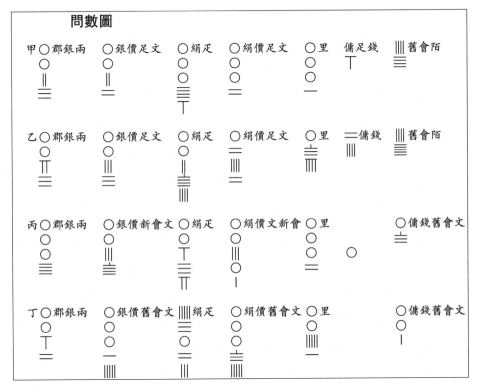

草曰：置各郡銀絹，乘各價。甲郡銀三千二百兩，乙郡銀二千七百
兩，丙郡銀四千兩，丁郡銀二千六百兩，於右行。甲郡銀兩價二貫二百
足，乙郡銀兩價二貫三百足，丙郡銀兩價九貫三百新會，丁郡銀兩價五十
一貫舊會，於左行。對乘之，甲得七千四十貫足，乙得六千二百一十貫
足，丙得三萬七千二百貫新會，丁得十三萬二千六百貫舊會。又列置各郡
絹，甲六萬四千疋，乙四萬九千二百疋，丙七萬三千六百疋，丁三萬二千
三十五疋，於右行。各郡絹疋價，甲二貫足，乙二貫四百二十足，丙新會
十貫三百，丁五十八貫舊會，於左行。亦對乘之，甲得一十二萬八千貫

足，乙得一十一萬九千六十四貫足，丙得七十五萬八千八十貫新會，丁得一百八十五萬八千三十貫舊會。乃併各郡銀絹價，甲共一十三萬五千四十貫足，乙共十二萬五千二百七十四貫足，丙共七十九萬五千二百八十貫新①，丁共一百九十九萬六百三十貫舊。甲以舊會價五十四文展足錢，得二百五十萬七百四十貫七百四十文。乙以舊會價五十九文展足錢，得二百一十二萬三千二百八十八貫一百三十六文。丙已係新會，丁係舊會。

今甲、乙、丁俱以五除之，皆爲新會。甲得五十萬一百四十八貫一百四十八文，乙得四十二萬四千六百五十七貫六百二十七文，丙得七十九萬五千二百八十貫文，丁得三十九萬八千一百二十六貫，各爲合解錢。以限數三除之，甲得一十六萬六千七百一十六貫四十九文，爲初限、次限數。不盡一文，增入次限數內，共得一十六萬六千七百一十六貫五十文，爲末限數。乙得一十四萬一千五百五十二貫五百四十二文，爲初限、次限數。不盡一文，增入，得一十四萬一千五百五十二貫五百四十三文，爲末限數。丙得二十六萬五千九十三貫三百三十三文，爲初限、次限數。不盡一文，增入，得二十六萬五千九十三貫三百三十四文，爲末限數。丁得一十三萬二千七百八貫六百六十六文，爲初限、次限數。不盡二文，增入，得一十三萬二千七百八貫六百六十八文，爲末限數。

各以里數乘備錢，各爲率。置甲郡一千里，乙郡九百八十里，丙郡二千里，丁郡一千五百里，於右行。次置甲郡備錢六文足，乙郡備錢四文二分足，丙郡備錢八十文舊會，丁郡備錢一百舊會，于左行。與右行對乘之，甲得率六貫足，乙得率四貫一百一十六足，丙得率一百六十貫舊，丁得率一百五十貫舊，於右行。以率乘元銀數，各爲備實。

次置甲元銀三千二百兩，乙銀二千七百，丙銀四千兩，丁銀二千六百兩，於左行。與右行對乘之，甲得一萬九千二百貫，乙得一萬一千一百一

---

① ”新”下，庫本補“會”字，底本及明鈔本但稱“新”或“舊”，俱從省文，今仍其舊。下同。

十三貫二百文，丙得六十四萬貫舊，丁得三十九萬貫舊，皆銀傋，置於右行。次置甲、乙、丙、丁每擔銀率五百兩，爲法。遍除右行，甲得三十八貫四百足，乙得二十二貫二百二十六文四分足，丙得一千二百八十貫舊，丁得七百八十貫舊，爲各郡銀傋錢，列寄別行。

次置甲元絹六萬四千疋，乙絹四萬九千二百疋，丙絹七萬三千六百疋，丁絹三萬二千三十五疋，爲左行。與右行各率對乘之，甲得三十八萬四千貫足，乙得二十萬二千五百七貫二百足，丙得一千一百七十七萬六千貫舊，丁得四百八十萬五千二百五十貫，各①爲絹傋實。次以四郡每擔絹率六十疋爲法，除之，甲得六千四百貫足，乙得三千三百七十五貫一百二十足，丙得一十九萬六千二百六十六貫六百六十六文三分文之二舊，丁得八萬八十七貫五百舊，爲各郡絹傋錢。併入，寄別行。甲得六千四百三十八貫四百足，乙得三千三百九十七貫三百四十六文四分足，丙得一十九萬七千五百四十六貫六百六十六文三分文之二舊，丁得八萬八百六十七貫五百舊，列右行。

其甲舊會價五十四文，五因之，得二百七十文足。乙舊會價五十九文，亦五因之，得二百九十五文。丙以五，丁亦以五，於左行。以對約右行，皆爲新會。甲得二萬三千八百四十五貫九百二十五文二十七分文之二十五，乙得一萬一千五百一十六貫四百二十八文五十九分文之二十八，丙得三萬九千五百九貫三百三十三文三分文之一，丁得一萬六千一百七十三貫五百文，並新會，係四郡元傋價錢。

次以元四郡率對乘四郡合解新會，各爲實率。其甲六貫足，乘甲合解錢五十萬一百四十八貫一百四十八文，得三十億八十八萬八千八百八十八貫；其乙率四貫一百一十六足，乘乙合解錢四十二萬四千六百五十七貫六百二十七文，得一十七億四千七百八十九萬七百九十二貫七百三十二文

---

① 王鈔本天頭批："銳案：原本'各'字之下脫去'舊'字一個，當增入。"

足；其丙率一百六十貫舊，乘丙合解錢七十九萬五千二百八十貫，得一千二百七十二億四千四百八十萬貫舊；其丁率一百五十貫舊，乘丁合解錢三十九萬八千一百二十六貫，得五百九十七億一千八百九十萬貫舊。各爲實。乃以每擔率五千貫爲法而一，甲得六百貫一百七十七文足，不盡三千八百八十八貫文；乙得三百四十九貫五百七十八文足，不盡七百九十二貫七百三十二文；丙得二萬五千四百四十八貫九百六十文舊會，丁得一萬一千九百四十三貫七百八十文舊。爲各郡實用。甲以二百七十文約，乙以二百九十五文約，丁、丙皆五約，爲新會。甲二千二百二十二貫八百七十七文，不盡二百一十文；乙一千一百八十五貫一十文，不盡五十文；丙五千八十九貫七百九十二文；丁二千三百八十八貫七百五十六文。各減元理，甲餘二萬一千六百二十三貫四十八文，乙餘一萬三百三十一貫四百一十八文，丙餘三萬四千四百一十九貫五百四十一文，丁餘一萬三千七百八十四貫七百四十四文。合問。

甲絹疋　　乙絹疋　　丙絹疋　　丁絹疋

右行

兩行亦對乘

○足文　　○足文　　○新會文　　○舊會文　左行

得四郡絹價，

併前寄行

○文足　　○文足　　○新會　　○舊會

○足文　　○足文　　○新會文　　○舊會文

銀價

兩行

○足文　　○　　　○新會文　　○舊會文　併之

絹價

甲○足　　‖‖‖舊　　乙○足　　‖‖‖舊　丙○新　　丁○舊
共○文　　　　會　　共○文　　　　會　共○會　共○會

甲乙皆以

會陌約之

○甲共舊會　丁乙共舊會　丙共新會　丁共舊會

甲乙丁皆

五約之

合解錢　甲〼文　乙〼文　丙○文　丁○文

四郡合解新

會，各以三

限約之

甲〼文｜　乙〼文｜　丙〼｜　丁〼文〼

不盡文　　不盡　　　不盡　　　不盡

得三限錢

去京　甲○里　乙○里　丙○里　丁○里

右行

兩行對乘

傭錢　〼文足　〼文足　○文舊會　○文舊會

左行

備各率○文足　　丁文足　　○文舊會　　○文舊會
○　　　　　　一　　　　　○　　　　　○
○　　　　　　丨　　　　　○　　　　　○
丄　　　　　　三　　　　　○　　　　　○
　　　　　　　　　　　　　丁　　　　　〇
　　　　　　　　　　　　　一　　　　　一　　　　右行

両行對乘

甲○銀兩　　乙○兩　　　丙○兩　　　丁○兩　　　左行
○　　　　　○　　　　　○　　　　　○
〓　　　　　丁　　　　　○　　　　　丁
三　　　　　丨　　　　　三　　　　　一
　　　　　　三　　　　　　　　　　　三

銀備實○　　　○文足　　　○文舊會　　○文舊會　　○銀兩
○　　　　　　○　　　　　○　　　　　○　　　　　〢〢〢
○　　　　　　〢　　　　　○　　　　　○　　　　　法
○　　　　　　一　　　　　○　　　　　○
○　　　　　　丨　　　　　○　　　　　○
〓　　　　　　一　　　　　○　　　　　○
三　　　　　　一　　　　　○　　　　　一
一　　　　　　　　　　　　三　　　　　一
　　　　　　　　　　　　　丁

甲　　　　　　乙　　　　　丙　　　　　丁

銀備錢○　　　〓文足　　　○文舊會　　○文舊會　　　　寄別行
○　　　　　　丁　　　　　○　　　　　○
三　　　　　　三　　　　　○　　　　　○
　　　　　　　〓　　　　　三　　　　　丁
　　　　　　　　　　　　　〓　　　　　一
　　　　　　　　　　　　　一

備率○文足　　丁文足　　　○文舊　　　○文舊
○　　　　　　一　　　　　○　　　　　○
○　　　　　　丨　　　　　○　　　　　○
丄　　　　　　三　　　　　○　　　　　三
　　　　　　　　　　　　　丁　　　　　一
　　　　　　　　　　　　　一

両行對乘

○　　　　　　〓　　　　　丁　　　　　○

293

絹僎銀〇文足　　〇文足　　　〇文舊　　　〇文舊　　　　〇足　法

絹僎銀〇文足　　〇文足　　　舊文 子母　　〇文舊　　　　〇　右行

　　　　　　　　　　　　　　　　　　　　　　　　　　　　　兩行

銀僎錢〇文足　　文足　　　　〇文舊　　　〇文舊　　　　　併之

　　　　　　　　　　　　　　　　　　　　　　　　　　　　　別行

〇文足　　　　　文足　　　　文舊 子母　　〇文舊　　　　　右行

　　　　　　　　　　　　　　　　　　　　　　　　　左行除右行

〇文　　　　　　文　　　　　　　　　　　　　　　　　　　　左行

今欲變右行足錢舊會皆爲新會，故以五遍乘甲陌五十四，得二百七十。乙陌五十九，得二百九十五。

元備並新
會文

甲　　　乙　　　丙　　　丁

合解錢　甲文　　乙文　　丙○文　丁○文
　　　　　　　　　　　　　　　　　皆係新會

兩行

對乘

備率·交定　　丁文足　　○文舊　　○文舊

實用○文　　　文　　　○文舊　　○文舊　　○文

術曰：
如法而
一，除
至一文，
乃止

每擔法

○億　　　　億　　　　○億　　　　億

甲丁文足　○文　　乙文　　丙○文舊　丁○文舊

不盡　　　　　不盡

乙盡不不錢，各為新會
甲不擔備，得為新會
其有者，滿計所約會

各實甲文　　文足　　丙文舊　　右行

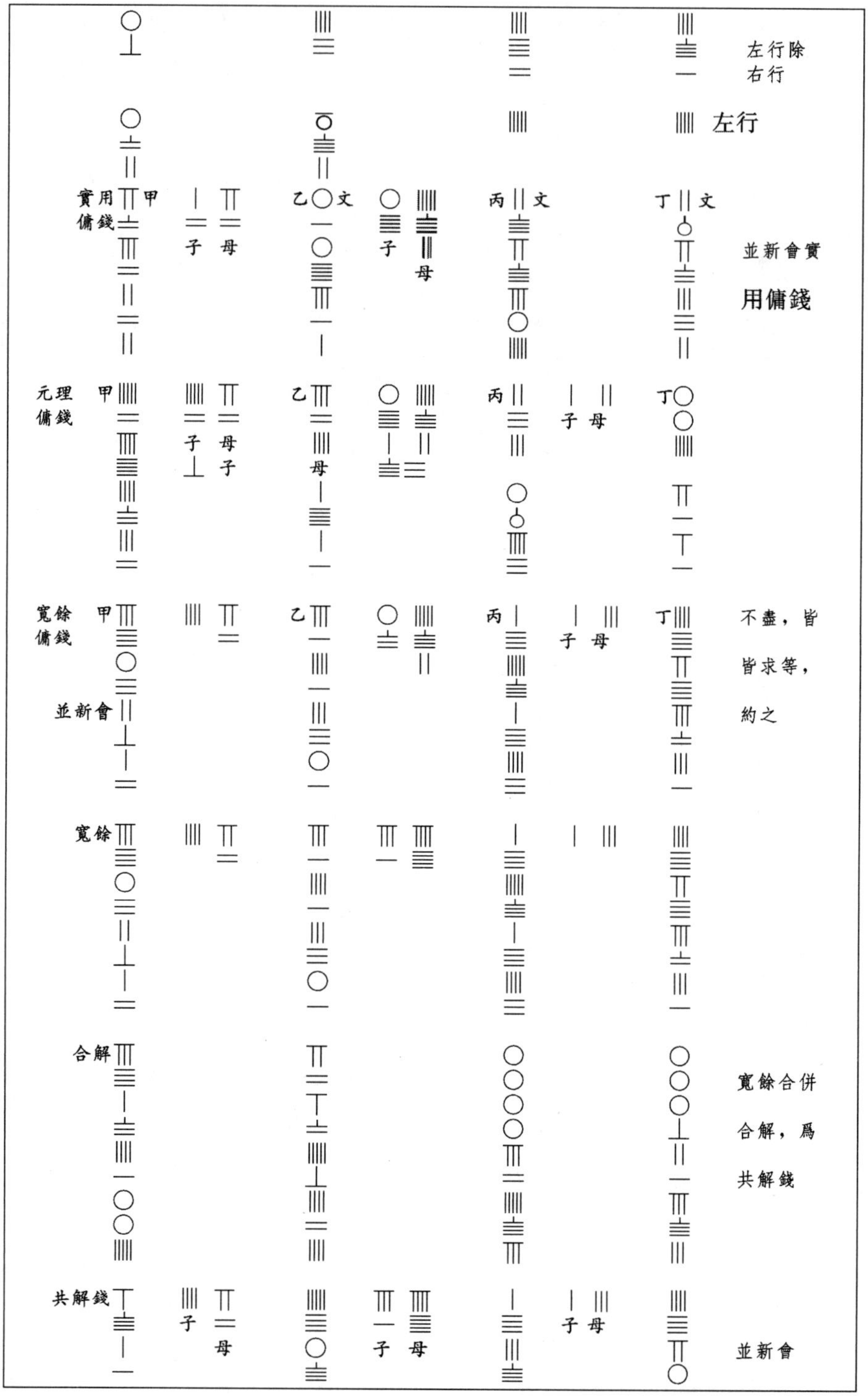

左行除
右行

左行

實用
傭錢　甲　　　乙文　　　丙文　　　丁文

　　　　　子　母　　　子　母　　　　　　並新會實
用傭錢

元理
傭錢　甲　　　乙　　　　丙　　　　丁
　　　　　　子　母　　　子　母
　　　　子　母
　　　母　子

寬餘
傭錢　甲　　　乙　　　　丙　　　　丁
　　　　　　　　　　　　　子　母
並新會　　　　　　　　　　　　　　　　不盡，皆
皆求等，
約之

寬餘　　　　　　　　　　　　　　　　丁

合解　　　　　　　　　　　　　　　　　寬餘合併
合解，爲
共解錢

共解錢　　　　乙　　　　　　　　　丁
　　　子　　　　　　子　母　　子　母
　　　　母　　　　　　　　　　　　　　並新會

【庫本】按：右數實用傭錢內，第二層乙條下子數⧺〇訛⧺。原理傭錢內末層丁條左第二數丅訛⧻。寬餘傭錢內第二層乙條下子數一⧻訛二⧍。末層丁條左第二數⧻訛丨，餘數俱合。

算回運費[①]

問：有江西水運米一十二萬三千四百石，元係至鎮江交卸，計水程二千一百三十里，每石水腳錢一貫二百文，十七界會子[②]。今截上件米，就池州安頓。池州至鎮江八百八十里，欲收回不該水腳錢幾何？

答曰：收回錢六萬一千一百七十八貫五百九十一文。

術曰：以粟米互易求之。置池州至鎮江里數，乘水腳錢，得數，又乘運米，爲實。以元至鎮江水程爲法，除實，得收回錢。

草曰：置池州至鎮江八百八十里，乘每石水腳錢一貫二百，得一千五十六貫文。又乘運米一十二萬三千四百石，得一億三千三十一萬四百貫文，爲實。以元至鎮江水程二千一百三十里爲法，除實，得六萬一千一百七十八貫五百九十一文，爲收回錢數。

課糴貴賤

問：差人五路和糴，據甲浙西平江府石價三十五貫文，一百三十五合，至鎮江水腳錢，每石九百文。安吉州石價二十九貫五百文，一百一十

---

① 《札記》卷一："第十一卷《算回運費》，館本入卷六下。"
② 十七界會子：《永樂大典》卷一六三四三引本條及庫本均無此五字，似當作小字注。

合，至鎮江水脚錢，每石一貫二百文。江西隆興府石價二十八貫一百文，一百一十五合，至建康水脚錢，每石一貫七百文。吉州石價二十五貫八百五十文，一百二十合，至建康水脚錢，每石二貫九百文。湖廣潭州石價二十七貫三百文，一百一十八合，至鄂州水脚錢，每石二貫一百文。其錢並十七界官會，其米並用文思院斛。交量細數，欲皆以官斛計石錢，相比貴賤幾何？文思院斛每斗八十三合。

答曰：文思院斛石錢：安吉州二十三貫一百六十四文一十一分文之六。平江府二十二貫七十一文二十七分文之二十三。隆興府二十一貫五百七文二十三分文之一十九。潭州二十貫六百七十九文五十九分文之三十九。吉州一十九貫八百八十五文一十二分文之五。

術曰：以粟米互換求之。置石價併水脚，乘①官斗合數，爲實。各如本州合數而一，各得官斛石錢，以課貴賤。

草曰：置安吉州石價二十九貫五百文，平江石價三十五貫文，隆興石價二十八貫一百文，吉州石價二十五貫八百五十文，潭州石價二十七貫三百文，列右行。次置水脚，安吉一貫二百文，平江九百文，隆興一貫七百文，吉州二貫九百文，潭州二貫一百文，列左行。各對本州石價，以兩行數併之，得數：安吉三十貫七百，平江三十五貫九百，隆興二十九貫八百，潭州二十九貫四百，吉州二十八貫七百五十，仍於右行。次以文思院官斗八十三合遍乘之，安吉州得二千五百四十八貫一百文，平江府得二千九百七十九貫七百文，江西隆興得二千四百七十三貫四百文，湖南潭州得二千四百四十貫二百文，江南吉州得二千三百八十六貫二百五十文，各爲實，於右行。次列安吉斗一百一十合，平江斗一百三十五合，隆興斗一百一十五合，潭州斗一百一十八合，吉州斗一百二十合，於左行，爲法，以對除右行之實：安吉得二十三貫一百六十四文一十一分文之六，平江得二

---

① "乘"下庫本有"石數又乘"四字，王鈔本天頭批："銳案：此四字衍文。"

十二貫七十一文二十七分文之二十三，隆興得二十一貫五百七文二十三分
文之一十九，潭州得二十貫六百七十九文五十九分文之三十九，吉州得一
十九貫八百八十五文一十二分文之五。相課石價，其安吉州最貴，平江次
之，隆興又次之，潭州又次之，吉州最賤。

數書九章卷第十二

囷積量容①

問：有圓囷米二十五個，內有大囷一十二個，上徑一丈，下徑九尺，高一丈二尺；小囷一十三個，上徑九尺，下徑八尺，高一丈。今出租斗一隻，口方九寸六分，底方七寸，正深四寸。並裹明準尺，先令準數造五斗方斛及圓斛各二隻，須令二斛口徑正深、大小不同，各得多少及囷積米幾何？

答曰：方斛一隻，口方六寸四分，底方一尺二寸，深一尺五寸九分二釐；又一隻，口方一尺，底方一尺二寸，深一尺一寸四分五釐；圓斛一隻，口徑一尺二寸七分，底徑一尺二寸，深一尺一寸一分四釐；又一隻，口徑一尺三寸，底徑一尺二寸，深一尺一寸八分五釐。囷米計八千六十七石四升七合四勺一抄八撮②。

術曰：以商功及少廣求之。置出斗上下方，相乘之，又各自乘，併之，乘深，又以五斗乘之，爲積于上。

求方斛，先自如意立數，爲斛深。又如意立數，爲底方。置深爲從隅，以底方乘隅，爲從方。又以底乘從方，爲減率，以減上積，餘爲實。開連枝平方，得方斛口方。不盡，以所得數爲基，增損求之。以口底方相

---

① 《札記》卷一："第十二卷《囷積量容》，館本作'方圓同積'……入卷九下市易類。"庫本題注云："按：舊本此問無題，今增。"

② 八千六十七石四升七合四勺一抄八撮：《札記》卷四引沈氏欽裴曰："當作'六千五十石二斗八升五合五勺六抄三撮四圭'。草中於共得數下，遺漏三因四除，故得數多四分之一。"

乘，又各自乘，併之，爲法。除前上積，得深，餘分收棄之。

　　求圓斛，置四數，以因前積，爲寄。如意立數，爲斛深。別如意立數，爲底徑。以三因深，爲從隅。以底徑乘隅，爲從方。以底徑乘從方，爲減率，以減寄，餘爲實。開連枝平方，得口徑。不盡，以所得爲基，如意求差。以口底徑相乘，又各自乘，併之，爲法。除寄，得深，餘分收棄之。

　　求囷米，置各囷上徑、下徑相乘，又各自乘，併之，乘高，又乘囷數，所得之數，爲積。囷有大小，以類併之，爲共積。如四而一，爲實①。以斛法除之，得米。

出斗

				出斗爲率
口方寸	底方寸	正深寸		
上 上得寸	中 口方寸	下 底方寸		中乘下，得上
上位寸 得寸 副	口方寸 次	口方寸 下		次乘下，得副，以併上
上寸 得寸 上	底方寸 次	底方寸 下		次乘下，得副，以併上
				上乘副，得次
得〇寸 深寸 上 副	得寸 次	斗 下		次乘下，得斛積三段

---

① 如四而一爲實：《札記》卷四引沈氏云："當作'三因，如四而一，爲實'。"

		如意寸 丅斛深	‖寸斛底方	如意立此二數
斛積 丅寸	母			
斛積 ‖‖‖寸	底方 ‖寸	‖從方	丅隅	副乘次，得上之減積數
上	副	次	下	
實 寸	從方 ‖		從隅 丅	方隅皆不可超進，乃約實，置商六寸
商 丅寸	實 ‖‖‖寸	‖從方	丅從隅	約實，置首商六寸，生隅入方
商 丅寸	實	方	丅隅	以方命商，除實
商 丅寸	實	方	丅隅	又以商生隅，入方
商 丅寸	實	方	丅隅	方一退，隅再退
商 丅寸	實	方	丅隅	約實，續商三分
商 丅寸 實		方	丅隅	以續商生隅，入方

商丁寸 實〔籌〕	〔籌〕方		丁隅一	以方命續商，除實
商丁寸 實〔籌〕	〔籌〕方		丁隅一	以續商又生隅，入方
商丁寸 實〔籌〕	〔籌〕方		丁隅一	方一退，隅再退
商丁寸 實〔籌〕	〔籌〕方		丁隅一	約實，又續商五釐
商丁寸 實〔籌〕	〔籌〕方		丁隅一	以續商生隅，入方
商丁寸 實〔籌〕寸 一不及	〔籌〕方		丁隅一	以續命方除實
益〔籌〕 基寸	益〔籌〕釐	基〔籌〕 口方丁寸	元底〔籌〕寸一	造斛盡無釐，又益釐爲分，基乘底，得上
上〔籌〕	基 口方丁 副	基 口方丁 次	丁〔籌〕下〇〔籌〕下	副次基自乘，得下，上下相併，得後圖上數
上丁〔籌〕 上	底方〔籌〕冪 副	底方〔籌〕 次	底方〔籌〕 下	底方自乘，得底方冪，併上，爲法

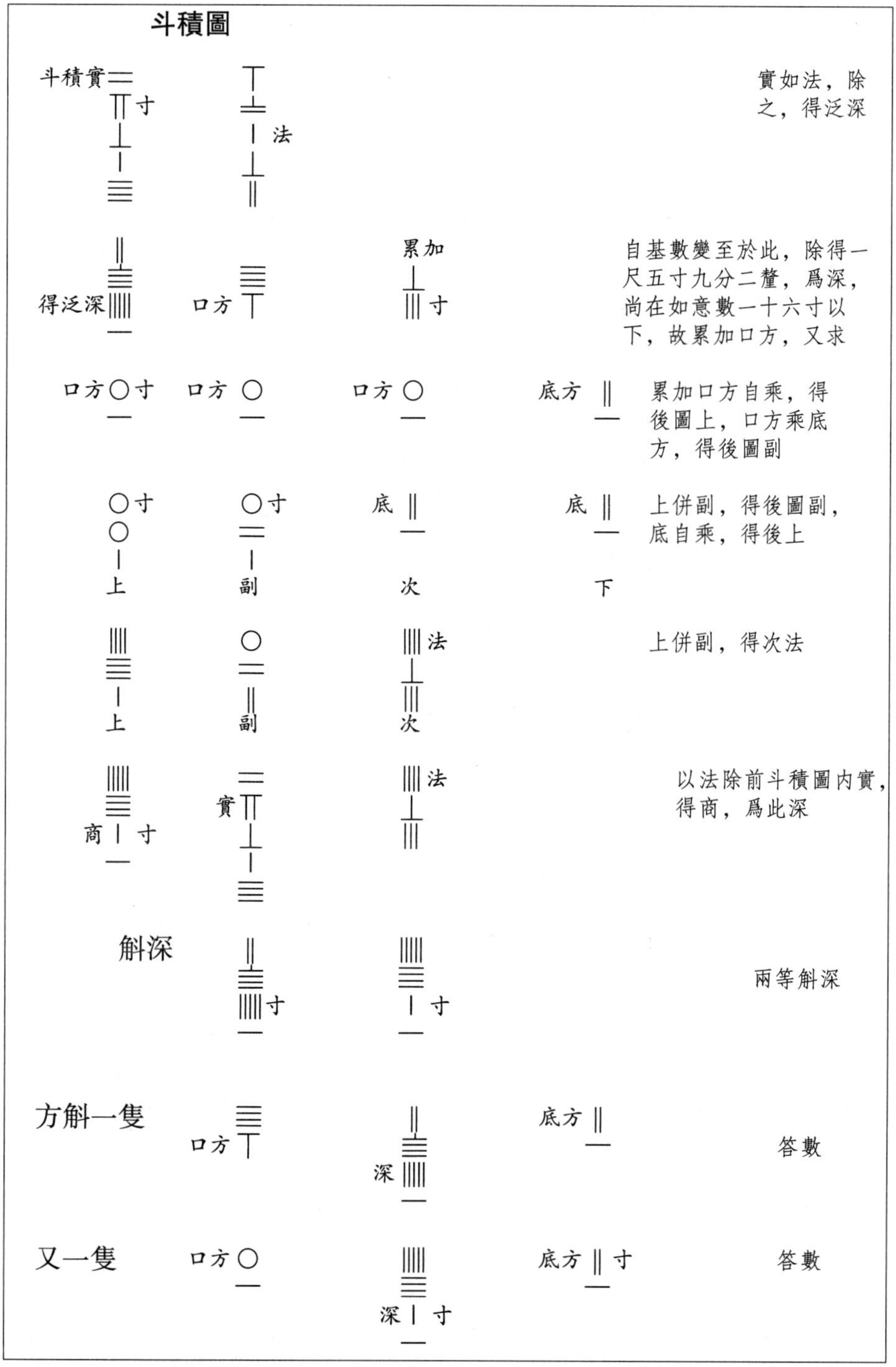

斗積圖

斗積實　　　　　　法

實如法，除之，得泛深

累加

得泛深　　口方

自基數變至於此，除得一尺五寸九分二釐，爲深，尚在如意數一十六寸以下，故累加口方，又求

口方〇寸　　口方〇　　口方〇　　底方

累加口方自乘，得後圖上，口方乘底方，得後圖副

〇寸　　〇寸　　底　　底
〇　　　〇　　　次　　下
上　　　副

上併副，得後圖副，底自乘，得後上

上　　　副　　　次

法

上併副，得次法

商　寸　　實　　　　法

以法除前斗積圖內實，得商，爲此深

斛深

兩等斛深

方斛一隻　　口方　　深　　底方

答數

又一隻　　口方〇　　深　寸　　底方　寸

答數

305

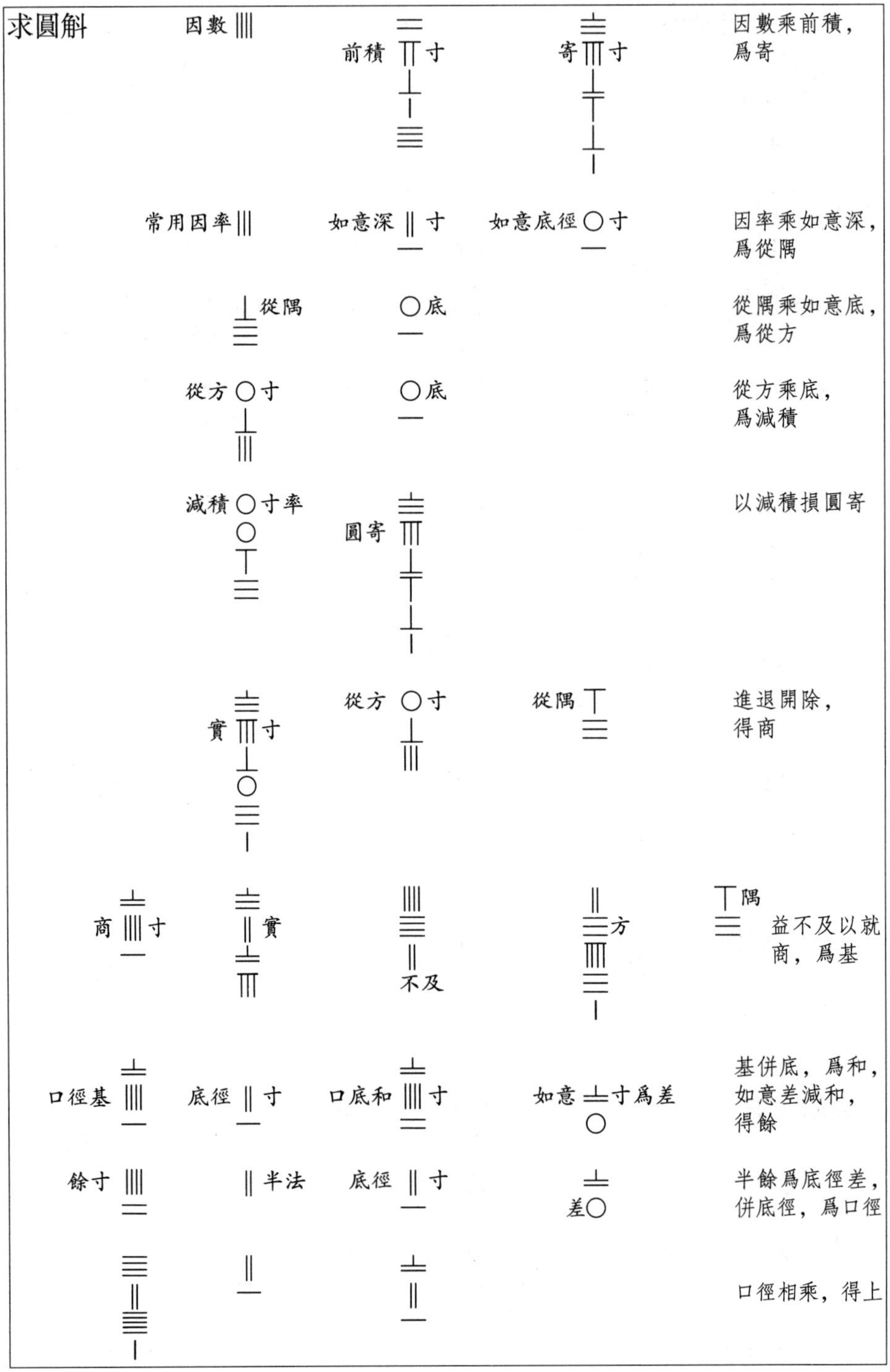

求圓斛

因數	前積 寸	寄 寸

因數乘前積，爲寄

常用因率　如意深 寸　如意底徑 寸

因率乘如意深，爲從隅

從隅　底

從隅乘如意底，爲從方

從方 寸　底

從方乘底，爲減積

減積 寸率　圓寄

以減積損圓寄

實 寸　從方 寸　從隅

進退開除，得商

商 寸　實　不及　方　隅

益不及以就商，爲基

口徑基　底徑 寸　口底和 寸　如意 寸爲差

基併底，爲和，如意差減和，得餘

餘 寸　半法　底徑 寸　差

半餘爲底徑差，併底徑，爲口徑

口徑相乘，得上

口徑	口徑		上寸 口徑冪得寸	口徑自乘,得口冪,口冪併上,得後上
底徑	底徑	底冪	上	底徑自乘,得底冪,底冪併上,得後上
法寸		因率	上寸	三因上,得法
法寸		圓奇寸爲實		法除實,得商
法			商寸	法退,續商
法		實不及 實寸		實不及,收就續商,爲斛深
如意〇寸	得徑寸	基寸	因斛深	如意益分入基,爲口徑
底徑〇寸	口徑寸	和寸	如意差	底徑併口徑,爲和,如意立差損和,爲餘

				半餘得中，以併中，爲口徑
餘　寸	半法	中　得寸	差寸	
上　寸	口徑　寸	底徑　寸		口底相乘，得上
併上	口徑　寸	口徑　寸		口徑自乘，得併
上	併上	得　寸	底　底	底自乘，併上
併上　寸	因率	法		三因得數，爲法
	圓寄	法　寸		以法除圓寄，寄得商
商　寸	釐　餘○寸	法		餘釐棄之
商　寸	收○寸	圓斛深		收餘毫，得斛深

圓斛一隻

	口徑　寸	深	底　徑寸	答數
上○寸	圓上徑○寸	圓下徑○寸		上下徑相乘，得後上

				上徑自乘，爲徑冪，併上，得後上
上	上深冪	上徑	上徑	
上	下徑冪	下徑	下徑	下徑自乘，爲徑冪，併上，得後上
得	囤高	得	囤數	上乘囤高，得次，乘囤數，得寄
寄	小囤上徑	下徑	次	副乘下徑，得次
次	得	上徑	上徑	徑自乘，得副，以副併上，得後上
次		下徑	下徑	下徑自乘，得副，併上，得後上
上	副	次	下	以上乘副，得次，乘下，得後上

得　○寸　　　寄○寸　　　實○寸　　　斗積 〔算籌〕寸 ‖

上併寄，爲
實，二因斗
積，爲法

商　○石　　　實　○寸　　　法〔算籌〕寸

法除實，得商

其商即囷米

商〔算籌〕石

〔算籌〕寸
不及

大小二十五囷米〔算籌〕石

方圓四斛，皆
同得此數

草曰：置出租斗口方九寸六分，與底方七寸相乘，得六十七寸二分於上。又以口方九寸六分自乘之，得九十二寸一分六釐，加上。又以底方七寸自乘，得四十九寸。又加上，共得二百八寸三分六釐。乘深四寸，得八百三十三寸四分四釐。又以五斗乘之，得四千一百六十七寸二分，爲三段斛積於上。

　　求方斛，如意立一尺六寸，爲斛深。又如意立一尺二寸，爲斛底。以深一十六寸爲從隅，以底一十二寸乘隅，得一百九十二寸，爲從方。又以底一十二寸乘從方一百九十二寸，得二千三百四寸，爲減積。以減上積四千一百六十七寸二分，餘一千八百六十三寸二分，爲實。開連枝平方，得六寸三分五釐，爲基。其積不及一寸一分六釐，係有虧數。其基數爲未可用，須合損益基數。今益作六寸四分，爲口方。以元立一尺二寸爲底方，以口方乘底方，得七十六寸八分於上。又以口方六寸四分自乘，得四十寸九分六釐。又以底方一十二寸自乘，得一百四十四寸。併以加上，共得二百六十一寸七分六釐，爲法。以除前積四千一百六十七寸二分，得一尺五寸九分二釐，爲方斛深。其積不及一釐九毫二絲，收爲閏。又累增至一十寸，爲口方。仍以一十二寸爲底方。乃以口方一十寸乘底方一十二寸，得一百二十寸於上。又以口方自乘，得一百寸，加上。又以底方自乘，得一百四十四寸。又加上，共得三百六十四寸，爲法。亦除前實積四千一百六十七寸二分，得一十一寸四分五釐，爲方斛深。其積不及六分，收爲閏。此是求出兩等斛數，在人擇而用之。

　　求圓斛，置四數，以因前積四千一百六十七寸二分，得一萬六千六百六十八寸八分，爲寄。如意立一尺二寸，爲圓斛深。又如意立一尺，爲底徑。以三因深，得三十六寸，爲從隅。以底一十寸乘隅，得三百六十寸，爲從方。又以底一十寸乘從方，得三千六百寸，爲減率。以減寄一萬六千六百六十八寸八分，餘一萬三千六十八寸八分，爲實。開連枝平方，得一尺四寸七分，爲基。其實不及二寸四分四釐，收爲閏。次以元立底徑一尺，併基一尺四寸七分，得二尺四寸七分。只減七分爲差，餘二尺四寸。以半之，得一尺二寸，爲底徑。以差七分併底徑，得一尺二寸七分，爲口徑。始以口徑一尺二寸七分乘底徑一尺二寸，得一百五十二寸四分於上。次以口徑自乘，得一百六十一寸二分九釐，加上。又以底徑自乘，得一百四十四寸。又加上，共得四百五十七寸六分九釐。以三因之，得一千三百七十三寸七釐，爲法。除前圓寄一萬六千六百六十八寸八分，得一尺二寸一分四釐，爲圓斛正深。其實不及二毫六絲九忽八微①，收爲閏。又以基一尺四寸七分，增三分，得一尺五寸，併底徑一尺，得二尺五寸。減一寸爲差，餘二尺四寸。以半之，得一尺二寸，爲底徑。以差一寸併底徑一尺二寸，得一尺三寸，爲口徑。始以口徑一十三寸乘底徑一尺二寸，得一百五十六寸於上。又以口徑一十三寸自乘，得一百六十九寸，加上。又以底徑一十二寸自乘，得一百四十四寸。又加上，共得四百六十九寸。以三因之，得一千四百七寸，爲法。除前圓寄一萬六千六百六十八寸八分，得一尺一寸八分四釐七毫，爲圓斛深。寄餘七釐一毫，却收深七毫作一釐，通得一尺一寸八分五釐，爲圓斛深。此是求出兩等圓斛，在人擇而用之。

　　求囷米，置大囷上徑一丈，通爲百寸，乘下徑九十寸，得九千寸於上。又以上徑自乘，得一萬寸，加上。又以下徑九十寸自乘，得八千一百寸。加上，共得二萬七千一百寸。乘高一百二十寸，得三百二十五萬二千寸。又乘大囷一十二個，得三千九百二萬四千寸，爲寄。次置小囷上徑九十寸，下徑八十寸，相乘，得七千二百寸於次。又上徑自乘，得八千一百，加次。又下徑自乘，得六千四百寸。加次，共得二萬一千七百寸。又乘高一百寸，得二百一十七萬②寸。又乘小囷一十三個，得二千八百二十一萬寸。併寄，共得六千七百二十三萬四千寸，爲實③。倍前斛積四千一百六十七寸二分，爲法。除之，得八千六十七石四升七合四勺一抄八撮。

　　【庫本】按：求方斛積法，以上下徑相乘，又各自乘，併而以深再乘，三除之，得積。求徑深法，三因積。有二徑，以二徑相乘，各自乘數，併而除之，得深。有一深一徑，以深除積，得數，內減徑，自乘，餘爲實徑。爲縱開帶縱平方，得又一徑。或徑自乘，深再乘減積，除爲實。

---

① 其實不及二毫六絲九忽八微：《札記》卷四引李氏云："當作'二分六釐九毫八絲'。"
② 七萬：《札記》卷四："七萬"二字，分行夾注，今改正。案：此蓋因刊板已成，校補脱字所致。集中若此類不能悉正，讀者以意求之可耳。
③ "爲實"下，庫本注："按：應四歸爲實。草中遺漏，故得數誤。"

以深爲縱隅，深徑相乘，爲縱方。開連枝平方，得又一徑。草中求斗積，不加三除，爲三倍斗積，五因之，爲三倍斛積，故設正深底徑二數。開連枝平方，以求口徑。既得口徑，復設二徑數，以求正深也。求圓斛徑，即如求圓外切方邊，當以方圓冪率，變圓積爲方積，故四因前積，而以三因正深代三除也。求圓囷米尺積，先用方斛求積法，次變方爲圓。方斛法用三除，變圓法用三因，四除合之則三因，四除合之則三除，並可省。惟以四除之，即得圓囷積。術中詳言之，而草中步算遺漏四除，故得數誤爲四倍也。

【王鈔本】天頭批銳案：囷上下徑相乘自乘，皆爲方冪。以方求圓，當以共得六千七百二十三萬四千寸，三之，得二億一百七十萬二千寸。四而一，得五千四十二萬五千五百寸，爲三段共囷米積寸，爲實。倍前斛積，得八千三百三十四寸四分，爲三段石積，爲法。除實，得六千五十石二斗八升五合五勺六抄三撮，爲囷米也。此及下算圖並誤。

銳案：此實爲四段共囷米積寸，前斛積爲三段五斗積寸，倍之爲三段一石積寸。於術當以共得六千七百二十三萬四千寸，三之，得二（萬）〔億〕一百七十萬二千寸。四而一，得五千四十二萬 (按：原衍"五千四十二萬"，今刪) 五千五百寸，爲實。以倍斛積八千三百三十四寸四分爲法，除之，得六千五十石二斗八升五合五勺六抄三撮，爲囷米也。

【附】《札記》卷四：案：此所得較沈氏少四圭者，此題答數至撮而止，故李氏亦至撮而止。沈氏則據前賦役類《復邑脩賦》題至圭而止，故并圭數之，其實圭下尚有餘分，但無庸悉數耳。

積倉知數①

問：和糴米運，借倉權頓，計五十敖，每敖闊一丈五尺，深三丈，米

---

① 《札記》卷一："《積倉知數》，館本作'寄倉知總'，與《方圓同積》《推知糴數》《累收庫本》俱入卷九下市易類。"庫本題注云："按：舊本此問無題，今增。"

高一丈二尺。又借寺屋四十間：内二十五間，闊一丈二尺，深二丈五尺，米高一丈；内一十五間，各闊一丈三尺，深三丈，米高一丈二尺。欲知寺屋及倉容米共計幾何？

答曰：共計米一十六萬六千八十石。倉五十敖，米一十萬八千石。寺屋四十間，米五萬八千八十石。

術曰：商功求之。置敖並屋深闊、米高相乘，併之，爲實。如斛法而一。

草曰：先以敖深三丈，通爲三十尺，乘闊一十五尺，得四百五十尺。又乘高一十二尺，得五千四百尺，以乘五十敖，得二十七萬尺，爲實。以斛法二尺五寸除之，得一十萬八千石，爲倉五十敖共容米。

次置寺屋深二十五尺，乘闊一十二尺，得三百尺。又乘米高一十尺，得三千尺。以二十五間乘之，得七萬五千尺於上。次置深三十尺，乘闊一十三尺，得三百九十尺。又乘米高一十二尺，得四千六百八十尺，以乘一十五間，得七萬二百尺。加上，共得一十四萬五千二百尺，爲寄。斛法二尺五寸除之，得五萬八千八十石，爲寺屋四十間共容米。以併敖米，共得一十六萬六千八十石，爲共和糴到米。

推知糴數

問：和糴三百萬貫，求米石數。聞每石牙錢三十，糴場量米折支牙人所得，每石出牽錢八百，牙人量米四石六斗八合，折與牽頭。欲知米數、石價、牙錢、牙米、牽錢各幾何？

【庫本】按題意，買米共用錢三十億，每石牙錢三十文，共牙錢。折米給之，共折米。每石牽錢八百文，共牽錢。牙人又折米四石六斗零八合給之，求各數。

答曰：糴到米一十二萬石。石價二十五貫文。牙錢三千六百貫文。折米一百四十四石。牽錢一百一十五貫二百文。

糴米○本文　　牙錢○文　　　　得○文　　　牽錢○文

先以上乘副，
得次，乃以次
乘下，得實

隅○石

石價實○文　　方○　　　廉○　　　隅○石

首圖牙錢、牽
錢，皆是石率，
所乘糴本，爲
石價之實，今
以牽米爲立方
隅，當以四石
自文下起步

商○　　　實○　　　方○　　　　　　隅○石

廉

隅○石

隅超二位，

約商得寸

商○　　　實○文　　方○

隅

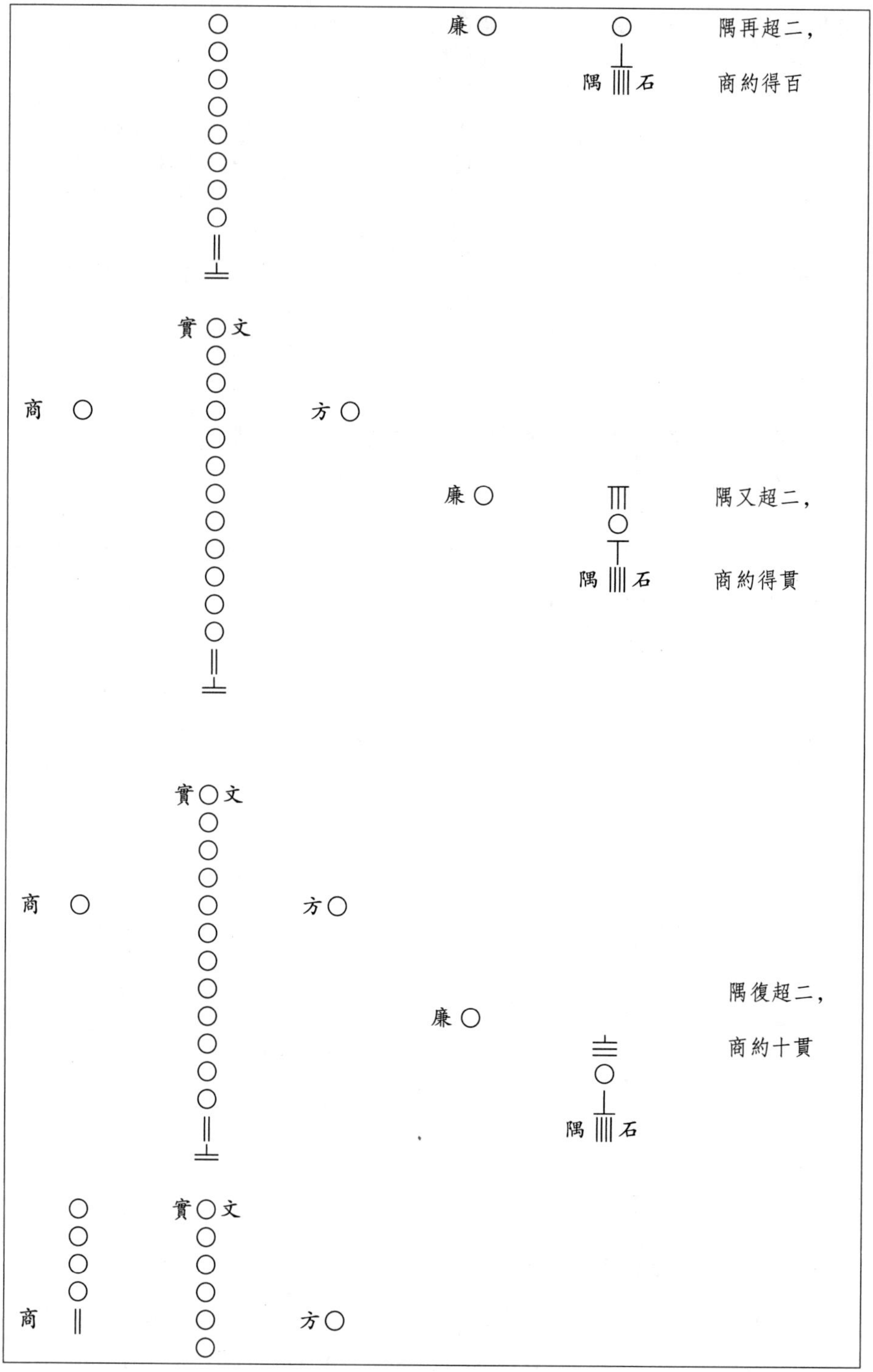

隅再超二，

商約得百

實　文
商　　　　　　方

廉

隅 石

隅又超二，

商約得貫

廉

隅 石

實　文
商　　　　　　方

隅復超二，

商約十貫

廉

隅 石

實　文
商　　　　方

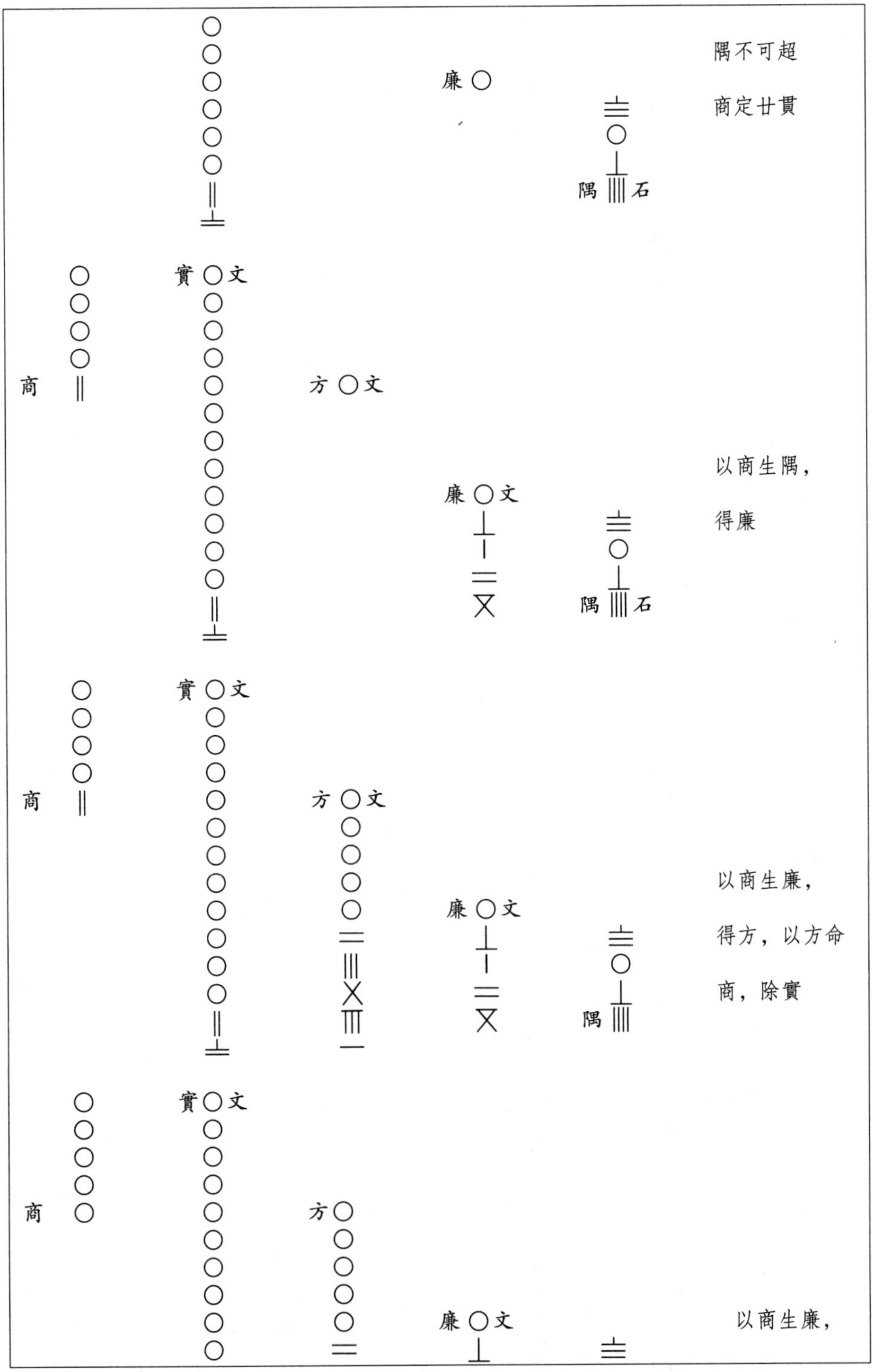

隔不可超
商定廿貫

廉〇

隔 石

實〇文

商

方〇文

以商生隔，
得廉

廉〇文

隔 石

實〇文

商

方〇文

廉〇文

隔

以商生廉，
得方，以方命
商，除實

實〇文

商

方〇

廉〇文

以商生廉，

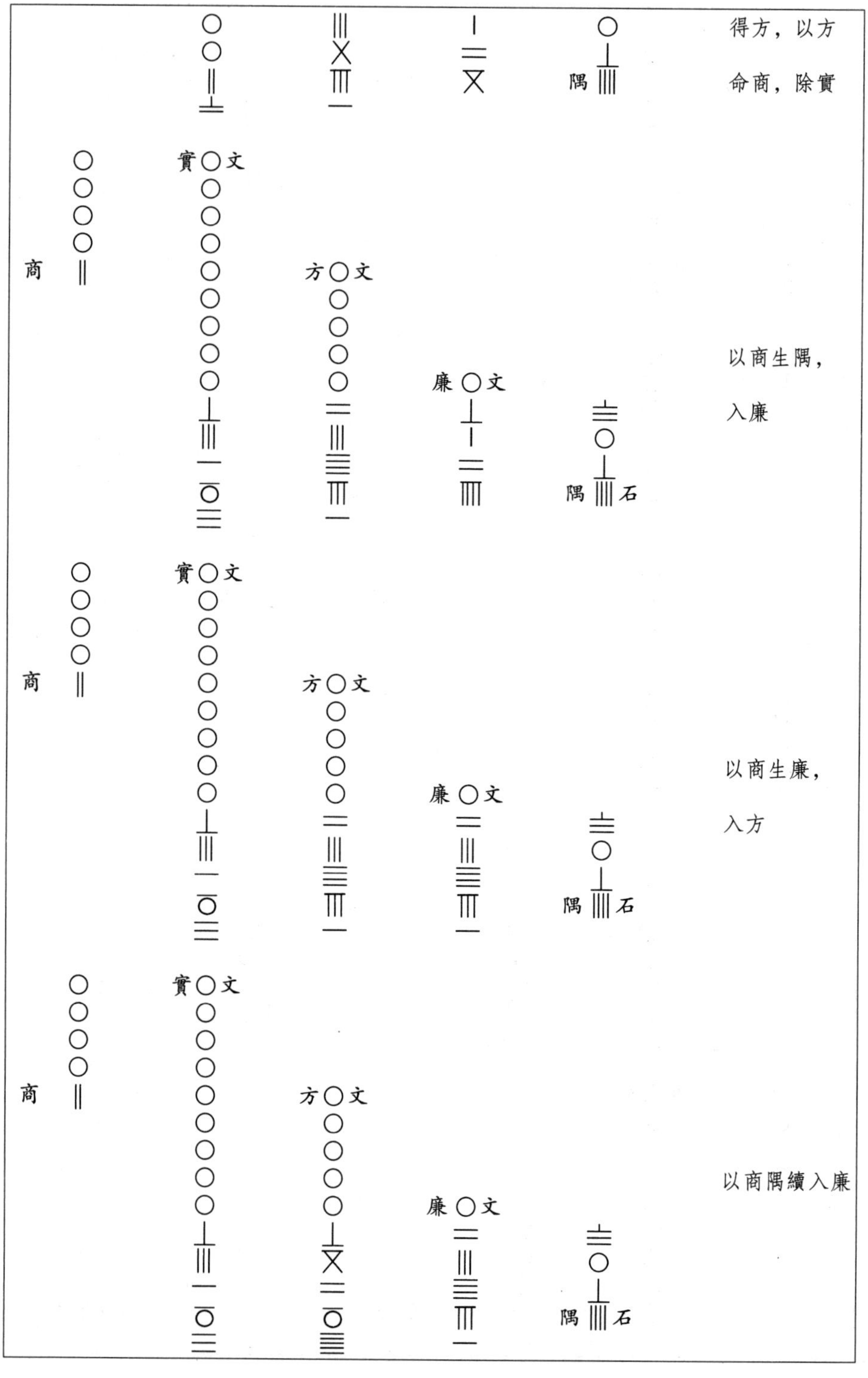

得方，以方

命商，除實

商

實○文

方○文

以商生隅，

入廉

廉○文

隅 石

商

實○文

方○文

以商生廉，

入方

廉○文

隅 石

商

實○文

方○文

廉○文

以商隅續入廉

隅 石

商○
○
○
○

實○文
○
○
○
○
○
○
方○
○
○
○
廉○文
隅　石

方一退，廉再退，隅三退

商〢
○
○
○

實○文
○
○
○
○
○
○
○
方○文
○
○
廉○文
隅　石

約實，續商五貫

商〢
○
○
○

實○文
○
○
○
○
○
○
○
○
方○文
○
○
○
廉○文
隅　石

以續商生隅，入廉

實○文
○
○

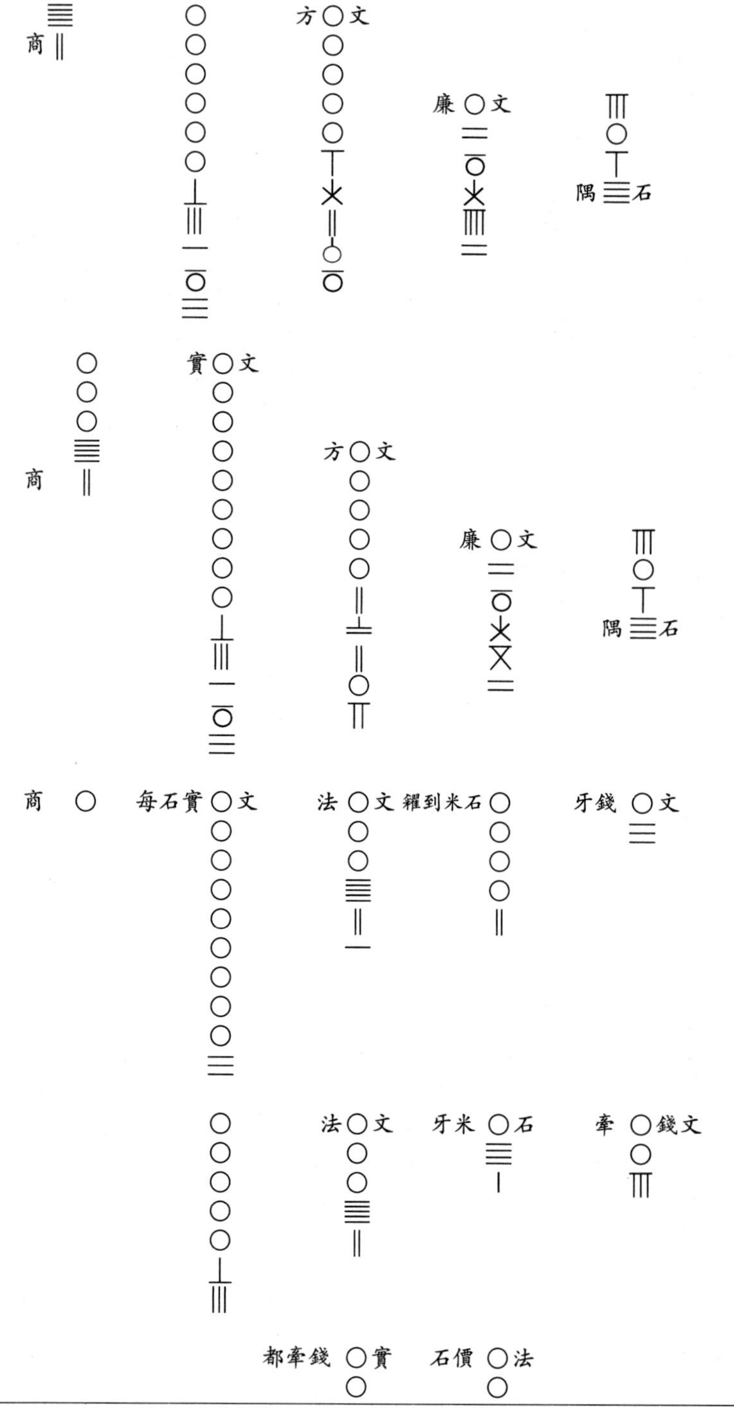

商 〢

方〇文

廉〇文

隅 〣石

以續商生廉，
入方

商 〢

實〇文

方〇文

廉〇文

隅 〣石

乃以方命續商，
除實，適盡

商 〇

每石實〇文

法〇文

糴到米石〇

牙錢〇文

以石價除糴
本，得糴到米，
以牙錢乘糴到
米，得牙錢

法〇文

牙米〇石

牽〇錢文

以石價除牙
錢，得牙米，
以牽錢乘牙
米，得都牽錢

都牽錢〇實

石價〇法

以石價除都

		牽錢，得牽
〓丅	〇〓‖	米，見問。

術曰：以商功求之，率變入之。置糴本、牙錢、牽錢，相乘爲實。以牽米爲隅，開連枝立方，得石價。以價除本，得糴到米。以牙錢乘米，得總牙錢。以價除之，得牙米。以牽錢乘牙米，得共牽錢。

草曰：置糴米三百萬貫，乘牙錢三十文，得九千萬貫。又乘牽錢八百文，得七百二十億萬貫①，爲價實。置牽米四石六斗八合，於實數零文之下，爲立方。從隅起步，步法常超二位。每超一度，商進之。今隅凡超四度，當於實上約定首商二十貫。乃以商生隅四石六斗八合，得九十二貫一百六十文，乃以爲廉。又以商生廉，得一百八十四萬三千二百貫，爲方。乃以方命上商二十貫，除實訖，實餘三百五十一億三千六百萬貫。復以商生隅四石六斗四合入廉，得一百八十四貫三百二十文。又以商生廉，加入方內，得五百五十二萬九千六百貫，爲方法。復以商又生隅四石六斗八合加入廉，得二百七十六貫四百八十文，爲廉法。其方法一退，廉法二退，從隅三退。乃於首商之次，約實，續商五貫。以續商生隅四石六斗八合入廉，得二百九十九貫五百二十文。又以續商生廉，入方，得七百二萬七千二百貫。乃命續商五貫除實，適盡。所得二十五貫，爲每石米價，以爲法。

以糴本三百萬貫爲實，如法而一，得一十二萬石，爲糴到米數。以米數乘牙錢三十，得三千六百貫，爲牙錢。以石價二十五貫除牙錢三千六百貫文，得一百四十四石，爲糴場量米折牙錢。以牽錢八百乘牙米一百四十四石，得一百一十五貫二百文，爲牽頭得牙人所與牽錢之數。今乃以石價二十五貫文約牽錢一百一十五貫二百文，得四石六斗八合，爲牽米折錢。合問。

【庫本】按：此術之意，以立天元一解之。法立天元一爲米每石之價，以折牽米四石六斗零八合，乘之，得四元六〇八，爲共牽錢。應以每

---

① "萬貫"下，庫本注："按：'七百二十億貫'，'萬'字誤。後'餘寔'內'萬'字同此。"

石牽錢八百除之，寄分母代除，得八百分元之四分六〇八，爲共折給牙人米數。又以天元一乘之，得八百分平方之四分六〇八，爲共牙錢。應以每石牙錢三十除之，寄分母代除，得三十分又八百分平方之四分六〇八，爲共米數。又以天元一乘之，得三十分又八百分立方之四分六〇八，爲共米價。與三百萬貫相等，兩邊各以三十乘之，又以八百乘之，得四立方六〇八，與七百二十億貫等，以立方數除兩邊，得一立方，與一百五十六億二千五百萬貫等。置貫數爲寔，開立方，得二十五貫，爲米每石價數。草中不除開連枝立方，爲除之不能盡者，便於用也。

【附】《札記》卷四：案：此術以立天元一明之。立天元一〇丨爲石價，合以除三百萬貫，爲糴到米，今省不除，便以三百萬貫爲糴到米。內寄天元爲分母。以牙錢三十乘之，得九千萬貫，爲帶分糴錢。合以石價除之，爲牙人所得米，今省不除，便以九千萬貫爲牙人所得米。內寄天自乘爲分母。以牽錢八百乘之，得七百二十億貫，爲帶分牽錢。合以石價除之，爲牽錢所折米，今省不除，便以七百二十億貫爲帶分牽錢所折米。內寄天元再自乘爲分母，寄左。乃以天元再自乘，得〇〇〇丨，以乘四石六斗八合，得

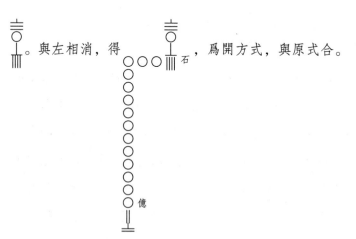

。與左相消，得　　　　　　，爲開方式，與原式合。

分定綱解①

問：州郡合解諸司窠名錢，戶部九十六萬五千四百二十一貫文，總所六十四萬三千六百一十四貫文，運司一萬六千九十貫三百五十文。今諸窠名，先催到九千二百五十三貫六百二十文，欲照元額分數，均定椿米候解，合各幾何？

答曰：戶部五千四百九十七貫二百文。總所三千六百六十四貫八百文。運司九十一貫六百二十文。

術曰：以衰分求之。置諸元率，可約，約之。副併爲法。以催到錢乘未併者，各爲實。實如法而一。

草曰：列戶部九十六萬五千四百二十一貫，總所六十四萬三千六百一十四貫，運司一萬六千九十貫三百五十文，各爲元率。今元率可約求等，得一萬六千九十貫三百五十爲等數，俱約之。戶部得六十，總所得四十，運司得一，各爲率。副併得一百一，爲法。

次置催到九千二百五十三貫六百二十文，爲總積。以戶部率六十乘之，得五十五萬五千二百一十七貫二百。以總所率乘，得三十七萬一百四十四貫八百。以運司率乘，得九千二百五十三貫六百二十文。各爲候解錢分積率，各如一百一而一。其戶部得五千四百九十七貫二百文，總所得三千六百六十四貫八百文，運司得九十一貫六百二十，各爲候解錢。

【庫本】按：此法今名和數比列，即用合解爲率，亦可增一約分，取其數簡也。

累收庫本

問：有庫本錢五十萬貫，月息六釐半。令今掌事每月帶本納息，共還

---

① 《札記》卷一："《分定綱解》，館本作'均定合解'，與《米穀粒分》俱入卷五下賦役類。"庫本題注："按：原本此問無題，今增。"

一十萬。欲知幾何月而納足，並末後畸錢多少？

答曰：本息納足，共七個月。末後一月錢二萬四千七百六貫二百七十九文三分四釐八毫四絲六忽七微七沙三莽一輕二清五煙。

術曰：以盈朒變法求之。置元本，以息數退位，乘歸本位。每出共納，累得月數。以末後不及數，爲足月錢數。

草曰：置本五十萬貫，以六釐五毫乘入共本内①，得五十三萬二千五百貫文。内減初月一十萬貫，餘四十三萬二千五百貫文。以六釐五毫乘之，得四十六萬六百一十二貫五百文。又減次月一十萬貫，餘三十六萬六百一十二貫五百文。又以六釐五毫乘之，得三十八萬四千五十二貫三百一十二文五分。又減第三月錢一十萬貫，餘二十八萬四千五十二貫三百一十二文五分。又以六釐五毫乘之，得三十萬二千五百一十五貫七百一十二文八分一釐二毫五絲。内減第四月錢一十萬貫，餘二十萬二千五百一十五貫七百一十二文八分一釐二毫五絲。又以六釐五毫乘之，得二十一萬五千六百七十九貫二百三十四文一分四釐五毫三絲一忽二微五塵。内減第五月錢一十萬貫，餘一十一萬五千六百七十九貫二百三十四文一分四釐五毫三絲一忽二微五塵。又以六釐五毫乘之，得一十二萬三千一百九十八貫三百八十四文三分六釐四毫七絲五忽七微八塵一沙二渺五莽。減第六月錢一十萬貫，餘二萬三千一百九十八貫三百八十四文三分六釐四毫七絲五忽七微八塵一沙二渺五莽。又以六釐五毫乘之，得二萬四千七百六貫二百七十九文三分四釐八毫四絲六忽七微無塵七沙無渺三莽一輕二清五煙，爲第七月納足本息畸錢。

---

① 以六釐五毫乘入共本内：《札記》卷四："案：此所謂身下乘也。置五十萬貫於位，以六釐五毫退位乘之，得三萬二千五百貫於身下，便以五十三萬二千五百貫爲本息共數，較常法以乘得數與本數副置相加者稍捷。下六次乘法皆然。"館本此句"乘"字下有"之"字，下六次"乘"之下皆有"入餘本内"四字，恐是校者嫌其晦昧，故爲增之，非作者本意也。今從原本。

米穀粒分①

問：開倉受納，有甲户米一千五百三十四石到廊。驗得米内夾穀，乃於樣内取米一捻，數計二百五十四粒，内有穀二十八顆。凡粒米率，每勺三百。今欲知米内雜穀多少，以折米數科責及粒，各幾何？

答曰：米一千三百六十四石八斗九升七合六勺一百二十七分勺之四十八。穀一百六十九石一斗二合三勺二百二十七分勺之七十九。合折米八十四石五斗五升一合一勺一百二十七分勺之一百三。元米折米，共計四十三億四千八百三十四萬六千四百五十六粒②。

術曰：以粟米求之，衰分入之。置樣米粒數，爲法。以帶穀顆數減之，餘與穀爲列衰。可約，約之。以共米乘列衰，爲各實。實如法而一，各得米數、穀數。置穀數，以粟率折之，爲穀所折米。次以勺率遍乘米數、折米，得粒數。

草曰：置一捻樣粒數二百五十四，爲法。以帶穀二十八顆爲穀衰，以減法，餘二百二十六，爲米衰。此二衰與法，皆可約，求等得二，俱以二約之。法得一百二十七，米衰得一百一十三，穀衰得一十四。以共米一千五百三十四石遍乘二衰，得一十七萬三千三百四十二石，爲米實；得二萬一千四百七十六石，爲穀實。皆如法一百二十七而一，米得一千三百六十四石八斗九升七合六勺一百二十七分勺之四十八，穀得一百六十九石一斗二合三勺一百二十七分勺之七十九。以粟率五十折之③，得八十四石五斗五升一合一勺一百二十七分勺之一百三，爲穀折納米數。併二米，得一千四百四十九石四斗四升八合八勺一百二十七分勺之二十四。先通分納

---

① 此條庫本移置卷五下賦役類。
② 四百五十六粒：《札記》卷四："誤'七百九粒'。案：此數條及下草，似欲於答數截去餘分，以歸簡約。然粒米率每勺三百，則一分計得米二粒餘，既欲以勺求粒，餘分安可不計？今從館本。"
③ 以粟率五十折之：《札記》卷四："案：此句殊牽混。其意蓋謂每穀一石，得米五斗，故以米五斗折穀數，得穀折納米數耳。與《九章》粟率何涉？粟即穀也，與糲粺繫米爲率，不與穀爲率。"

子，得一十八萬四千八十石，以勻率三百粒乘子，得五千五百二十二億四千萬粒，爲實。以母一百二十七除之，得四十三億四千八百三十四萬六千七百五十六粒，不盡八十八，棄之。合問。

數書九章卷第十三

營建類

計定城築①

問：淮郡築一城，圍長一千五百一十丈。外築羊馬墻，開濠，長與城同。城身高三丈，面闊三丈，下闊七丈五尺。羊馬墻高一丈，面闊五尺，下闊一丈。開濠面闊三十丈，下闊二十五丈。女頭鵲臺，共高五尺五寸，共闊三尺六寸，共長一丈。鵲臺長一丈，高五寸，闊五尺四寸。座子長一丈，高二尺二寸五分，闊三尺六寸。肩子高一尺二寸五分，闊三尺六寸，長八尺四寸。帽子高一尺五寸，闊三尺六寸，長六尺六寸。箭窗三眼，各闊六寸，長七寸五分，外眼比內眼斜低三寸。取土用穿四堅三為率。周迴石版，鋪城脚三層，每片長五尺，闊二尺，厚五寸。通身用甎包砌，下一丈九幅②，中一丈七幅，上一丈五幅。甎每片長一尺二寸，闊六寸，厚二寸五分。護嶮墻高三尺，闊一尺二寸③，下脚高一尺五寸，鋪甎三幅。上一尺五寸，鋪甎二幅。每長一丈，用木物料永定柱二十條，長三丈五尺，徑一尺，每條栽埋功七分，串鑿功三分。爬頭拽後木共八十條，長二丈，徑七寸，每條作功三分，串鑿功二分。搏子木二百條，長一丈，徑三寸。每條作功二分，般加功二分。紝橛二千箇，每箇長一尺，方

---

① 《札記》卷一："第十三卷共四題，館本俱入卷七下。"
② 九幅：庫本注："按：九幅，即九層。"《札記》卷四："案此書之例，以上下為層，內外為幅。"
③ "二寸"下，庫本注："按：此句贅。蓋下既論幅，則不用闊。下當云每幅之闊，為甎之長數。"

一寸，每箇功七毫。紐索二千條，長一丈，徑五分，每條功九毫。石版一
十片，匠一功，般一功，每片灰一十斤。般灰千斤，用一功。甋匠每功砌
七百片。石灰每甋一斤，蘆蓆一百五十領，青茅五百束，絲竿笙竹五十
條。笏子水竹一十把，每把二尺圍。鑊手、鍬手、擔土、杵手，每功各六
十尺。火頭一名，管六十工。部押濠寨一名，管一百二十工。每工日支新
會一百文，米二升五合。欲①知城墻堅積、濠積、濠深，共用木、竹、櫼、
索、甋、石、灰、蘆、茅、人工錢米共數各幾何？

　　【庫本】按題意，掘土爲壕以築城，城身及羊馬墻身共積，即壕身
積，語中未詳。羊馬墻及壕周遶城外，當長于城周，題中未載距城尺數。
城墻用甋包砌，當計三面，題中只計一面，皆屬疎漏。護險墻應以甋長爲
闊，題中復言闊之尺數。柱木、繩櫼等徑方長短，術、草不用其數，題中
亦皆開載，未免冗繁。然古商功之略，猶可見焉。故于草中，就其所問之
意，而改正之。

　　答曰：城積二千三百七十八萬二千五百尺堅積。墻積一百一十三萬二
千五百尺堅積。濠積三千三百二十二萬尺穿積。濠深八丈。永定柱三萬二
百條，每條長三丈五尺，徑一尺。爬頭拽後木一十二萬八百條，每條長二
丈，徑七寸。摶子木三十萬二千條，每條長一丈，徑三寸。紐櫼子三百二
萬箇，每箇長一尺，方一寸。紐索三百二萬條，每條長一丈，徑五分。蘆
蓆二十二萬六千五百領。青茅七十五萬五千束，每束六尺圍。笙竹七萬五
千五百竿，每竿六寸圍。水竹一萬五千一百把，每把二寸圍②。石版一萬
五千一百片③。城甋一千二百八十三萬三千四百九十片。石灰一千二百九
十八萬四千四百九十斤。用功二百萬三千七百七十功。新會二十萬三百七
十七貫文，支米五萬九十四石二斗五升。

──────────

① 欲：原脱，據明鈔本、庫本補。
② 每把二寸圍：《札記》卷四："案：前問題作二尺，此作二寸，未知孰是。"
③ 石版一萬五千一百片：《札記》卷四："案：此數誤。"

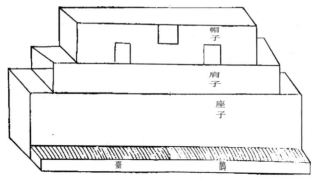

女牆圖

【庫本】按：右答數，石版、城甎、石灰三數俱誤，餘數亦多偶合，具詳草後。

按：舊圖在術前，其尺數多未合，今改正，移于此（整理者按：移于草前）。

術曰：以商功求之。置城及墻上下廣，各併之，乘高，進位，半之，各得每丈積率。併之，爲共率。先以每功尺除之，又以諸色工各數乘之，爲土功丈率。次置柱、木、橛、索，乘其每條段功，得各共功。次置城方一丈，自之，乘用甎總幅數，爲實。以甎長乘厚，爲側法①。除實，得城身用甎。次置鵲臺、座子、肩子、帽子各高、闊、長，相乘爲寄，併之於上。次以箭窗眼高低差寸，求斜深虛積。減寄，餘爲女頭甎實。以側法乘甎闊，爲甎積法。除之，得女頭鵲臺用甎。

又置護險墻高，以丈乘而半之，又乘上下幅共數，爲實。以甎闊厚相乘，爲法，除之，得護險墻用甎。併三項用甎，爲都實。以每功片爲法，除之，得甎匠功。以每丈用石段數，求石匠功。以搬每丈石，求搬石功。以片用灰數乘都甎，得甎用灰。以每丈石版數乘片用灰，得石用灰。併之，爲甎石共灰。以每功般灰數除之，得般灰工②。併諸作功，爲實。

———————

① 側法：《札記》卷四：側，館本作“則”。案：甎以闊面爲側。此處計厚而不計闊，故曰側法。今從原本，下同。
② 工：按上下文例，當作“功”。明鈔本作“功”，庫本作“工”。

以火頭、壕寨每管人數各爲法，除之，得各數。又併之，爲都功。然後以城圍通長，遍乘諸項每丈率積灰各功料，得共數。

草曰：置城上廣三丈，併下廣七丈五尺，得一十丈五尺。乘高三丈，得三千一百五十尺。進位①，得三萬一千五百尺。半之，得一萬五千七百五十尺，爲每丈城積率。次置羊馬墻闊五尺，併下闊一丈，得一十五尺。乘高一丈，得一百五十尺。進位，得一千五百尺。以半之，得七百五十尺，爲羊馬墻每丈積率。併城墻二率，得一萬六千五百尺，爲共率，以爲實。以钁鍬擔土杵手各六十尺，爲法。除實，得二百七十五功。以四色因之，得一千一百功，爲钁鍬擔土杵手功。

置永定柱二十條，乘每條栽埋功七分，得一十四功。又乘串鑿功三分，得六功。計二十功，爲永定柱功。

置爬頭拽後木八十條，乘作功三分，得二十四功。又乘串鑿功二分，得一十六功。計四十功，爲爬頭拽後木功。

置搏子木二百條，乘作功二分，得四十功。又乘般加功二分，得四十功。計八十功，爲搏子木功。

置紕橛二千箇，乘作功七毫，得一十四功。紕索二千條，乘作功九毫，得一十八功。計三十二功，爲橛索共功。

乃以城墻女頭甋積，求甋匠功。置城身方一丈，自乘，得一百尺於上。次置下九幅、中七幅、上五幅，併之，得二十一幅。乘上，得二千一百尺。甋長有寸，以寸通之，爲二十一萬寸，爲實②。以甋長一十二寸乘厚二寸五分，得三十寸，爲側法③。除實，得七千片，爲城身甋數。又置鵲臺高五寸，乘闊五尺四寸，得二百七十寸。又乘長一丈，得二萬七千寸，寄上。又置座子高二尺二寸五分，乘闊三尺六寸，得八百一十寸。又

① 進位：庫本注："按：即十尺乘之。"
② "爲實"下，庫本注："按：此條誤，應減去三層石腳積，餘爲甋實，方合。"
③ "側法"下，庫本注："按：此條誤，應減去三層石腳積，餘爲甋實，方合。"

乘長一丈，得八萬一千寸，加寄。又置肩子高一尺二寸五分，乘闊三尺六寸，得四百五十寸。又乘長八尺四寸，得三萬七千八百寸，又加寄。又置帽子高一尺五寸，乘闊二尺六寸，又乘長六尺六寸，得三萬五千六百四十寸，又加寄。共得一十八萬一千四百四十寸，共爲寄。其箭窗內外眼，雖差三寸，於斜深虛積，將盈補虧，與真深等。以窗闊六寸乘長七寸五分，得四十五寸。又乘座闊三尺六寸，得一千六百二十寸，爲窗虛積①。以減寄，餘一十七萬九千八百二十寸，爲實。置甎側法三十寸，乘甎闊六寸，得一百八十寸，爲甎積法。除實，得九百九十九片，爲女頭鵲臺共甎。又置護嶮牆高三尺，乘每丈，得三千寸。以牆法當半折之，得一千五百寸。又乘上下五幅，得七千五百寸，爲實。次以甎厚二寸五分乘闊六寸，得一十五寸，爲甎法。除實，得五百片，爲護嶮牆甎。次併三項甎，得八千四百九十九片，爲每丈用甎都實。以每功七百片爲法，除實，得一十二功七百分功之九十九，爲甎功。

每丈用石版十片②，計一功。搬石十片，計一功。甎每片用灰一斤，命都甎，即甎用灰之數。又置每丈用石版一十片，每片用灰一十斤，相乘之，得一百斤，爲石版用灰。併甎用灰八千四百九十九斤，得八千五百九十九斤，爲甎石用灰數，爲實。以每功般一千斤爲法，除之，得八功一千分功之四百九十九③，爲般灰功並石匠般石二功。

通前列土功一千一百，定柱功二十，爬頭拽後木功四十，搏子木功八十，概索功三十二，甎功一十二功七百分功之九十九④，搬灰八功千分功之四百九十九，石匠搬石共二功⑤，併諸作功餘分不同者，合分術入

---

① 窗虛積：庫本作"窗積"，下注："按：箭眼三，當三因之，此用一眼，數誤。"
② "十片"下，庫本注："按：此條誤。應用一十六片二分。"
③ 得八功一千分功之四百九十九：《札記》卷四：李氏云："以一千除八千五百九十九，當得八功一千分功之五百九十九。此數誤。"案：以下皆因此而誤。
④ "九十九"下，庫本注："按：此數誤。"
⑤ 二功：庫本作"二工"，注："按：此數誤。"

之，共得一千二百九十四功七千分功之一千四百八十九①，通分内子，得一百二十九萬五千四百八十九，爲衆功實②。

置火頭每管六十人，分母乘之，得六萬，爲法③。除都功實，得火頭二十一人六萬分之三萬五千四百八十九。壕寨每部一百二十人，就倍火頭法六萬爲十二萬，亦除衆功實，得壕寨十人十二萬分之九萬五千四百八十九。列兩餘分及前諸作功餘七千分之一千四百八十九三項，以合分術入之，得一功。不盡五十萬四千億分之三十萬二千三百六十九億四千萬分。求等，又約之，爲八十四萬分之五十萬三千九百四十九分。乃又併之，共得一千三百二十六功。其餘分，大約百分中之五十九，在半以上，收爲一功。共定得一千三百二十七功④，爲每丈都功。

然後以城通長，遍乘諸項。置城長一千五百一十丈，乘城率⑤一萬五千七百五十尺，得二千三百七十八萬二千五百尺，爲城堅積。又以城長乘牆率七百五十尺，得一百一十三萬二千五百尺，爲牆堅積。併牆、城二積，得二千四百九十一萬五千尺。又以墟率四因之，得九千九百六十六萬尺，爲實。以堅率三約得三千三百二十二萬尺，爲濠積，以爲實。以濠闊三十丈併下闊二十五丈，得五十五丈，以半之，得二百七十五尺，乘濠長一千五百一十丈，得四十一萬五千二百五十尺，爲濠法。除實，得八丈，爲濠深。

【附】《札記》卷四："得四十一萬五千二百五十尺，爲濠法。除實，得八丈，爲濠深"，案：此數誤，當作"得四百一十五萬二千五百

---

① "八十九"下，庫本注："按：甎工差多一工，石工差少一工，故相併之，工數無差。分子則差少四千八百五十二分。"
② "通分内子"至"衆功實"：《札記》卷四引李氏云："此求都工實有誤。搬灰工分子當作五百九十九，今作四百九十九，一誤也。以甎工分子九十九，進位作九百九十，與搬灰工分子四百九十九相加，得一千四百八十九，爲共工分子；即以甎工分母七百，進位作七千，爲共工分母，不合合分術，二誤也。既以七千爲分母，又只以一千通分内子，前後互異，三誤也。"
③ "爲法"下，庫本注："按：數誤。分母七千乘六十，應得四十二萬。"
④ "七功"下，庫本注："按：此數偶合。"
⑤ 置城長一千五百一十丈乘城率：《札記》卷四：案：此句有誤，當作"置城長一千五百一十丈，以丈率約之，得一千五百一十尺，乘城率"，蓋城率、牆率，原爲每丈所積之尺。今但求其都數，當以尺爲率，不當以丈爲率也。言丈則十尺矣，幸得數尚不誤。"

尺，爲濠法。除實，得八尺，爲濠深"。蓋濠長一千五百一十丈，通之，得一萬五千一百尺。以與濠上下闊折半之二百七十五尺相乘，所得末位，仍當爲百尺。原本末位作十尺，是誤以濠長末位一十丈爲一十尺矣。此條之誤，與上求堅積相反。上條當約而不約，此條不當約而反約也。

求功料共數，如術，以城通長，遍乘丈率功永定柱、爬頭拽後木、搏子木、橛子木、紙索、蘆蓆、笙竹、水竹、青茅、城甋、石版、石灰，各得以共功乘日支錢米，得共錢米。更不立草。

【庫本】按：草中法數有不合者，逐條改正如左。

一、題言城脚週廻鋪石版三層，通身用甋包砌，應于先求得一丈，自乘幅數，再乘之二十一萬寸數內，減去三層石脚之一萬三千五百寸，餘一十九萬六千五百寸，爲甋實。以甋則①三十寸除之，得六千五百五十片②，爲甋數。草中即以全積爲甋實，故得數差多四百五十片。

一、女頭鵲臺全積一十八萬一千四百四十寸；一、箭窗虛積一千六百二十寸。三眼，應三因之，得四千八百六十寸，以減全積，餘一十七萬六千五百八十寸，爲實。以一甋積一百八十寸除之，得九百八十一片，爲甋數。草中只減一眼虛積，故得數差多一十八片。

一、併城墻、鵲臺、護險墻三甋數，得共用甋八千零三十一片。草中差多四百六十八片。

一、題言城脚鋪石版三層，應以甋闊六寸乘九幅，得五十四寸。以一丈乘之，得五千四百寸。三因之，得一萬六千二百寸，爲實。以石之長闊相乘，得一千寸，爲法。除之，得一十六片二分。草中並無求法，但云每丈用石版十片，差少六片二分。

一、石每片用灰十觔，甋每片用灰一觔，每丈石用灰一百六十二觔，甋用灰八千零三十一觔，二共用灰八千一百九十三觔。草中石用灰差

---

① 甋則：《札記》卷四："案：'則'字據原本當作'側'，此以爲法則之則。"
② 片：原作"觔"，據《札記》卷四改。

少六十二觔，甎用灰差多四百六十八觔，二共用灰差多四百零六觔。

一、石十片，二工；甎七百片，一工；灰千觔，一工。每丈應用石工三工二分四釐，甎工一十一工七百分工之三百三十一，灰工八工千分工之一百九十三。併之，又併土工一千一百工、定柱工二十工、爬頭木工四十工、摶子木工八十工、橛索工三十二工，共得一千二百九十四工七千分之六千三百四十一。草中分子爲一千四百八十九，差少四千八百五十二分。

一、求火頭工，應以共工分母，通工數內子，爲實。以分母通所受六十人，爲法。除實，得火頭二十一工又一十四萬分工之八萬一千四百四十七。草中誤以千分通之，故分母子數不合。求壕寨，應仍用前實，以分母七千通所管一百二十人，爲法。除實，得壕寨十工又二十八萬分之二十二萬一千四百四十七。草中同前誤，分母子數不合。

一、前共工、火頭、壕寨三分數，通而併之，得二工又二十八萬分之七萬七千九百八十一，然後總併之，得一千三百二十七工又二十八萬分工之七萬七千九百八十一。其分子不及分母十之三，棄之，即以一千三百二十七工爲定數。草中分子僅進一工，餘數及十之六，又進一工，故所得定工數亦同。

一、共用石版二萬四千四百六十二片①，答數內差少九千三百六十二片。

一、共用甎一千二百一十二萬六千八百一十片，答數內差多七萬零六百六十八片。

一、共用灰一千二百三十七萬一千四百三十觔，答數內差多六十一萬三千六十觔。

右十餘條，皆依舊草，正其舛訛。至立法之疏密，未暇論也。

樓櫓功料

問：築城合蓋樓櫓六十處，每處一十間。護嶮高四尺，長三丈，厚隨

---

① 片：原作“觔”，據《札記》卷四改。下三“片”同改。

甋長。臥牛木一十一條，長一丈六尺，徑一尺一寸。搭腦木一十一條，長二丈，徑一尺。看濠柱一十一條，長一丈六尺，徑一尺二寸。副濠柱一十一條，長一丈五尺，徑一尺二寸。掛甲柱一十一條，長一丈三尺，徑一尺一寸。虎蹲柱一十一條，長七尺五寸，徑一尺。仰䑑板木四十五條，長一丈，徑一尺二寸。平面板木三十五條，長一丈，徑一尺二寸。串掛枋木七十三條，長五尺，徑一尺。仰板四八甋，結砌三層，計六千片，每片用灰半斤，共用紙觔一百斤。墻甋長一尺六寸，闊六寸，厚二寸半。中板瓦七千五百片，一尺釘八箇，八寸釘二百七十箇，五寸釘一百箇，四寸釘五十箇，丁環二十箇，用工三百九十六人。欲知共用工料各幾何？

【庫本】按：護險牆每甋一片，用灰一觔，題內缺。

答曰：臥牛木六百六十條。搭腦木六百六十條。看濠柱六百六十條。副濠柱六百六十條。掛甲柱六百六十條。虎蹲柱六百六十條。串掛枋四千三百八十條。仰板木二千七百條。平板木二千一百條。城甋四萬八千片。四八甋三十六萬片。石灰二十二萬八千斤。紙觔六千斤。中板瓦四十五萬片。丁環一千二百箇。一尺釘四百八十箇。八寸釘一萬六千二百箇。五寸釘六千箇。四寸釘三千箇。用工二萬三千七百六十人。

術曰：以商功求之。置牆高，乘長得寸，爲實。以甋闊乘厚，爲法。除之，得用甋及用灰。以處數並乘諸工料，得總用工料。

草曰：置牆高四尺，通爲四十寸；置長三丈，通爲三百寸。相乘，得一萬二千寸，爲實。以甋闊六寸乘厚二寸五分，得一十五寸，爲法。除之，得八百片，爲墻甋。又爲灰並四八甋灰三千斤，共灰三千八百斤，乃以六十處遍乘總用工料。臥牛木、搭腦木、看濠木柱、副濠柱、掛甲柱、虎蹲、仰板木、平板木、串掛枋木、四八甋、城甋、石灰、紙觔、中板瓦、一尺釘、八寸釘、五寸釘、四寸釘、丁環、工數，得各項總數，在前。

計造石壩

問：創石壩一座，長三十丈，水深四丈二尺，令面闊三丈。石版每片長五尺，闊二尺，厚五寸，用灰一十斤。每層高二尺，差闊一尺。石匠每工九片，般扛五片，用工四人，兼工般灰兼用，每工一百一十斤。火頭每名管六十人，部押每名管一百二十人。所用石須依原段，不許鑿動。欲知壩下闊及用石並灰共工各幾何？

答曰：壩下闊五丈。石版一十萬八百片。石灰一百萬八千斤。用夫一十萬三千五百二十八功一十一分功之八。

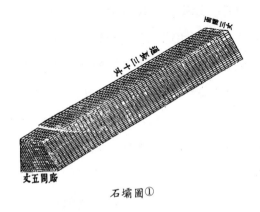

石壩圖①

層高 ‖	面闊〇尺 三	得〇尺		長〇尺 〇 ⦀
初率〇尺 〇 〇 ⫶ |	差 | 尺	高 ‖ 尺	長〇尺 〇 ⦀	

---

① 庫本此圖名《押石壩圖》，在草前，注云："按：此圖舊本在答數後，今移此。"

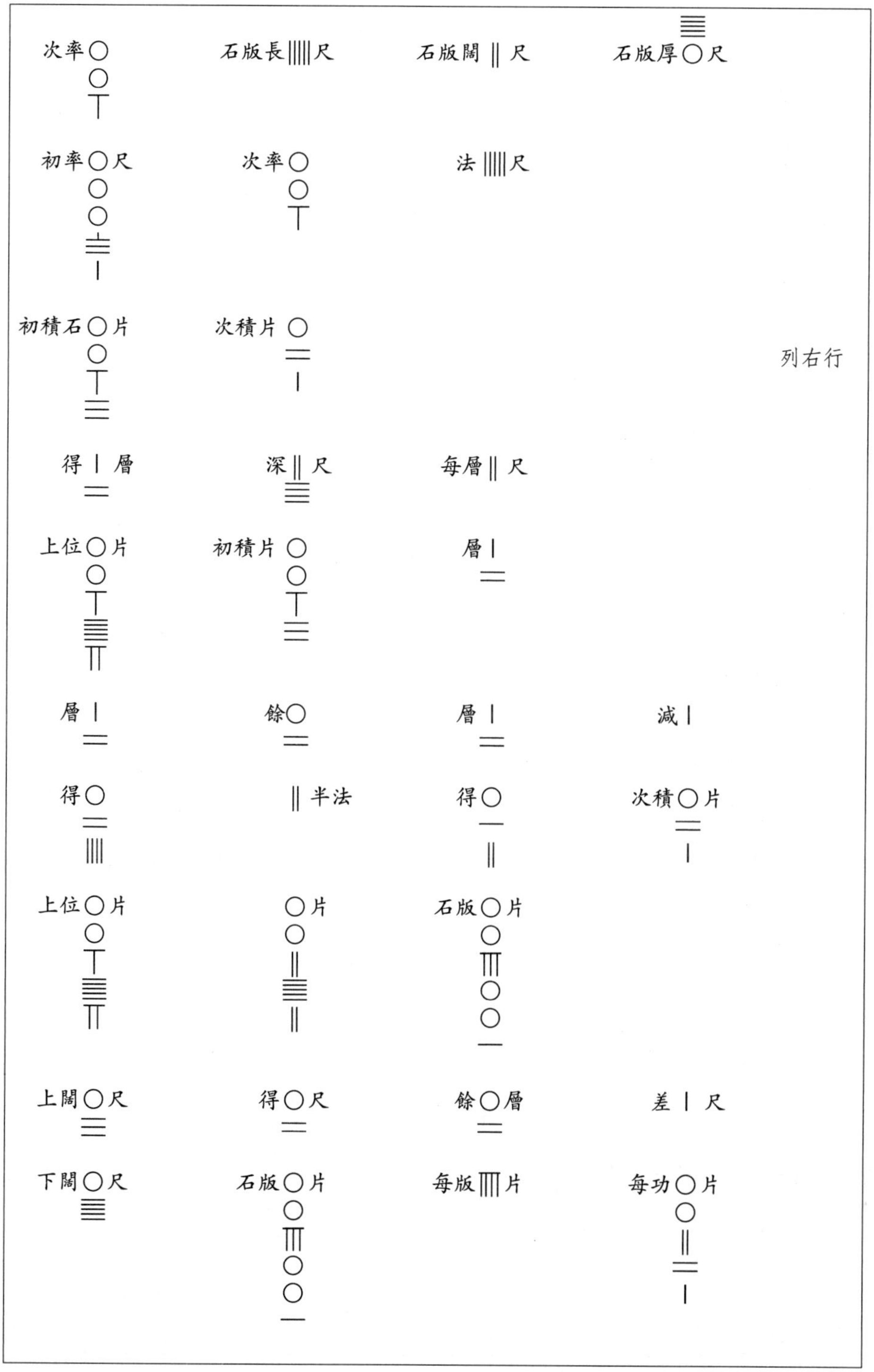

次率〇
〇
⊤

石版長 ||||尺

石版闊 ‖尺

石版厚〇尺
≡

初率〇尺
〇
〇
≡
一

次率〇
〇
⊤

法 ||||尺

初積石〇片
〇
⊤
≡

次積片 〇
〇
一

列右行

得|層
二

深 ‖尺
≡

每層 ‖尺

上位〇片
〇
⊤
≡
‖

初積片 〇
〇
⊤
≡

層|
二

層|
二

餘〇

層|
二

減|

得〇
二
||||

‖半法

得〇
一
‖

次積〇片
二
一

上位〇片
〇
⊤
三
|||

〇片
〇
|
≡

石版〇片
〇
三
〇
〇

上闊〇尺
≡

得〇尺
二

餘〇層
二

差|尺

下闊〇尺
≡

石版〇片
〇
三
〇
〇
一

每版 ||||片

每功〇片
〇
‖
≡
一

337

石版○片　　　扛|||人　　　實○片　　　扛||||片

扛　○功　　　石　○片　　　灰○斤　　　灰○實斤

灰實○

担灰|||功　　　○子

上担功|||〒 |子 一母

共功|||　　　〒子

功實○　　火頭一名 ○

人担○斤　　一法

一母

石功○　　　　般功○

一母

一母

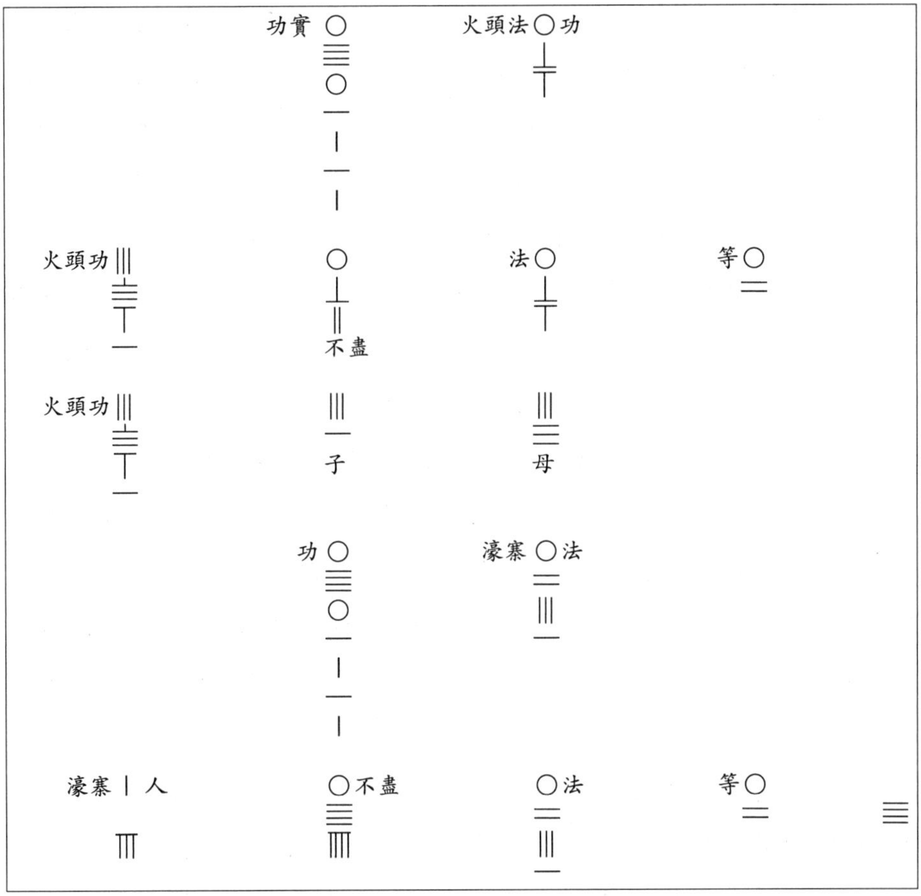

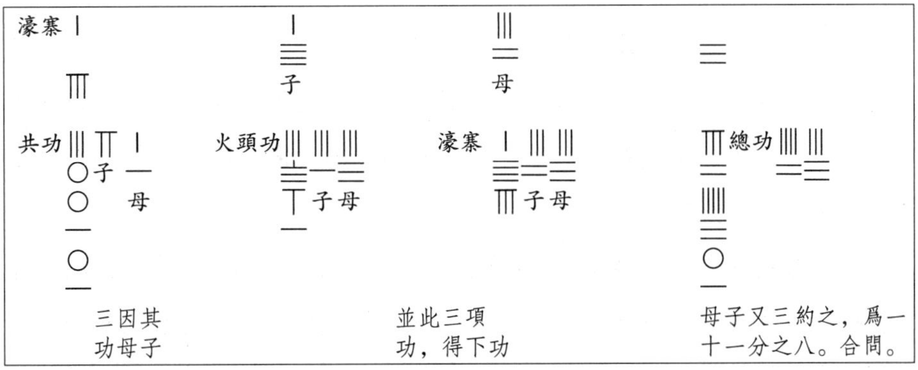

功實 〇

火頭法 〇功

火頭功

法 〇

等 〇

不盡

火頭功

子

母

功 〇

濠寨 〇法

濠寨 人

〇不盡

〇法

等 〇

濠寨

子

母

共功

火頭功

濠寨

總功

子母

子母

子母

三因其
功母子

並此三項
功，得下功

母子又三約之，爲一
十一分之八。合問。

術曰：以商功求之，招法入之。置層高尺數，乘面闊及長，爲初率。次以差闊尺數乘高，又乘長，爲次率。却以石版長、闊、厚相乘，爲法。以除二率，各得石版，爲上積及次積。置深，以層高尺數約之，得層數。

對二積列之，一行各添一撥天地數，各以累乘對約之，得乘率。以對上次積併之，爲石版①。以每片用灰乘石，爲灰數。以匠功片數約版，得石匠。以般夫數乘石版，爲實。以扛片數爲法，除之，得人數。以般用灰數除灰，得人數。併諸工，以火頭管數約之，爲火頭。半之，爲部押。

草曰：置層高二尺、面闊三丈相乘，得六十尺。又乘長三十丈，得一萬八千尺，爲初率。次以差闊一尺乘高二尺，又乘長三十丈，得六百尺，爲次率。却以石版長五尺、闊二尺、厚五寸相乘，得五尺，爲法。以除二率，得三千六百片，爲初積；一百二十片，爲次積，列右行。

置深四丈二尺，以每層二尺約之，得二十一層，乘初積三千六百片，得七萬五千六百片於上。次置二十一層，減一，餘二十，以乘二十一層，得四百二十。半之，得二百一十，乘次積一百二十片，得二萬五千二百片。加入上，共得一十萬八百片，爲石版數。次置二十一層，減去一，餘二十。以差闊一尺乘之，得二丈，併上闊三丈，共得五丈，爲下闊之數。

又置石版一十萬八百片，以每功九約，得一萬一千二百功。置石版數，以般扛四人乘之，得四十萬三千二百，爲實。以五片爲法除之，得八萬六百四十工。又置石版數，以每片用灰一十斤乘之，得一百萬八千斤，爲灰實。以每人擔用一百一十斤約之，得九千一百六十三功一十一分功之七，爲灰工於上。又併石版工一萬一千二百及併般扛工八萬六百四十功，加上，共得一十萬一千三功一十一分功之七。通分內子，得一百一十一萬一千四十，爲實。

置火頭每名管六十名功，以乘分母一十一，得六百六十，爲法。除實，得一千六百八十三功，不盡二百六十，與法約之，爲三十三分功之二十三，爲火頭功數。半之，得八百四十一功三十三分功之一十三，爲部押

---

① “一行”至“石版”：《札記》卷四：案：此語誤，當云“其上積，便以層數爲乘率。其次積，置層數減一。以層數乘之，半之，爲乘率。以乘上次積，併之，爲石版”。

濠寨數。今眾功下十一分功之七，以母十一除火頭分母三十三，得三。以三因眾功下母子，爲一十萬一千三功三十三分功之二十一。併三項母子，得一十萬三千五百二十七功。分子五十七，滿母三十三，收一功，餘二十四。與母各三約，爲十一分功之八，爲共用一十萬三千五百二十八功十一分功之八。

計浚河渠

問：開通運河，就土築堤。令面廣六丈，底廣四丈。上流深八尺，下流深一丈六尺，長四十八里。其堤下廣二丈四尺，上廣一丈八尺，長與河等。未知高，以墟四堅三爲率，秋程人功每名自開運積築墟堅，共積常六十尺。築堤至半，爲棚道取土，上下功減五分之一。限一月畢。欲知河積及堤積尺，共用功並日役工數及堤高各幾何？

答曰：河積六千二百二十萬八千尺。堤積四千六百六十五萬六千尺。堤高二丈一尺七分尺之三。共用功二十四萬四千九百四十四。日役工八千一百六十四五分工之四。

【庫本】按：共用工、日用工二數俱誤。若以共工分工積，則每工各得四百四十四尺餘，其不合明矣。辨詳草後。

術曰：以商功求之。併河上下廣於上，併河上下流深，乘之，又以長乘，爲實。以四爲法，除得河積。以堅率乘河積，爲實。以墟率爲法，除得堤積。併堤上下廣，乘堤長，半之，爲法。除堤積，得堤高。併河堤二積，以棚道母半之，副置。以棚道減功子，乘之，以棚道減功母，除之，得數，以併其副，共爲寄。以子減母，餘乘常尺，爲增子。以母乘常尺，爲增分。併增分增子，乘寄，半①爲用工實。以增分乘增子，又乘限月日，爲法。除實，得用人工數。

---

① 半：庫本作“倍”，王鈔本天頭批：“銳案，據草當云倍工實。”

草曰：置河上廣六丈，併底廣四丈，通之，折半，得五十尺於上。又置河上流深八尺，併下流深一丈六尺，併之，折半，得一十二尺。以乘上位，得六百尺，爲次。置長四十八里，以尺里法二千一百六十通之，得一十萬三千六百八十尺，得堤河長。以乘次，得六千二百二十萬八千尺，爲河積。以堅率三因河積，得一億八千六百六十二萬四千尺，爲實。以穿率四爲法，除之，得四千六百六十五萬六千尺，爲堤積。

置上廣一丈八尺，下廣二丈四尺，併之爲四十二尺。以乘堤長一十萬三千六百八十尺，得四百三十五萬四千五百六十尺。以半之，得二百一十七萬七千二百八十尺，爲法。除堤積，得二十一尺，爲堤高。不盡九十三萬三千一百二十，與法求等，得三十一萬一千四十，俱約之，爲七分尺之三。次置河積六千二百二十萬八千尺，併堤積四千六百六十五萬六千尺，得一億八百八十六萬四千尺。以棚道築至半，是二除之，得五千四百四十三萬二千尺，副之。先以減功之子一①乘之，只得此數，爲實。乃後以減功母五，爲法除之，得一千八十八萬六千四百尺，併副五千四百四十三萬二千尺，共得六千五百三十一萬八千四百尺，爲寄。以折減功五分之一，以子一減母五，餘四。以乘常尺六十，得二百四十尺，爲增子。以母五乘常尺六十，得三百尺，爲增分。以二增併之，得五百四十。乘寄，得三百五十二億七千一百九十三萬六千尺。以半之，得一百七十六億三千五百九十六萬八千尺，爲用工實②。以增分三百乘增子二百四十，得七萬二千尺。又乘限分日三十，得二百一十六萬尺，爲法。除前用工實，得八千一百六十四，爲每日人工數。不盡一百七十二萬八千，與法求等，得四十三萬二千。俱約之，爲五分工之四，得每日用工八千一百六十四功五分工

之四。復通分內子，得四萬八百二十四。以三十日乘之，得一百二十二萬四千七百二十，爲實。仍以母五約之，得二十四萬四千九百四十四工，爲共用工。合問。

【庫本】按：草中求堤積至密至捷，誠數家之要法也。至減工子母乘除而下，則法與數皆有誤焉。蓋題言棚道減工五分之一，是棚道爲平道四分之五也，四爲分母，五爲分子，應以分子五乘上下積五千四百四十三萬二千尺，得二億七千二百一十六萬尺。以分母四乘副半積，得二億一千七百七十二萬八千尺。倂之，得四億八千九百八十八萬八千尺，爲實。以分母四乘常尺六十，得二百四十尺，爲法。除實，得二百零四萬一千二百工，爲共工數。以一月三十日除之，得六萬八千零四十工，爲每日工數。

或置分子五乘上半積之得數于上，又倂分子母，得九。乘常尺六十，得五百四十尺。乘上數，得一千四百六十九億六千六百四十萬尺，爲實。以分母四乘六十尺，得二百四十尺，爲增母。以分子五乘六十尺，得三百尺，爲增子。增母子相乘，得七萬二千尺，爲法。除實，得共工數。亦與前同。此特不用副半積數，然不若前法之省。草中以五爲分母，以一爲分子，母子既以顚倒，而又以餘分爲分子。後雖易一爲四，而母子之名未正，故其中累乘累除之數，漫無可據，而所差甚遠也。

數書九章卷第十四

計作清臺①

問：創築青臺一所，正高一十二丈，上廣五丈，袤七丈，下廣一十五丈，袤一十七丈。其袤當東西，廣當南北。秋程人日行六十里，里法三百六十步。钁土、鍬土每工各二百尺，築土每功九十尺。每擔土壤一尺三寸，往來一百六十步，内四十步上下棚道。築高至少半，其棚道②三當平道五；至中半，三當七；至太半，二當五。跚蹢之間，十加一；載輪之間，二十步定一返。今甲、乙、丙三縣差夫，甲縣附郭，稅力一十三萬三千八百六十六；乙縣去臺所一百二十里，稅力二十三萬七千九百八十四；丙縣去臺一百八十里，稅力三十一萬二千三百五十四。俱以道里遠近、稅力多少均科之。臺下鋪石脚七層，先用甎包砌臺身，次用甎疊砌轉道，周圍五帶，並闊六尺，須令南北二平道、東西三峻道相間。始自臺之艮隅，於東外道向南順升，由巽隅以西左轉，週迴歷北復東，再升東裏道，至巽隅乃登臺頂。其東裏道艮隅與北平道兩隅及西道乾隅之高，皆以強半。其西道坤隅與南道兩隅、東外道巽隅之高，皆以五分之二。峻道每級履高六寸，其東裏道級數，取弱半；東外道級數，取五分之二；西道級數，取強半。石長五尺，闊二尺，厚五寸。甎長一尺二寸，闊六寸，厚二寸五分。欲知土積、定一返步、每功人到土及總用功、各縣起夫、甎、石，峻平道高長、級數、踏縱各幾何？

---

① 《札記》卷一："第十四卷《計作清臺》《堂皇程築》《砌磚計積》，館本俱入卷七上。"
② 道：原脱，據明鈔本、庫本補。

答曰：土積一百五十四萬尺。定一返二百步一十八分步之五①。每功人到土一百四十尺七百二十一分尺之一百四十八。總用功四萬五千六百八十六功。甲縣差一萬七千一百三十二功。乙縣差一萬五千二百二十九功。丙縣差一萬三千三百二十五功。石四千三百一十七片，甎三百一十四萬二千二十四片。

東裏道峻：艮隅高九丈，巽隅高一十一丈九尺四寸，級五十踏，踏縱二尺二寸九分。東外道峻：艮隅高六寸，巽隅高四丈八尺，級八十踏，踏縱二尺一寸五分。西峻道：坤隅高四丈八尺，乾隅高九丈，級七十踏，踏縱二尺一十四分寸之九。南平道高四丈八尺，北平道高九丈。

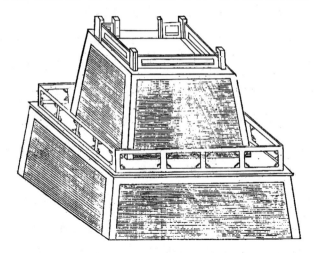

清臺圖

【庫本】按：此圖舊本在術前，今移於術後。

按：右答數中，惟第一條土積、末二條南北平道高三數無誤，餘數俱有誤處。其所以不合之故，具詳草後。

術曰：以商功求之，均輸入之。倍臺上袤，加下袤，乘上廣，爲寄。倍下袤，加上袤，乘下廣，併寄，乘高，爲土率。如六而一，得堅積。以

_____

① "之五"下，庫本注："按：此條起，共十一條數，皆誤。"

築功尺爲法，除堅積，得築功。以穿率乘堅積，爲實。以堅率乘钁鍬功尺，半之，爲鍬法。除實，得钁鍬共功。以壤率因堅積，如堅率而一，爲壤積。

求負土者，先列全分及等至高諸母子，以母互乘諸子，爲寄左行。以諸母相乘，爲寄母。次列棚道全分及所當鮮母衍子，以鮮母互乘衍子，爲左行。以鮮母相乘，以乘寄得數，又以列位乘之，爲總母。以左右兩行諸子對乘之，併之，爲總子。其總母子求等，約之，爲定母子。以定子乘棚道，爲次。以定母乘平道，加次，又以踟躕之數身下加之。又以載輸步乘定母，併次，爲統數。以定母除統數，得定一返步，亦爲到土法。有分，復通爲法。

置程里，通步，乘擔土尺，有步母則又以步母乘之，爲到實。實如法而一，得每功人到土，亦爲壤法。以除壤積，得負土功。併前鍬、築二功，爲總用功。以各縣日程數約稅力，各得力率，副併爲科法。以共用功乘未併者，各爲科實。實如法而一，各得縣夫。

求甋者，倍轉道闊，遍加臺上下廣袤，變名上下闊長。以甋厚加臺高，爲臺直。次列甋石長闊厚，各相乘，爲甋石積法。通廣袤如法，乃倍上長，加下長，乘上闊，爲寄。次倍下長，加上長，乘下闊，併寄共乘直得數。減土率，餘如六而一，爲泛。置南北道高子，各乘臺高，爲實。如各母而一，得五道諸隅高。以北道高減臺高，餘爲上停高。以南道高減北道高，餘爲中停高。命南道高爲下停高。以履寸除諸高，得級數。以上長減下長，餘半之，爲句。以勾乘南道高，爲實。如臺高而一，得底率。以底率減下長，餘爲底股。以外道級數約底股，得外道踏縱。又以底數減底股，餘爲中股。以勾乘中停高，爲實。如臺高而一，得中率。以率減中股，餘爲上股。以西道級除上股，得西道踏縱。以勾乘上停高，爲實。如臺高而一，得上率。以上率併中率，共減上股，餘爲實。如裹道級而一，得裹道踏縱。次以道闊併下長，爲補。以南北道高併臺高，乘補，爲需。次上廣減下廣，餘爲址。以址乘南道高，爲實。以臺高除之，得數減下廣，餘爲南道長。以南道長併下廣，乘南道高，加需。又以址乘北道高，爲實。以臺高除之，得數減下廣，餘爲北道長。以北道長併下廣，乘北道高，又加需，共乘半道闊，得數併泛，爲共率。以基腳層數乘石版厚，爲基高。次倍道闊，併下闊，乘下長，爲基率。次①以下廣乘下袤，減基率，餘乘基高，爲石率。以石率減共率，餘爲甋率。以甋積法除甋率，得甋數。以石版積法除石率，得石版數。

草曰：倍上袤七丈，得一十四。加下袤一十七丈，得三十一。乘上廣五丈，得一百五十五丈，爲寄。次倍下袤，得三十四丈，加上袤七丈，得四十一。乘下廣一十五丈，得六百一十五。併寄，得七百七十。乘高一十二丈，得九千二百四十丈，爲土率。以六除，得一千五百四十，以千尺通之②，爲一百五十四萬尺，爲堅積。以築功九十尺除之，得一萬七千一百一十一功九分功之一，爲築功。次以穿率四因堅積，得六百一十六萬尺，爲實。以堅率三因钁锹功二百尺，得六百尺，爲法。除實，得一萬二百六十六功三分功之二，爲穿功。次以壤率五因堅積，得七百七十萬尺，爲壤積。以三爲母，具圖如後。

---

① "次"下原衍"下"字，據明鈔本、庫本刪。
② 千尺通之：庫本注："按：舊本誤爲'十八通之'，今改正。"

求負土者，先列全分一分之一①，及築至高少半係三分之一，中半係二分之一，太半係三分之二，作兩行。

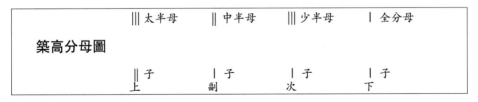

乃以右行母互乘左行子，左上得一十二，副位得九，次得六，下得一十八。乃變右行名為寄子，以諸母相乘，得一十八，為寄母。具圖如後。

次列棚道全分及所當鮮母、衍子，三當五及三當七並二當五。

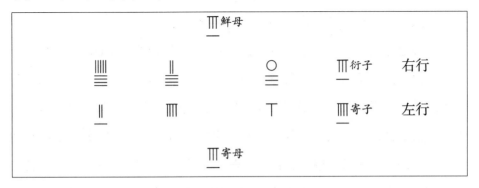

乃以右行鮮母互乘左行衍子，上得四十五，副得四十二，次得三十，下得一十八，為右行。以鮮母相乘，得一十八，乃對寄左圖列之。

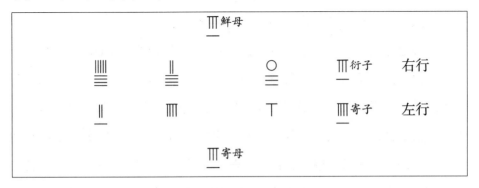

---

① "之一"下，庫本注："按：法自此誤。"

　　乃以左右兩行母子對乘之，上得五百四十，副得三百七十八，次得一百八十，下得三百二十四，母得三百二十四。

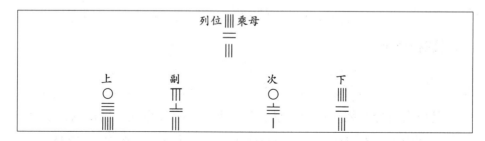

　　今以平分術入之，併四子，得一千四百二十二，爲總子。以列位四乘乘母三百二十四，得一千二百九十六，爲總母。

‖ 總子	⊤ 總母	⫴ 定子	‖ 定母

　　乃以總母子求等，得一十八，俱約之。總子得七十九，爲定子；總母得七十二，爲定母。以定子七十九乘棚道四十步，得三千一百六十，於次。以棚道四十步減往來一百六十步，餘一百二十，爲平道。以乘定母七十二，得八千六百四十。加次，共得一萬一千八百。又以踟蹰十加一，於身下加一，得一萬二千九百八十，仍於次。又以載輸二十步乘定母七十二，得一千四百四十。併次，得一萬四千四百二十，爲統數。以定母七十二除統數，得二百步，不盡，約爲一十八分步之五，爲定一返步。

　　乃復通分内子，得三千六百五，爲到法。乃置程里六十，以三百六十通之，得二萬一千六百步。乘擔土一尺三寸，得二萬八千八十尺，以到母一十八乘之，得五十萬五千四百四十尺，爲到實。實如法除，得一百四十尺，不盡七百四十，與法求等，得五，約之，爲七百二十一分尺之一百四十八，爲到土。復通分内子，得一十萬一千一百八十八。又以壞母三因，得三十萬三千二百六十四尺，爲壞法。次以到土母七百二十一乘壞積七百七十萬尺，得五十五億五千一百七十萬尺，爲壞實。實如法而一，得一萬八千三百六功。不盡一十四萬九千二百一十六，與法求等，得三十二。俱約之，爲一萬八千三百六功九千四百七十七分功之四千六百六十三，爲擔土功。

次列前《土功圖》，築功一萬七千一百一十一功九分功之一，及穿功一萬二百六十六功三分功之二，具圖如後。

築功 築率 築率

穿功 穿率 穿率

擔功 擔率 擔率

敦上母

子母 母 母

通分圖 **就母圖**

列三行功，各通分内子，築率得一十五萬四千，穿率得三萬八百，擔率得一億七千三百四十九萬六百二十五。按術當以《通率圖》諸母互乘諸率，今驗擔母九千四百七十七，可用築母九約，亦可用穿母三約，故從省。以築母九約擔母九千四百七十七，得一千五十三，爲築率乘數。又以穿母三約擔母九千四百七十七，得三千一百五十九，爲穿率乘數。各以乘數乘本率，名曰《就母圖》。乃以九千四百七十七，變名曰就母。先以築率一十五萬四千乘乘數一千五十三，得一億六千二百一十六萬二千，爲築分。次以穿率三萬八百乘乘率三千一百五十九，得九千七百二十九萬七千二百，爲穿分。就以擔率一億七千三百四十九萬六百二十五爲擔分，併三分，共得四億三千二百九十四萬九千八百二十五，爲總功分實。以就母九千四百七十七除之，得四萬五千六百八十五功九千四百七十七分功之二千五百五十七[①]，爲總用功，具圖如後。

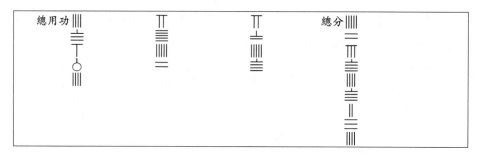

置各縣日程，約税力，得力率，副併爲科法。上置甲縣力一十三萬三千八百六十六，以一日程約之，只得此數，爲甲率。又置乙縣力二十三萬七千九百八十四，以二日約，得一十一萬八千九百九十二，爲乙率。又置丙縣力三十一萬三千三百五十四，以三日約，得一十萬四千一百一十八，爲丙率。

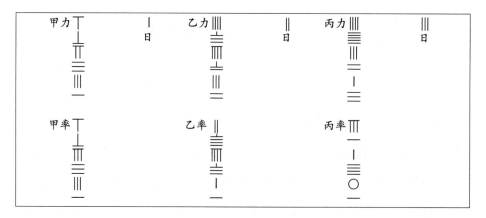

列三率，求等，得一萬四千八百七十四，俱約之。甲得九，乙得

---

① 分功之二千五百五十七：庫本作“分工之三千八十”，王鈔本天頭批：“鋭案：此得數當爲‘四萬五千六百八十四工九千四百七十七分工之二千五百五十七’，若以四萬五千六百八十五工九千四百七十七分工之三千八十通分内子還元，則得四億三千二百九十五萬九千八百二十五，蓋實數内誤多數一萬，故得數因而誤也。”

八，丙得七，各爲定率，副併得二十四，具圖如後。

甲定率	乙定率	丙定率	併率
	總分		

乃以總分四億三千二百九十四萬九千八百二十五，遍乘三縣定率，爲各實。以就母九千四百七十七，乘併率二十四，爲科法。甲得三十八億九千六百五十四萬八千四百二十五，乙得三十四億六千三百五十九萬八千六百，丙得三十億二千六十四萬八千七百七十五，各爲實法。得二十二萬七千四百四十八，爲科法。除各實，具圖如後。

甲實	乙實	丙實	科法

乃以科法除各實，甲得一萬七千一百三十一功，不盡一十三萬六千七百三十七，爲甲縣功；乙得一萬五千二百二十八，不盡二萬四百五十六，爲乙縣功；丙得一萬三千三百二十四，不盡一十三萬一千六百二十三，爲丙縣功。諸縣不盡，皆輩爲一功。甲合科一萬七千一百三十二功，乙合科一萬五千二百二十九功，丙合科一萬三千三百二十五功。

【庫本】按：此以上所求擔土定一返數誤，其到土工數及總用工數、三縣合科工數，皆誤。蓋題言築臺至少半、至中半、至太半，當自平地至三分之一、三分之一至二分之一、二分之一至三分之二、三分之二至臺頂，共四段。其分數自下而上，逐層數應取兩分數之較。草中所列諸分子，下設一數，上即列三分數，其段數既不確，又即用各分子全數，故求得棚道七十二，僅當平道七十九，與題中所言二當五、三當七、當五之數，顯然不合矣。今推步改正於後。

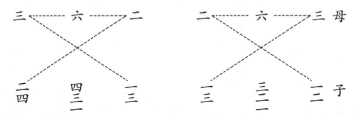

法先求分子較，以三之一爲第一段分數。以三之一與二之一兩①分母對乘，得六。分母互乘分子，三之一得六之二，二之一得六之三。相減，餘六之一，得第二段分數。以二之一與三之二分母對乘，得六。分母互乘分子，二之一得三，三之二得四。相減，餘六之一，爲第三段分數。以三分之二與全臺三分之三相減，餘三之一，爲第四段分數。然後列四段母數於右，子數於左。以各分母連乘，又互乘分子，得三百二十四，爲總分母。第一段一百零八，第二段五十四，第三段五十四，第四段一百零八，爲各分子。求等數，得五十四。遍約之，總母得六，分子第一段得二，第二段得一，第三段得一，第四段得二，爲各段分母子。

```
三　○　一　五　二　　四　五 ｜ 五　二　　一　○　八 ｜ 一
一　四　一　四　一　　四　二 ｜ 七　三　　五　四 ｜
一　○　一　○　一　　三　○ ｜ 五　三　　五　四 ｜
一　二　　六　二　　一　八 ｜ 一　一　　一　○　八 ｜
三　六　　六　六四　　　　 ｜ 一八　　一　○　八 ｜ 一
```

次列棚道一，當平道一，爲下第一段；三當五，爲第二段；三當七，爲第三段；二當五，爲第四段。以棚道數爲分母，以平道數爲分子。分母連乘，又互乘分子，得一十八，爲總分母。第一段得一十八，第二段

---

① 兩：原無，據《札記》卷四補。

得三十，第三段得四十二，第四段得四十五，爲各分子。求等數，得三。遍約之，總母得六，分子第一段得六，第二段得十，第三段得一十四，第四段得一十五。次列前後兩分母分子，已約之數。各對乘，得總母三十六。分子第一段得一十二，第二段得一十，第三段得一十四，第四段得三十。併諸子，得六十六，爲總子。又求等，得六。各約之，得定母六，爲棚道數；定子一十一，爲平道數。此即合全臺數總計，凡棚道六，當平道一十一也。乃以定子一十一乘棚道四十步，得四百四十步，爲次。以棚道四十步減一百六十步，餘一百二十步，爲平道。以定母六乘之，得七百二十步。加次，共得一千一百六十步。以跼蹏加一於身，得一千二百七十六步。又以載輸二十步乘定母六，得一百二十步。又加次，共得一千三百九十六步，爲統數。以定母六除之，得二百三十二步又三分步之二，爲定一返步。乃復通分內子，得六百九十八，爲到法。

乃置程里六十，以三百六十步通之，得二萬一千六百步。乘土一尺三寸，得二萬八千零八十尺。以到法分母三乘之，得八萬四千二百四十尺，爲到實。以到法除之，得一百二十尺。不盡四百八十，約之，爲三百四十九分尺之二百四十，舊名到土復①。到土復者，一工每日所擔之堅土數也。通分內子，得四萬二千一百二十。以壞母三因之，得一十二萬六千百六十尺，爲壞法。次以到土復母乘壞積七百七十萬尺，得二十六億八千七百三十萬尺，爲壞實。實如法而一，得二萬一千二百六十七工，不盡一千八百八十。約之，得三千一百五十九分工之四十七，爲擔土工。

次列築工、穿工、擔工三數，及分母分子互乘以齊之。

---

① 到土復：《札記》卷四："案前文義，'復'字當屬下句讀。此復連到土讀，誤也。"

築工　築率　　穿工　穿率　　擔工　擔率
一（子）（母）　○　　六（子）（母）　○　　七（子）（母）　○
一　一　九　○○　六　三　一　○○　六　七　九　○三
一　一　一　○　　二　　　　八　二　四　五　二
七　　　　四　　○　　　　○　　一　　　一　八
一　　　　五　　一　　　　三　　二　　　三　一
　　　　　一　　　　　　　　　　　　　　　七
　　　　　　　　　　　　　　　　　　　　　六

築率　乘率　分　　穿率　乘率　分　　擔分　同母　總分
○　　一　○　　○　　三　○　　○　九　○
○　五　○　　○　五　○　　○　五　○
○　三　○　　○　○　四　　五　一　九
四　　　四　　八　　二　　二　三　八
五　　　五　　○　　三　　八　　六
一　　　○　　三　　四　　一　　六
　　　　四　　　　　二　　七　　三
　　　　五　　　　　三　　　　五
　　　　　　　　　　　　　　　一

總工　不盡子
四　　四
四　　○
六　　五
八
四

列三工數，各通分內子，得築率一十五萬四千，穿率三萬零八百，擔率六千七百一十八萬二千五百。驗擔母數、築穿二母數，皆可度盡。用就母法，以築母除擔母，得三百五十一，爲築乘率。以穿母除擔母，得一千零五十三，爲穿乘率。各以乘率乘本率，得築分五千四百零五萬四千，穿分三千二百四十三萬二千四百，擔率六千七百一十萬二千五百，即爲擔分母。以擔分母爲總分母，乃併三分數，得一億五千三百六十六萬八千九百分，爲實。以總分母爲法，除之，得四萬八千六百四十四工。不盡二千五百零四，約之，不變，即命爲三千一百五十九分二之二千五百零四，爲總用工數。

次置三縣力役，以里數遠近通之。先以乙、丙二里數求等，得六十。各約之，乙得二，丙得三。以乙二遍乘甲、丙，以丙三遍乘甲、乙，得甲率八十萬零三千一百六十九，乙率七十一萬三千九百五十二，丙率六十二萬四千七百零八。三率求等，得八萬九千二百四十四。遍約之，甲得九，乙得八，丙得七，各爲率。併率，得二十四。乃以工總分一億五千三百六十六萬八千九百分乘三縣各率，得甲實一十三億八千三百零二萬零一百，乙實一十二億二千九百三十五萬一千二百，丙實一十億零七千五百六十八萬二千三百。以就母三千一百五十九乘併率二十四，得七萬五千八百一十六，爲科法。除各實，不盡者，各進一工，得甲縣合科一萬八千二百四十二工，乙縣合科一萬六千二百一十五工，丙縣合科一萬四千一百八十九工。

求甎者，倍轉道並闊六尺，得一丈二尺，遍加臺上下廣袤，變各爲上下闊長。以甎厚六寸，加臺高，爲臺直。

上廣 ‖‖丈	下廣 ‖‖‖丈	上闊	下闊
臺高 ‖丈		臺高	
上袤 丌丈	下袤 丌丈	上長	下長

先列甎長一尺二寸，闊六寸，厚二寸五分，相乘之，得一百八十寸，爲甎積法。次列石版長五尺，闊二尺，厚五寸，相乘，得五千寸，爲石積法。具圖如後。

甎長 ‖ 丈　　　甎闊 ⊤ 丈　　　甎厚 ☰　　　　　　○
　　 一　　　　　　　　　　　　　 ‖　　　　　　 ☰ 甎法
　　　　　　　　　　　　　　　　　　　　　　　　　 ｜

石長 ○　　　　石闊 ○　　　　　石厚 ‖‖‖‖　　　　○ 石法
　　 ☰　　　　　　 二　　　　　　　　　　　　　　　○
　　　　　　　　　　　　　　　　　　　　　　　　　 ○
　　　　　　　　　　　　　　　　　　　　　　　　　 ☰

驗得諸法皆變寸，乃以各圖上下長闊直，按術求率。倍上長八百二十寸，得一千六百四十寸，加下長一千八百二十寸，得三千四百六十。乘上闊六百二十，得二百一十四萬五十二百，爲寄。次倍下長一千八百二十，得三千六百四十，加上長八百二十，得四千四百六十。乘下闊一千六百二十，得七百二十二萬五千二百，併寄，得九百三十七萬四百。乘臺直一千二百六寸，得一百一十三億七十萬二千四百寸，仍爲寄。乃驗土積圖土率九千二百四十丈，以一百萬寸通之，得九十二億四千萬寸。以減寄餘二十億六千七十萬二千四百寸，如六而一，得三億四千三百四十五萬四百寸，爲泛。

次置南道高五分之一，北道高强半係四分之三，及臺元高一千二百寸，具圖如後。

○泛　　　　　　　‖‖‖‖ 南道高母　　　‖‖‖ 北道高母
○
○
✕

○　　　　　　　　　　　　　　　　　　　　　　　○ 元臺高
‖　　　　　　　　　　　　　　　　　　　　　　　○
☰
≡
‖‖‖‖　　　　　　　 ‖　　　　　　　 ‖‖‖　　　　 ‖
≡　　　　　　　　　 子　　　　　　　　 子　　　　　　 一
‖‖‖‖

乃以南道高子二乘元臺高，得二千四百寸，爲南實。以北道高子三乘元臺高，得三千六百寸，爲北實。各如本母而一，得四百八十寸，約爲四丈八尺，爲南道兩隅，又爲東外道巽隅高，又爲西道坤隅高。所得九百寸，約爲九丈，爲北道兩隅高，又爲西道乾隅高，又爲東裏道艮隅高，具圖如後。

五道高圖 東外道巽隅高　南道高 ○ 西道坤隅高　　北道高 ○ 西道乾隅高

以北道高九丈減臺高一十二丈，餘三丈，爲上停高。以南道高四丈八尺減北道高九丈，餘四丈二尺，爲中停高。命南道高四丈八尺，爲下停高。

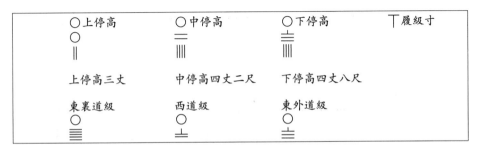

○上停高　　○中停高　　○下停高　　⊤履級寸

上停高三丈　中停高四丈二尺　下停高四丈八尺

東裏道級　　西道級　　東外道級

○　　○　　○

三停高，皆如履級寸而一，得五十，爲東裏道級數；得七十，爲西道級數；得八十，爲東外道級數。

次以上長八百二十寸減下長一千八百二十寸，餘一千寸。以半之，得五百寸，爲句。以乘南道高四百八十寸，得二十四萬寸，爲實。如臺高一千二百寸而一[1]，得一百寸，爲底率[2]。以率減下長一千八百二十，餘一千七百二十寸，爲底股。以外道級八十約之，得二尺一寸五分，爲外道踏縱。又以底率一百寸減底股一千七百二十寸，餘一千六百二十寸，爲中股。乃以句五百寸乘中停高四丈二尺，得二十一萬寸，爲實。如臺高一千二百寸而一，得一百七十五寸，爲中率。以中率減中股一千六百二十寸，餘一千四百四十五寸，爲上股。以西道級七十除上股一千四百四十五

―――――――――――――

[1] "而一"下，庫本有"半之"二字，注："按：上下長較已半，得數又半之，誤。"

[2] 得一百寸爲底率：《札記》卷四：一百，當作"二百"。案：自到至裏道踏縱，得數皆因此而誤，詳見下館案。

寸，得二尺一十四分寸之九，爲西道踏縱。又以勾五百寸乘上停高三百寸，得一十五萬寸，爲實。如臺高一千二百寸而一，得一百二十五寸，爲上率。併中率一百七十五寸，得三百。減上股一千四百四十五寸，餘一千一百四十五寸，爲實。如裏道級五十而一，得二尺二寸九分，爲裏道踏縱。各得具圖以見，如後。

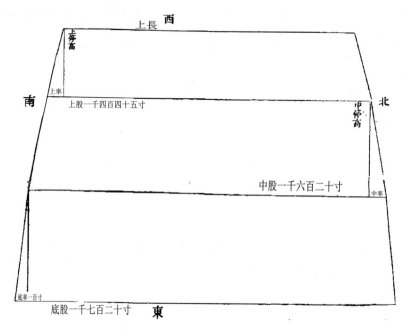

股率圖

次以道闊六尺併下長一千八百二十寸，得一千八百八十寸，爲補。以南北道高併臺高，共得二千五百八十寸，乘補，得四百八十五萬四百寸，爲需①。次以上廣五百寸減下廣一千五百寸，餘一千寸，爲址。乘南

———————————

① “爲需”下，庫本注：“按：此二數不合，其法太疎故也。”

道高四百八十寸，得四十八萬寸，爲實。以臺高一千二百寸除之，得四百寸，爲減率。以減下廣一千五百寸，餘一千一百寸，爲南道長。併下廣一千五百寸，得二千六百，乘南道高四百八十寸，得一百二十四萬八千寸，加需。又以址一千寸乘北道高九百寸，得九十萬寸，爲實。亦如臺高一千二百而一，得七百五十。以減下廣一千五百寸，餘七百五十寸，爲北道長。併下廣一千五百，得二千二百五十寸，乘北道高九百寸，得二百二萬五千寸。又加需，共得八百一十二萬三千四百。以半道闊三尺乘之，得二億四千三百七十萬二千寸，併泛三億四千三百四十五萬四百，得五億八千七百一十五萬二千四百寸，爲共率。次以基脚七層乘石版厚五寸，得三十五寸，爲基高。次倍道闊，得一百二十，併下闊一千六百二十寸，得一千七百四十。乘下長一千八百二十，得三百一十六萬六千八百，爲基率。次以下廣一千五百寸乘下袤一千七百寸，得二百五十五萬。減基率，餘六十一萬六千八百寸。乘基高三十五寸，得二千一百五十八萬八千寸，爲石率。以石率減共率，餘五億六千五百五十六萬四千四百寸，爲甎率。以甎積法一百八十寸除之，得三^①百一十四萬二千二百二十四片九分片之四。乃以石積法五千寸除石率二千一百五十八萬八千寸，得四千三百一十七片，爲石版。不盡三千寸，棄之不輩。合問。

【庫本】按：右草自求甎砌臺身積至級數，皆無誤，求踏蹴數有誤。至求補數、需數，其法更多未合。如題内云先用甎砌臺身，次用甎砌轉道，周圍五帶，並闊六尺，南北二平道、東西三峻道，始自臺下艮隅南升至巽，西折行至坤，北升至乾，東折行至艮，復南升至巽，乃登臺頂。是南北二平道至臺址，皆如一面平堆形。西峻道至臺址，東裏峻道至臺址，皆上如一面三角斜堆，下如一面平堆形。東外峻道至臺址，如一面三角斜堆形。法當按各形取積。草中取二平道，皆如法。至取峻道，乃以道

闊併下長爲補，以南北道高、臺高三數併乘之，爲需；然後以半道闊乘之，爲積，其意殊不可解。然以數考之，有差至三之一者。

又，臺身外四面甎砌，各加六尺。轉道東面加二層，餘三面各加一層，是臺基長一十九丈四尺，闊一十八丈。草中以下闊爲一千七百四十寸，差少六尺。下長仍用一千八百二十寸，差少一丈二尺，皆疎漏之誤。今自求踏蹤至末，皆另步之。

法以臺上長減下長，餘一千寸。半之，得五百寸，爲勾率。以乘南道高四百八十寸，得二十四萬寸，爲實。如臺高一千二百寸而一，得二百寸，爲底率。以減下長，得一千六百二十寸，爲底股。以外道級八十約之，得二尺零二分半，爲東外道踏蹤。又以底率減底股，餘一千四百二十寸，爲中底。以勾率五百乘中停高四百二十寸，得二十一萬寸。如臺高寸而一，得一百七十五寸，爲中率。以減中底，餘一千二百四十五寸，爲中股。以西道級七十約之，得一尺七寸七分又七分分之六，爲西道踏蹤。以中率減中股，餘一千零七十寸，爲上底。以勾率五百乘上停高三百寸，得一十五萬寸。如臺高而一，得一百二十五寸，爲上率。以減上底，餘九百四十五寸，爲上股。以裏道五十約之，得一尺八寸九分，爲裏道踏蹤①。

次以道闊加下長，與下停高相乘，得九十萬二千四百寸，爲倍東外峻道三角形立面。中底與中停高相乘，得五十九萬六千四百寸，爲倍西峻道上三角形立面。中底下底併，與下停高相乘，得一百五十五萬五千二百寸，爲倍西峻道下平堆形立面。上底上停高相乘，得三十二萬一千寸，爲倍東裏道上三角形立面。上底、下底併與中停高、下停高併，相乘，得二百六十萬零一千寸，爲倍東裏道下平堆形立面。併五數，共得五百九十七萬六千寸，比舊草所用需數大一百一十二萬五千六百寸。

次求南北平道立面。先以上下闊俱加三道闊，得上外闊八百寸，下外

---

① "踏蹤"下，《札記》卷四注："案：原書以中底爲中股，上底爲上股，命名不確，比例無準，不如此條之確當也。"

闊一千八百寸。上下外闊相減，餘一千寸。以南道高乘之，得四十八萬寸。以臺高寸除之，得四百寸，爲減率。以減下外闊，得一千四百寸，爲南道上闊。與下外闊相併，以南道高乘之，得一百五十三萬六千寸，爲倍南道至臺址平堆形立面。又以上下闊各加倍道闊，得北上外闊七百四十寸，北下外闊一千七百四十寸。北上下外闊相減①，餘一千寸。以北道高乘之，得九十萬寸。以臺高寸數除之，得七百五十寸。以減北下外闊，得九百九十寸，爲北道上闊。與北下外闊相加，以北道乘之，得二百四十五萬七千寸，爲倍北道至臺址平堆形立面。併倍二面數，得三百九十九萬三千寸。又併前五數之共數，得九百九十六萬九千寸。以半道闊三十寸乘之，得二億九千九百零七萬寸，爲共平道峻道積。又併前砌臺身積三億四千三百四十五萬零四百寸，得總積六億四千二百五十二萬零四百寸，爲共率。次二因道闊，與下長相加，得一千九百四十寸。與南道下外闊一千八百寸相乘，得三百四十九萬二千寸。又以原下廣一千五百寸、下袤一千七百寸相乘，得二百五十五萬寸。以減外長闊，相乘，餘九十四萬二千寸。以石基三十五寸乘之，得三千二百九十七萬寸，爲石率。以石率減共率，餘六億零九百五十五萬零四百寸，爲甎率。以甎長闊厚連乘，得一百八十寸，爲甎法。以石長闊厚連乘，得五千寸，爲石法。以甎法除甎率，得三百三十八萬六千三百九十一片九分片之一，爲共用甎數。以石法除石率，得六千五百九十四片，爲共用石數。

【附】《札記》卷四：案：履級僅六寸，而石基乃高三十五寸，是東外峻道不得有石基也。又推總積以上下不等形立算，推石率以上下相等形立算，亦未確。今改推於後。

術曰：二因道闊，加下長，爲基下長。以北道下外闊，爲基下闊。以

---

① 北上下外闊相減：《札記》卷四作“北上外闊與下外闊相減”。按：庫本自“西峻道上三角形立面”至“一千七百四十寸北”與“上下外闊相減”至“得三千二百九十七萬寸爲”錯簡，茲據《札記》卷四乙正。

全臺上、下較乘基高，如臺高而一，得數，爲減率。以減基下長閣，爲基
上長閣。以基上下長併，與基上下閣併，相乘，得數。又以基高乘之，四
而一，爲臺基石土共率。次置原下廣、下袤，各以減率減之，爲上廣、上
袤。以上、下廣並與上、下袤併，相乘，得數。又以基高乘之，四而
一，爲臺基土率。以減共率，餘爲石率。以石率減總積，餘爲甎率。

　　草曰：二因道閣，加下長，得一千九百四十寸，爲基下長。以全臺上
下較一千寸乘臺高三十五寸，得三萬五千寸。如臺高一千二百寸而一，得
二十九寸六分寸之一，爲減率。以減基下長，餘一千九百一十寸六分寸之
五，爲基上長。併基上、下長，得三千八百五十寸六分寸之五。通分內
子，得二萬三千一百五於上。置北道下閣一千七百四十寸，爲基下閣。以
減率二十九寸六分寸之一減之，餘一千七百一十寸六分寸之五，爲基上
閣。併基上、下閣，得三千四百五十寸六分寸之五。通分內子，得二萬七
百五寸。以乘上，得四億七千八百三十八萬九千二十五寸。又以基高三十
五寸乘之，得一百六十七億四千三百六十一萬五千八百七十五寸，爲實。
乃以分母六自乘，得三十六。又以四因之，得一百四十四，爲法。除
之，得一億一千六百二十七萬五千一百一十寸一百四十四分寸之三十
五，爲臺基石土共率。置原下廣一千五百寸，以減率減之，餘一千四百七
十寸六分寸之五，爲上廣。置原下袤一千七百寸，以減率減之，餘一千六
百七十寸六分寸之五，爲上袤。併上、下廣同，得二千九百七十寸六分寸
之五。通分內子，得一萬七千八百二十五寸於上。併上、下袤，得三千三
百七十寸六分寸之五。通分內子，得二萬二百二十五寸。乘上，得三億六
千五十一萬六百二十五寸。又以基高三十五寸乘之，得一百二十六億一千
七百八十七萬一千八百七十五寸，爲實。以法一百四十四除之，得八千七
百六十二萬四千一百一十寸一百四十四分寸之三十五，爲臺基土率。以減
共率，餘二千八百六十五萬一千寸，爲石率。以石率減總積六億四千二百
五十二萬零四百寸，餘六億一千三百八十六萬九千四百寸，爲甎率。以甎

法一百八十寸除之，得三百四十一萬三百八十五片九分片之五，爲共用甎數。以石法五千寸除石率，得五千七百三十片五分片之一，爲共用石數。

堂皇程築

問：有營造地基，長二十一丈，闊一十七丈。先令七人築堅三丈，計功二日。今涓吉立木有日，欲限三日築了，每日合收杵手幾何？

答曰：日收五百五十五工三分工之一。

術曰：以長乘闊，又乘元日元人，爲實。以限日乘築丈數，爲法。除之，得人夫。

草曰：以長二十一丈乘闊一十七丈，得三百五十七丈。又乘元二日，得七百一十四。又乘元七人，得四千九百九十八，爲工實。以限三日乘元築三丈，得九，爲法。除實，得五百五十五功。不盡三，與法俱三約之，爲三分工之一，爲日收五百五十五工三分工之一。合問。

砌甎計積

問：有交到六門甎一十五垛，每垛高五尺，闊八尺，長一丈。其甎每片長八寸，闊四寸，厚一寸。欲砌地面：使用堂屋三間，各深三丈，共闊五丈二尺；書院六間，各深一丈五尺，各闊一丈二尺；後閣四間，各深一丈三尺，內二間闊一丈，次二間闊一丈五尺；亭子地面一十所，各方一丈四尺。欲知見有、今用、外餘甎各幾何？

答曰：見有一十八萬七千五百片。今用一萬六千四百六片四分片之一。外餘一十七萬一千九十三片四分片之三。

術曰：以少廣求之。置各地面深闊相乘，以間數若所數乘之，共爲實。甎長闊數相乘，爲甎平法，除得今用甎數。次以甎垛高長闊相乘，爲實。却以甎法乘厚，得數爲甎積法。除之，得每垛甎數。次以垛數乘之，得見有甎。以減今用甎，得餘甎。

草曰：置堂闊五丈二尺，乘深二丈，得一十五萬六千寸於上。又置書院深一丈五尺，乘闊一丈二尺，得一萬八千寸。又以六間乘之，得一十萬八千寸。加上，共得二十六萬四千寸，併上。又置後閣闊一丈，併闊一丈五尺，得二丈五尺。又以各二間乘之，得五百寸。以乘各深一丈三尺，得六萬五千寸。加上，得三十二萬九千寸，併上。

次置亭基一丈四尺，自乘，得一萬九千六百寸。以一十所乘之，得一十九萬六千寸。又併上，共得五十二萬五千寸，爲實。以瓴長八寸乘闊四寸，得三十二寸，爲瓴平法。除之，得一萬六千四百六片四分片之一，爲共用瓴。

次置每垛高五尺，乘闊八尺，得四千寸。又乘長一丈，得四十萬寸，爲每垛實。却以瓴平法三十二寸乘厚一寸，只得三十二寸，爲瓴積法。除之，得一萬二千五百片。又以十五垛乘之，得一十八萬七千五百片，爲見有瓴。內減今用瓴，餘有一十七萬一千九十三片四分片之三，爲外餘瓴數。合問。

竹圍蘆束[①]

問：受給場交收竹二千三百七十四把，內笁竹一千一百五十一把，每把外圍三十六竿；水竹一千二百二十三把，每外圍四十二竿；蘆三千六十五束，每束圍五尺。其蘆元樣五尺五寸，今納到圍小，合準元蘆幾束？及水、笁竹各幾何？

答曰：笁竹一十四萬六千一百七十七竿。水竹二十萬六千六百八十七竿。合準元蘆二千五百三十三束一百二十一分束之七。

術曰：以方田及圓率求之，置圓束差，併竹外圍竿數，以乘外圍，又乘把數，爲竹實。倍圓束差，爲竹法。除之，各得二竹數。皆以把數爲心

——————————————
① 《札記》卷一："第十四卷……《竹圍蘆束》《積木計餘》，館本俱入卷九上市易類。"

加入，各得竹條數。置蘆圍尺數，自乘，以乘蘆束數，爲蘆實。以蘆元尺數自乘，爲蘆法。除實，得所準蘆束數。

草曰：置圓束差六，併筭竹外圍三十六竿，得四十二竿。以乘外圍三十六竿，得一千五百一十二竿。又乘筭竹一千一百五十一把，得一百七十四萬三百一十二竿，爲筭竹實。倍圓束差六，得一十二，爲竹法。除實，得一十四萬五千二十六竿。以把數一千一百五十一併之，得一十四萬六千一百七十七竿，爲筭竹①。

又置圓差六，併水竹外圍四十二竿，得四十八竿。以乘水竹圍四十二竿，得二千一十六竿。又乘水竹一千二百二十三把，得二百四十六萬五千五百六十八竿，爲水竹實。亦以竹法一十二除之，得二十萬五千四百六十四竿。以水竹把數一千二百二十三併之，得二十萬六千六百八十七竿，爲水竹數。

次置蘆圍五尺，通爲五十寸，以自乘，得二千五百寸。又乘蘆束數三千六十五，得七百六十六萬二千五百寸，爲蘆實。以元樣蘆圍五尺五寸，亦通爲五十五寸，以自乘，得三千二十五寸，爲蘆法。除實，得二千五百三十三束，不盡一百七十五寸，與法求等，得二十五，俱以約之，得一百二十一分束之七，爲蘆二千五百三十三束一百二十一分束之七。合問。

積木計餘②

問：元管杉木一尖垛，偶不記數，從上取用至中間，見存九條爲面闊。元木及見存各幾何？

答曰：元木一百五十三條。見存木一百一十七條。

術曰：商功求之，堆積入之。倍中面，副置。減一，以乘其副，得數

---

① "筭竹"下當脫"數"字，明鈔本、庫本同。
② 此條庫本移置卷九上市易類。

367

半之，爲元木。副置上層減一，以乘其副，得數半之，用減元木，餘爲見
存。其非中一層數者，各以自地上至面層數，立術求之。

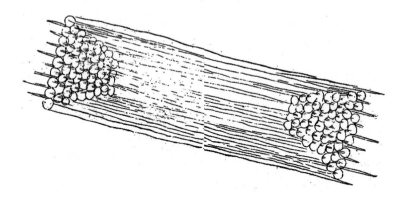

槎木圖

草曰：倍中面九條，得一十八，副置。減一，餘一十七，以乘副一十
八，得三百六條。以半之，得一百五十三條，爲元本之數。副置中面九
條，減一，餘八，以乘副九，得七十二。以半之，得三十六。以減元木一
百五十三，餘一百一十七條，爲見存木數。合問。

【庫本】按：此即一面平堆形，中層爲九，上下必各有八層，共十七
層，即原尖堆形。上八層即用過尖堆形，其義甚明。舊《餘木圖》，今刪。

數書九章卷第十五

軍旅類

計立方營

問：一軍三將，將三十三隊，隊一百二十五人。遇暮立營，人占地方八尺。須令隊間容隊，帥居中央，欲知營方幾何？

答曰：營方一百七十一丈。隊方九丈。

術曰：以少廣求之。置人占方冪，乘每隊人，爲隊實。以一爲隅，開平方，所得爲隊方面。或開不盡，就爲全數。次置隊數，乘將，又四因之，增三，共爲實。以二爲從方，一爲從隅，開平方，得率。以乘隊方面，爲營方面。開不盡，爲全數。

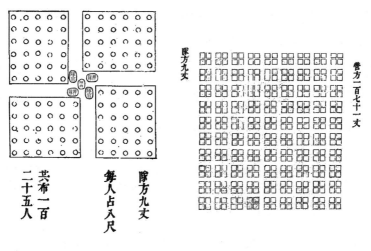

方營各隊圖　　　　　　　　方營總圖

隊中四眼，各立三十人，隊心立五人。

【庫本】按：舊圖各隊四眼，内每人作一小圓爲識，今去之。總圖内，各隊仍畫四眼，今只以一小方爲一隊。舊總圖太大，難於撿閲，今收入半頁内。

又按：總圖内係百隊，箅内只有九十九隊，圖中應虛一隊，舊本未詳。

草曰：置人占八尺自乘，得六十四尺，爲人占方幂。以乘每隊一百二十五人，得八千尺，爲實。以一爲隅，開平方。步法常超一位，今隅超一度。至實之百下，約實，置商八十尺。以商八十生隅一，得八十，爲方。乃命上商除實訖，實餘一千六百。次以商生隅，入方，得一百六十畢。方一退，隅再退之。復於上商之次，續商九尺。乃以續商九生隅一，入方，得一百六十九。乃命續商除實訖，得八十九尺。不盡七十九尺，就爲九十尺，得隊方面。

次置三十三隊，乘三將，得九十九。又四因，得三百九十六。增三，得三百九十九，爲實。以二爲從方，一爲從隅，開平方。步法以從方進一位，至實之十下。隅超一位，至實之百下。乃約實，置商一十隊。以商一十生隅一，入方，得一十二。乃命上商除實訖，實餘二百七十九。又以商一十生隅，入方，得二十二畢。方一退，隅再退之。續於實上商九隊，以續商九生隅，又方，得三十一。乃以命續商除實，適盡，得一十九，乘隊方面九十，得一千七百一十隊，展爲營方一百七十一丈。合問。

人占方 ⽤尺	人占方 ⽤尺	人占方幂 ⽤尺 丄	方幂乘隊，得實
方幂 乂尺 丄	每隊 〇尺 ⚏ 丨	實 〇人 〇 〇 ⚌	以一爲隅， 開平方
商〇尺	實〇尺	〇方	丨隅　隅超一位，

				方進一位
商〇尺	實〇尺	〇方		商數與隅相生
商〇	實〇餘	冊方	｜隅	商隅又相生，增入方
商〇	實〇	丅方	｜隅	方一退，隅二退
商Ｘ	實〇	〇方	｜隅	續商數，與隅相生
商Ｘ	實Ｘ	Ｘ方	｜隅	收不盡爲尺，入商，得九十尺
隊方面〇尺上	冊隊中		冊將下	以中乘下，得後上隊
Ｘ隊	因率冊	得丅方	增冊	以上乘副，得次，以下併次，得實
商〇隊	實冊隊	‖從方	｜從隅	方一進，隅再進，商一進
商〇	實冊	二方	｜隅	約商置率
商一	實冊	二方	｜隅	以商生隅，入方

商	實	方	隅	
商（○一）	實	方（二） 一	隅（一）	以方命商，除實
商（○一）	實	方（二） 一	隅（一）	以方生隅，入方
商（○一）	實	方（二） 二	隅（一）	方一退，隅再退
商（○一）	實	方 二	隅（一）	續商九
商	實	方 二	隅（一）	以商生隅，入方
商	實	方 三	隅（一）	以商命方，除實
商	○○○	方 三	隅（一）	開盡，商爲隊數
得 隊	隊方面 ○尺	得○尺	營方 丈	上乘副，爲營方積尺，以次退位，爲營積丈

方變鋭陣①

問：步兵五軍，軍一萬二千五百人，作方陣，人立地方八尺。欲變爲前後鋭陣，陣後闊，令多元方面半倍，陣間仍容騎路五丈以上，順鋭形出入。求方陣面、鋭陣長及前後鋭陣各布兵幾何？

---

① 陣：原作"陳"，同"陣"，今凡陣地之"陳"均統作"陣"。

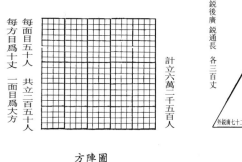

方陣圖

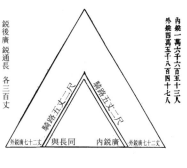

銳陣圖

答曰：方面二百丈，方面布兵二百五十人。銳後廣三百丈，銳廣列兵三百六十二人。銳通正長三百丈。騎路二條，各闊五丈二尺。內銳陣廣一百四十五丈六尺，列一百八十二人，長一百四十五丈六尺，計布兵一萬六千六百五十三人。外銳兩廣各七十二丈，列九十人，計布兵四萬五千八百四十七人。

【庫本】按：銳陣數惟內銳數合，外銳通廣丈數及布兵數，皆不合。詳見草後。

術曰：以少廣求之。置兵，開平方，得方面人數。開不盡方，爲補隊。以人立尺數乘之，爲元方面。置元方面，以欲多數加之，爲銳後闊，亦爲通長。倍馬路，減之，餘爲實。以人立尺約爲闊布兵，不盡，輩歸馬路。以四約闊布兵，得外銳一邊人。倍一邊人，併不歸，爲內銳長、闊人數。副置，加一，以乘其副，得數半之，爲內銳布兵。以減總兵餘，爲外銳布兵。

草曰：置一軍一萬二千五百，以五軍因之，得總兵六萬二千五百人，爲實。開平方，得二百五十人。以人立八尺乘之，得方面二百丈。置二百丈，加半倍一百丈，得三百丈，爲銳陣後闊，亦爲銳陣通長。先倍騎路五丈，得一十丈，以減後闊三百丈，餘二百九十丈，爲實。以人立八尺約之，得三百六十二，爲銳後闊布兵。不盡四尺，以半之，得二尺。輩歸騎路，作五丈二尺。以四約銳後闊布兵三百六十二人，得九十人，爲外銳一邊人。倍一邊九十，得一百八十。併不盡二人，共得一百八十二人，爲內銳廣布兵數，亦爲長布兵。副置，加一，得一百八十三。乘副一百八十二，得三萬三千三百六。以半之，得一萬六千六百五十三人，爲内銳陣布兵。以減總兵六萬二千五百，餘四萬五千八百四十七人，爲外銳兵。

右側注文：

上乘副，得次

隅超一位

隅再超一位

約實置商，生隅入方

以方命商，除實

以商生隅，入方

方一退，隅再退

續商，生隅，

		○×	｜隅	
商○	實○○○○	○方 ○×方	｜隅	以方命商，除實
方陣○ 方面○	空○○○○○○	||||方 ○×	｜隅	開盡，得隊方面
上方陣○人 方面○	副人立|||尺	次方陣○丈 面闊○	下半倍○丈 方面○	上乘副，得次，下併次，得後上
銳陣○ 後闊○丈 銳陣○ 通長○	倍騎路○丈｜	實○尺 餘○丈×	人立|||尺	以副減上，得次，以下除次，得後上
銳後闊||布兵 ｜○	×尺 不盡	||半法	得||尺	不盡，約之
上得○尺	騎路定數中○尺	騎路定下||○		以上併中，得下
外銳○人 一面×	||人	×法	不盡||人	以次除副，得上
||倍	外銳一邊○×	得○人	不盡||人	以上乘副，得次，以下併次，得後上
內銳廣||布兵 ○	內銳||布兵 ○	｜加	得|||	以次併副，得下，乃為後上
得|||	副||	｜加○	得|||	以上乘副，得次，以下除次，得後上

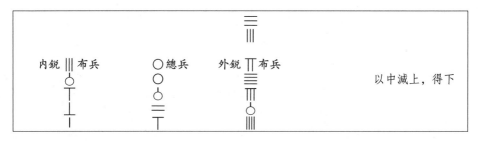

【庫本】 按：草中以内鋭陣兵數減前方陣兵數，餘爲外鋭陣兵數，非是，蓋無以知兩總數爲相等也。試以數明之。依束箭法，以總閣求得總三角數七萬零五百，以鋭閣求得内三角數一萬六千六百五十三。又以每人八尺除兩騎路閣十丈零四尺，得一十三人。與内鋭閣相加，得閣二百①，求得内外間三角數二萬零一百②。置總三角數，減内外間三角數，加内三角數，得六萬七千零五十三③。與前方陣兵數相較，多四千五百五十三④，安得謂之等乎？今另設步法于後。

法設騎路之閣，當二十人。先以總三角數與前方陣數相減，得今多八千人。乃倍騎路閣人數，得四十人，爲截騎路上小三角之閣，求得小三角數八百二十。以減今多數，餘七千一百八十，爲寔。以四十爲法，除之，得一百七十九人，爲内鋭閣。餘二十人，依術内不盡者爲補隊兵。次置總閣，減去内閣，餘一百九十六人。再減併騎閣四十人，餘一百五十六人。半之，得七十八人，爲外後閣。是内鋭閣、長皆爲一百七十九人，外鋭長爲三百七十五人，後兩閣共一百五十六人，騎路閣二十人，乃以内鋭閣求得内三角數一萬六千一百一十人。以内閣併兩騎閣，得二百一十九人，爲閣。求得内外間三角數二萬四千零九十人。未置總三角數，内減去内外間三角數，餘四萬六千四百一十人。加内三角數，得六萬二千五百二十人。再減補隊兵二十人，得六萬二千五百人，與方陣總兵原數脗合。

---

① 二百：《札記》卷四：“案：當作‘一百九十五’。”
② 二萬零一百：《札記》卷四：“案：當作‘一萬九千一百一十’。”
③ 六萬七千零五十三：《札記》卷四：“案：當作‘六萬八千零四十三’。”
④ 四千五百五十三：《札記》卷四：“案：當作‘五千五百四十三’。”

計布圓陣

問：步卒二千六百人，爲圓陣。人立圓邊九尺，形如車幅，魚麗布陣。陣重間，倍人立圓邊尺數。須令內徑七十二丈，圓法用周三徑一之率。欲知陣重幾數，及內外周通徑，並所立人數各幾何？

答曰：內周二百一十六丈，立二百四十人。外周三百二丈四尺，立三百三十六人。通徑一百丈八尺。陣計九重。不盡八人。

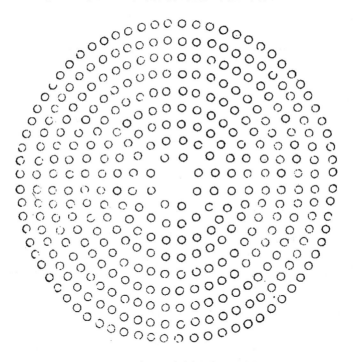

圖陣圖（每圈七人）

術曰：以商功求之。以圓率因內徑，爲內周，以人立尺約之，爲內周人數。乃以圓束差率爲隅，次置內周人，減隅，餘爲從方。列兵數爲實，開平方，得重數，不盡，爲餘兵。置重數，減一，餘四因，又乘圓邊尺數，併內徑，共爲通徑。以圓率因通徑，得外周。

圓率 ‖‖ 　内徑 ○ 　　得 ○ 尺爲内周丈
　　　　　　　　　　　　　　　　　　　　　　　上乘中，得下

内周 ○ 數　實 ○ 尺　　圓邊 ⊠ 尺法
立人 ⊠　　　　　　　　　　　　　　　　　　下除中，得上，爲後中

⊠ 從方　内周人 ○　圓差 丁 從隅
　　　　　　　　　　　　　　　　　　　　　　以下減中，得上

商 ○　　實 ○ 兵數　　⊠ 從方　　丁 隅
　　　　　　　　　　　　　　　　　　　　　　方一進，隔一超

商 ⊠　　實 ○ 人　　　Ⅲ 方　　　丁 隅
　　　　　　　　　　　　　　　　　　　　　　以商生隅，入方

商 ⊠　　Ⅲ 餘兵不盡　Ⅲ 方　　　丁 隅
　　　　　　　　　　　　　　　　　　　　　　不盡，爲餘兵

⊠ 從方　内周人 ○　圓差 丁 從隅
　　　　　　　　　　　　　　　　　　　　　　以下減中，得上

商 ○　　實 ○ 兵數　　⊠ 從方　　丁 隅
　　　　　　　　　　　　　　　　　　　　　　方一進，隔一超

商 ⊠　　實 ○ 人　　　Ⅲ 方　　　丁 隅
　　　　　　　　　　　　　　　　　　　　　　以商生隅，入方

商 ⊠　　Ⅲ 餘兵不盡　Ⅲ 方　　　丁 隅
　　　　　　　　　　　　　　　　　　　　　　不盡，爲餘兵

上重 〤	副 減 丨	次 餘 〢〢	下 〢〢 法	以副減上，得次，以下乘次，得後上
得 〢〢	圓兵 〤	得 〢〢 尺	內徑 〇〓	以上乘副，得次，以下併次，得後上
通徑 〢〢 尺 〇〇一	〢 因率 〇	外周 〤 尺 〇〓	圓邊 〤	以圓邊除外周，得外周人數

草曰：以圓率三，因內徑七十二丈，得二千一百六十尺，爲內周。以圓邊九尺約內周，得二百四十，爲內周人數。乃以圓束差六，爲從隅。次置內周二百四十人，減隅，餘二百三十四，爲從方。列兵二千六百，爲實。開平方，步法，從方進一位，隅法超一位。今方隅皆不可超進，乃於實約商。置九重，以商生隅六，得五十四。增入從方內，共得二百八十八。乃命上商九重，除實訖。實餘八人，爲餘兵。副置九重減一，餘八。以四因之①，得三十二。又乘圓邊九尺，得二百八十八尺。併內徑七百二十尺，得一千八尺，爲通徑。又以圓率三因通徑，得三千二十四尺，爲外周。次以圓邊九尺爲法，除外周尺數，得三百三十六人，爲外周人數。合問。

【庫本】按：圓束環積有內周求重數法，置積爲寔，圓束差半之，爲從隅。又以半差減內周，餘爲從方。開平方，得重數。此圓束環積，每層爲倍差，故即以圓束差爲從隅，減內周爲從方也。又按：周三徑一，正與六邊形相合，故人數尺數，俱無奇零也。

---

① “因之”下，庫本注：“按：九重八間徑兩端，應二因之。間倍于立步，又應二因之，今合爲四因。”《札記》卷四：“案：九重以下，寫本誤入正文，今考文義，當是館案語。”

數書九章卷第十六

圓營敷布①②

問：周制一軍，欲布圓營九重，每卒立圓邊六尺，重間相去，比立尺數倍之。於內摘差兵四分之一出奇，不可縮營示弱，須令仍用元營布滿餘兵。欲知元營內、外周及立人數，並出奇後每卒數、立尺數、外周人數各幾何？

答曰：周制一軍一萬二千五百人。出奇三千一百二十五人。元內周八百四丈，立一千三百四十人。元外周八百六十一丈六尺，立一千四百三十六人。出奇後，元外周立一千八十九人，元內周立一千一十六人，內外周人立七尺九寸一分。

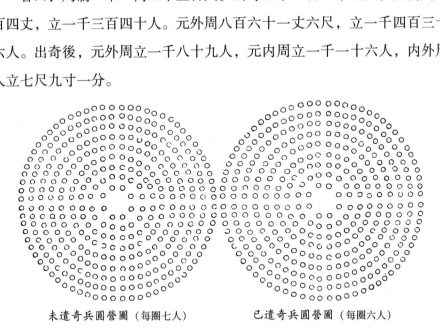

未遣奇兵圓營圖（每圈七人）　　　　已遣奇兵圓營圖（每圈六人）

術曰：以商功求之。置重數，減一，餘爲段。以段乘圓差，爲衰。以

---

① 《札記》卷一："第十六卷《圓營敷布》，館本入卷八上。"
② 此條庫本移置"計布圓陣"條前。

衰乘重數，爲率。求元周，以率減兵，餘如重數而一，得内周人數。不滿，爲餘兵。以人立圓邊乘内周人，得内周尺。倍衰，乘圓邊，爲泛。以泛併内周尺，得外周尺，爲實。如圓邊而一，得外周人。求出奇後，以率加存兵，如重數而一，得外周人。不滿，爲餘兵。以外周人約元外周尺，得後立尺。以後立尺約元内周，得内周人。

【庫本】按：求圓陣，草中用圓束法。圓束實六等邊形，非圓形也。蓋圓形重數相距等，則弧邊上相距不等；弧邊上相距等，則重數相距不等。惟圓束可並取相等，故用其法。至次陣減人數不減營周尺數，則各重周上相距不能相等，故草中又以尺數求内周人數，然未免與圓束逐層相差數不合，亦僅取其大略也。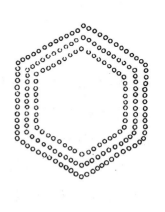

又舊用二圖，各點爲圓周九重，今用一圖點爲六等邊形三重，惟取易見，則二圖九重，其理一也。

草曰：置九重，減一，餘八，爲段。以乘圓束差六，得四十八，爲衰[①]。乘九重，得四百三十二，爲率。

重數 ╳	減 丨	餘 Ⅲ 爲段　圓束差 丅
衰 Ⅲ	重 ╳	率 Ⅱ
╳		三
		╳

求元周，以率四百三十二減周制一軍一萬二千五百，餘一萬二千六十八，爲實。如重數九而一，得一千三百四十人，爲内周人數。不滿八人，以爲餘兵之數。

---

① “爲衰”下，庫本注：“按：圓束每層差六，今内外重數相距倍於人立相距，則每層差一十二，爲倍差。常法重數減一，與半差相乘，爲衰。今倍差，故即與差數相乘，爲衰也。”

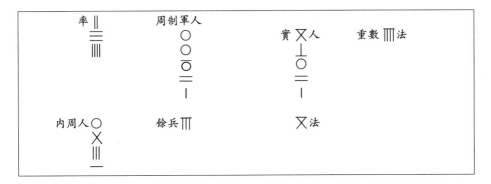

次以人立圓邊六尺乘內周人一千三百四十，得八千四十尺，收作八百四丈，爲內周尺數。

內周人〇 周邊丁 圓得〇尺 內周‖‖丈

倍衰四十八，得九十六，乘圓邊六尺，得五百七十六尺，爲泛。

倍率丁 圓率丁 泛丁尺

以泛五百七十六尺併內周八千四十尺，得八千六百一十六尺，爲外周尺。

外周一尺 內周尺 丁泛

以外周尺八千六百一十六爲實。如圓邊六尺而一，得一千四百三十六人，爲外周人數。

外周丁人 丁實 法丁圓邊

求出奇後，以奇母四約軍一萬二千五百，得三千一百二十五，爲奇兵。以減總軍，餘九千三百七十五，爲存兵。次以率四百三十二加之，得九千八百七人，爲實。如重數九而得一千八十九，爲外周人，不盡六。

出奇兵　　　　一軍〇人　　　　　　　　‖‖‖約

奇兵　　　　　〇總軍　　　存兵　　　　　‖‖率

　　　　　　　商〇　　　　實　人　　　　法‖‖‖重

　　　　　　　外周人　　　不盡丁爲餘兵　　乂法

次以元外周八千六百一十六尺爲實，以外周人一千八十九約之，得七尺九寸一分。不盡二尺一分，與法求等，得三。俱約之，爲分下三百六十三分之①六十七。

　　　　　　　商〇人　　　實丁尺　　　法‖‖‖尺

等‖‖‖分　　　　　　　　　　　　　　　　法

　商　　　　　　　　　　　　尺不盡

出奇人立數　　尺　　　　　　子　　　　　　母

置元内周八千四十尺，爲實。以後立尺七尺九寸一分約之，得一千一

---

① 之：原脱，據明鈔本、庫本補。

十六，爲内周人數。不盡三尺四寸四分，爲寬地。

本術所求內外周之人數既定，不拘人奇出奇入，皆以六人爲重差，或累差加減，各得諸重圍數，或併九重人，課總軍所存。

望知敵衆①

問：敵爲圓營，在水北平沙，不知人數。諜稱彼營布卒占地方八尺。我軍在水南山原，於原下立表，高八丈，與山腰等平。自表端引繩虛量，平至人足三十步。人立其處，望彼營北陵，與表端參合。又望營南陵，入表端八尺②。人目高四尺八寸，以圓密率入重差，求敵衆合得幾何？

答曰：敵衆八百四十九人。

【庫本】按：數不合，應二百七十三人。其故詳草後。

術曰：以勾股求之。置人退表步③，乘入表，爲實。以人目高爲法，除之，得徑。以密周率乘徑，得數爲實。以密徑率因人立，爲法。約之，得外周人數。餘收爲一，副置。加六，以乘副，得數爲實。如一十二而一，餘亦收爲全。

① 《札記》卷一："《望知敵衆》，館本入卷四下測望類。"

② 入表端八尺：王鈔本天頭批："萱齡按：'入表端八尺'者，於退表一千六百寸入八十寸也。"

③ "表步"下，庫本注："按：此條誤，法應置表高。"

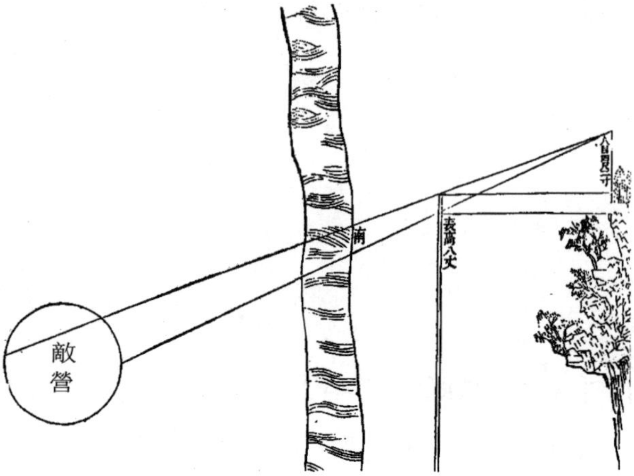
敵營
表高八丈

望知敵衆圖

草曰：置人立退表三十步，以步法五尺，展爲五十寸，通之，得一千五百寸。乘入表八尺，得一十二萬寸，爲實。

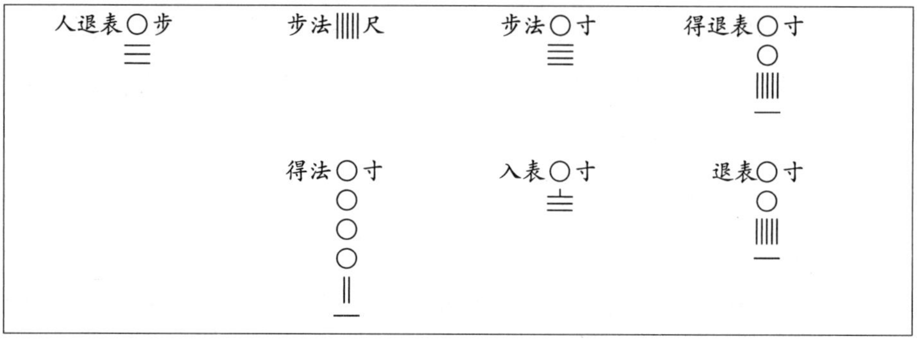
人退表〇步
步法||||尺
步法〇寸
得退表〇寸
得法〇寸
入表〇寸
退表〇寸

以人目高四十八寸爲法，除之，得徑二千五百寸。

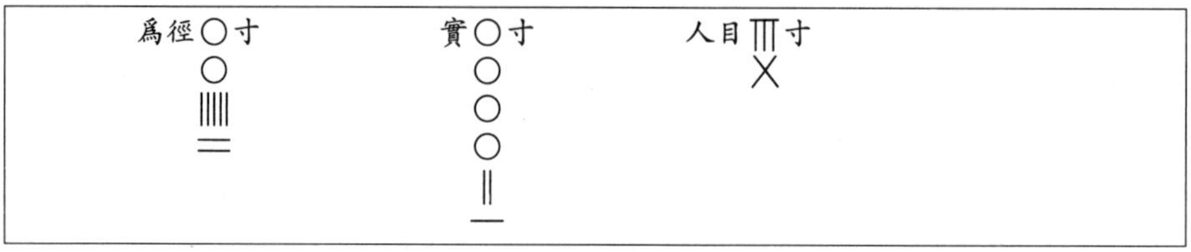
爲徑〇寸
實〇寸
人目Ⅲ寸

以密率周法二十二乘徑二千五百，得五萬五千寸，爲實。

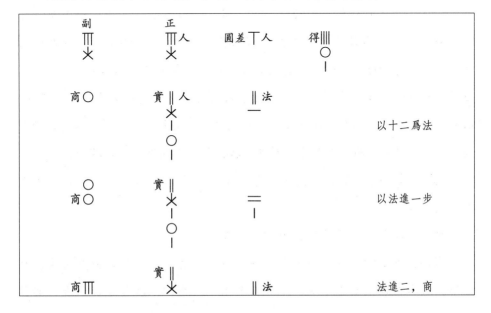

以密率徑法七，因諜稱人立八尺，得五百六十，爲法。

以法五百六十寸約實五萬五千寸，得九十八人，爲外周人數。不盡一百二十寸，棄之。

副置外周九十八人，加六，得一百四人，乘副，爲實。

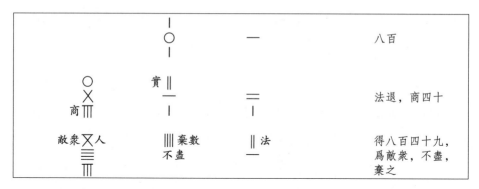

【庫本】按：此術應置表高，加人目高以入表，乘之。誤置退步以入表，乘之，故人數差多二倍，蓋思省偶未至耳。至求人數，先用密率，次用束箭法，亦未盡合題問。今依其數，各步於後。

求營徑，置表高八丈，加人目高四尺八寸，得八丈四尺八寸，以入表八尺，乘之，得六萬七千八百四十寸。以人目高除之，得一十四丈一尺三寸又三分寸之一，爲營徑。蓋以表高加人目高，爲大股，營徑爲大勾較。人目高爲小股，入表爲小勾較。置大股，以小勾較乘之，以小股除之，即得大勾較也。

求人數，用密率。置徑爲實，倍每人占地八尺，得一十六尺，爲法。除實，得八，爲外層數。加最內一層，得九，爲共層數。餘一十三尺三寸又三分寸之一，爲最內徑。以最內徑與最外徑即營徑。相加同，以九層乘之。折半，得六百九十六尺，爲九層共徑數。以密周率二十二乘之，得一萬五千三百一十二尺，爲實。以密率七乘每人占地八尺，得五十六尺，爲法。除之，得二百七十三人。餘三尺又七分尺之三，棄之。此法應先求得內外圓周，再求九層共周數。今先求九層共徑數，然後變爲圓周，其理一也。

【附】《札記》卷四：圖案：此圖限於方幅，比例頗不明顯，讀者以意求之可也。

案：此問立術布算俱誤，今改正於後。

術曰：目高加入表，乘表高，爲遠率。表高內減入表，餘乘目高，爲近率。二率相減，餘爲徑率。以退表乘徑率，爲實。以目高加入表，與目高相乘，爲法。實如法，得營徑。求人數，如原術。

草曰：目高四尺八寸，加入表八尺，得一丈二尺八寸。乘表高八丈，得一十萬二千四百寸，爲遠率。表高內減入表，餘七丈二尺。以目高四尺八寸乘之，得三萬四千五百六十寸，爲近率。二率相減，餘六萬七千八百四十寸，爲徑率。以退表三十步，通爲一千五百寸，乘之，得一億一百七十六萬寸，爲實。乃以目高加入表，得一丈二尺八寸。與目高四尺八寸相乘，得六千一百四十四寸，爲法。除實，得一萬六千五百六十二寸二分寸之一，約爲一百六十五丈六尺二寸二分寸之一，即營徑也。求人數者，以密率周法二十二乘徑一萬六千五百六十二寸二分寸之一，得三十六萬四千三百七十五寸，爲實。以密率徑法七因人立八尺，得五百六十，爲法。除實，得六百五十人，爲外周人數。不盡三百七十五，棄之。副置外周六百五十人，加六，得六百五十六。以乘副，得四十二萬六千四百，爲實。如十二而一，得三萬五千五百三十三人，爲敵衆。不盡，棄之。

均敷徭役[①]

問：軍戍差坐烽攡鋪，切慮差徭不均，今諸軍共合差一千二百六十人。契勘諸軍見管前軍六千一百七十人，右軍四千九百三十六人，中軍七千四百四人，左軍三千七百二人，後軍二千四百六十八人。各軍合差幾何？

答曰：前軍差三百一十五人。右軍差二百五十二人。中軍差三百七十八人。左軍差一百八十九人。後軍差一百二十六人。

術曰：以均輸求之。置各軍見管人，驗可約，求等以約之。爲衰。副併爲法，以共合差數乘列衰，各爲實。實如法而一，各得。

草曰：置諸軍見管，求等，得一千二百三十四。俱以約各見管，前軍

---

① 《札記》卷一："《均敷徭役》，館本'敷'作'賦'。"按：庫本仍作"敷"。

得五，右軍得四，中軍得六，左軍得三，後軍得二，列爲各衰。副併諸衰，得二十，爲法。以共差一千二百六十人乘諸衰，前軍得六千三百，右軍得五千四十，中軍得七千五百六十，左軍得三千七百八十，後軍得二千五百二十，各爲實。皆如法二十而一，前軍合差三百一十五人，右軍合差二百五十二人，中軍合差三百七十八人，左軍合差一百八十九人，後軍合差一百二十六人。

見管人　○前軍　丁右軍　川中軍　‖左軍　Ⅲ　求等

前軍　右軍　中軍　左軍　後軍　等數

‖‖前衰　‖‖右衰　丁中衰　川左衰　‖後衰　○法

○共差人

前實○　右實○　中實○　左實○　後實○　○法

前軍‖‖‖‖　右軍‖　中軍Ⅲ　左軍‖‖‖‖　後軍丁　合差人

先計軍程

問：一軍三將，將十隊，隊七十五人。每將分左右傔，作九行，爬頭拽行，每日六十里。明日路狹，以單傔拽行，至晚。欲先知宿程里數合幾何？

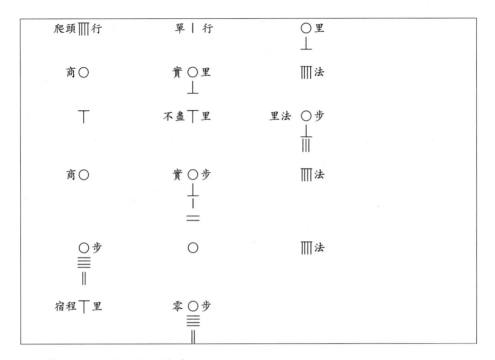

答曰：六里二百四十步。

術曰：以均輸求之。置行數爲法，以單數一行，用乘日程里，爲實。實如法而一，得宿程里步。

草曰：置行數九，爲法。以單傔數一行，用乘六十里，爲實。實如法而一，得六里。不盡六里，以里法三百六十步通之，得二千一百六十步，又爲實。仍如法九而一，得二百四十步，爲六里二百四十步宿程。

軍器功程

問：今欲造弓刀各一萬副，箭一百萬隻。據功程[1]，七人九日造弓八張，八人六日造刀五副，三人二日造箭一百五十隻。作院見管弓作二百二十五人[2]，刀作五百四十人，箭作二百七十六人。欲知畢日幾何？

---

[1] 功程：《永樂大典》卷一六三四三引本條及庫本均作“工程”。
[2] 弓作二百二十五人：《永樂大典》卷一六三四三及庫本無“二十五”三字。《札記》卷四：“脫‘二十五’。案：弓作箭作，百下皆有零數，不應弓作下獨無，故據答數補。”

答曰：造弓一萬張，三百五十日^①。造刀一萬把^②，一百七十七日_{九分}日之七。造箭一百萬隻，一百四十四日_{六十九分日之六十四}^③。

術曰：以粟米求之，互換入之。置各功程元人率於右行，置元日數於中行，置欲求數爲左行。以三行對乘之，爲各實，列右行。次置元物數於中行，置見管人爲左行。以左行乘中行，各爲法。以對除右行，各得日數。

草曰：置元造弓七人，造刀八人，造箭三人於右行。次置造弓九日，造刀六日，造箭二日，列中行。又置欲造弓一萬，欲造刀一萬，欲造箭一百萬，列左行。以三行對舉乘。

上得六十三萬，中得四十八萬，下得六百萬，各爲實。

次列元造弓八張，刀五副，箭一百五十隻於中行。又列見管弓作二百二十五人，刀作五百四十人，箭作二百七十六人於左行。

---

① 造弓一萬張三百五十日：《永樂大典》卷一六三四三及庫本作“造弓一萬張，三百九十三日四分日之三”。

② 把：《永樂大典》卷一六三四三及庫本作“副”。

③ 一百四十四日六十九分日之六十四：《永樂大典》卷一六三四三及庫本作“一百四十四日二百七分日之一百八十二”，庫本注：“按：六十九分之六十四，訛二百七分日之一百八十二。”

元造弓⊤⊤張	元造刀||||副	元造箭〇隻	中行
見弓作 人	見刀作〇人	見箭作⊤人	左行

以兩行對乘之，上得一千八百，中得二千七百，下得四萬一千四百，各爲法。

〇	〇	〇各爲法
〇	〇	||||
⊤⊤⊤	⊤⊤	一
一上	二中	||||下

先以上法一千八百除寄右行弓日實六十三萬日，得三百五十，爲造弓一萬張日數。

商〇	實日〇	〇法
	〇	一
	〇	|||
	⊥|||	
	⊥	
造弓〇畢日	〇	〇

次以中法二千七百除寄右行刀日實四十八萬日，得一百七十七日，爲造刀一萬副日數。

造箭〇	刀日實〇	〇法
	〇	⊤⊤
	〇	二
	〇|||	
	✕	
造刀畢⊤⊤日	〇	〇法
一	〇	〇
	|	⊤⊤
	二不盡	

不盡二千一百，與法求等，得三百，俱約之，爲九分日之七。

次以下法四萬一千四百除寄右行箭日實六百萬日，得一百四十四日，爲造箭一百萬隻日數。

不盡三萬八千四百日，與法四萬一千四百求等，得六百，俱以約之，得六十九分日之六十四，爲造箭日分。合問。

次以下法四萬一千四百除寄右行箭日實六百萬日，得一百四十四
日，爲造箭一百萬隻日數。

計造軍衣

問：庫有布、綿、絮三色計料，欲製軍衣。其布，六人八疋少一百六十疋，七人九疋剩五百六十疋；其綿，八人一百五十兩剩一萬六千五百兩，九人一百七十兩剩一萬四千四百兩；其絮，四人一十三斤少六千八百四斤，五人一十四斤適足。欲知軍士及布綿絮各幾何？

答曰：兵士一萬五千一百二十人。布二萬疋，綿三十萬兩，絮四萬二千三百三十六斤。

術曰：以盈朒求之。置人數於左右之中，置所給物，各於其上，置盈

胐數，各於其下，令維乘之。先以人數互乘其所給率，相減，餘爲法。次以人數相乘，爲寄。後以盈胐互乘其上未減者，是爲維乘。驗其下係一盈一胐，以上下皆併之。其上併之，爲物實；其下併之，乘寄，爲兵實。二實皆如法而一，各得。驗其係兩盈或兩胐者，以上下皆相減之。其上減之，餘爲物實；其下減之，餘乘寄，爲兵實。二實皆如法而一，各得。驗其或一盈一足，或一胐一足者，其適足，乃以空互乘其上。未減者去之，只以所用盈胐數互乘其上，爲物實。以盈或胐一數乘寄，爲兵實。皆如法而一，各得。

求布，草曰：置布六人於左中，八足於左上，胐一百六十足於左下。置七人於右中，九足於右上，盈五百六十於右下。先以左右之中六七互乘左右之上訖，左上得五十六，右上得五十四。以相減之，餘二，爲法。次以左右中六七相乘，得四十二，爲寄於中。次以左下虧一百六十乘右上未減五十四，得八千六百四十。又以右下盈五百六十乘左上未減五十六，得三萬一千三百六十。驗得左右之下係一盈一胐，當併之。以左上三萬一千三百六十併右上八千六百四十，得四萬，爲布實。次以左下胐一百六十併右下盈五百六十，得七百二十。乘寄四十二，得三萬二百四十，爲兵實。二實皆如法二而一，得二萬足，爲布；得一萬五千一百二十，爲兵。

求布圖

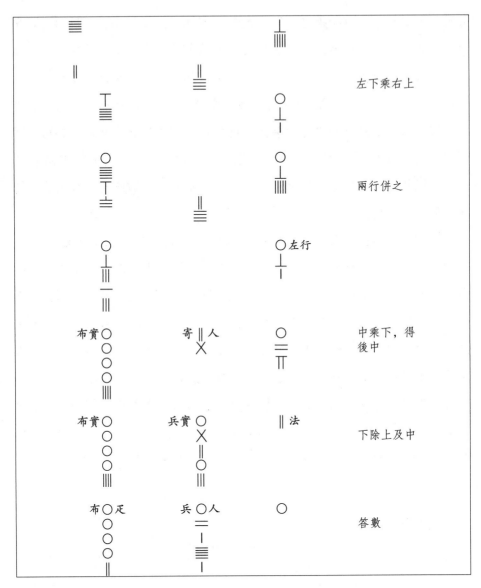

求綿，草曰：置八人於左中，綿一百五十兩於左上，餘一萬六千五百
兩於左下。次置九人於右中，一百七十兩於右上，餘一萬四千四百兩於右
下。以左右中八九互乘各上訖，左上得一千三百五十，右上得一千三百六
十，相減餘一十，爲法。次以中八九相乘，得七十二，爲寄於中。次以左
下一萬六千五百乘上一右千三百六十，得二千二百四十四萬。却以右下一

萬四千四百乘左上一千三百五十，得一千九百四十四萬。驗其下係兩盈，當相減之。其右上餘三百萬，爲綿實。其左右之下亦相減之，餘二千一百，乘寄七十二，得一十五萬一千二百，爲兵實。二實皆如法一十而一，綿得三十萬兩，兵得一萬五千一百二十人。

○綿兩 〣人 餘綿○兩 右行
右中乘左上，
左中乘右上

求綿圖

○綿兩 〣人 餘綿○兩 左行

○ 〣 ○ 上對減

○ 〣 ○ 中對乘

○ ○ 右下乘左上

○ ∥ 左下乘右上
○ ○

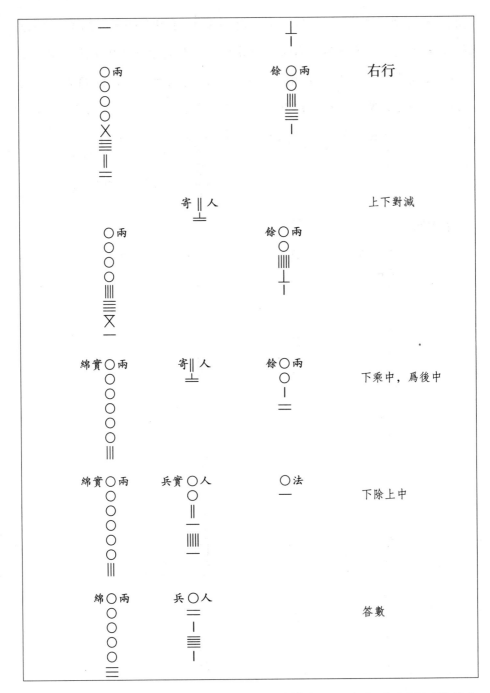

求絮，草曰：置四人於左中，一十三斤於左上，少六千八百四斤於左

下。又置五人於右中，一十四斤於右上，適足爲空於右下。以左右之中四五互乘其上訖，左上得六十五，右上得五十六。相減，餘九，爲法。以中四五相乘，得二十，爲寄於中。先以左下六千八百四互乘右上五十六，得三十八萬一千二十四。却以右下適足之空乘左上六十五，亦爲空，乃去之。只以右上三十八萬一千二十四斤，爲絮實；只以左下六千八百四乘寄二十人，得一十三萬六千八十，爲兵實。二實皆如法九而一，其絮得四萬二千三百三十六斤，其兵得一萬五千一百二十人。合問。

求絮圖

絮實	兵實○人	法	
			以下除上中
絮　斤	兵○人		答數

已上布、綿、絮三項，求人兵數皆同。今仍於各圖立算求之，以合本術。

數書九章卷第十七

市易類^①

推求物價^②

問：榷貨務^③三次支物，準錢各一百四十七萬貫文，先撥沉香三千五百裹，璿瑁二千二百斤，乳香三百七十五套；次撥沉香二千九百七十裹，璿瑁二千一百三十斤，乳香三千五十六套四分套之一；後撥沉香三千二百裹，璿瑁一千五百斤，乳香三千七百五十套。欲求沉、乳、璿瑁裹、斤、套各價幾何？

答曰：沉香每裹三百貫文。乳香每套六十四貫文。璿瑁每斤一百八十貫文。

術曰：以方程求之，正負入之。列積及物數於下，布行數，各對本色，有分者通之，可約者約之，爲定率積列數。每以下項互遍乘之，每視其積，以少減多，其下物數，各隨積正負之類。如同名相減，異名相加，正無人負之，負無人正之。其如同名相加，異名相減，正無人正之，負無人負之。使其下項物數得一數者爲法，其積爲實。實如法而一，所得不計遍損或益，諸積各得法實除之。餘倣此。

---

① 市易：原作"市物"，據卷首序及庫本、《札記》改。《札記》卷一："第十七卷市易類，原本'易'作'物'。案、館本作'易'，此本系贊亦作'易'，作'物'誤。"
② 《札記》卷一："《推求物價》《均貨推本》，館本俱入卷九下。"
③ 榷貨務：榷，原作"推"，據《宋會要輯稿》食貨五五之二二、《宋史》卷一六五《職官志五》改。

　　草曰：置準錢一百四十七萬貫，爲三次撥錢，爲三行積數。次置先撥沉香三千五百裏，璹瑁二千二百斤，乳香三百七十五套，爲右行物數。又列次撥沉香二千九百七十裏，璹瑁二千一百三十斤，乳香三千五十六套四分套之一，爲中行物。次列沉香三千二百裏，璹瑁一千五百斤，乳香三千七百五十套，爲左行之物。各以本色相對列之。

　　其中行乳香，有四分套之一，便以母四通中行諸數，只内子一入乳香段内，積得五百八十八萬貫，沉①得一萬一千八百八十裏，璹②得八千五百二十斤，乳③得一萬二千二百二十五套。

　　以右行求等，得二十五，俱約之，積得五萬八千八百貫，沉得一百四十裏，璹得八十八斤，乳得一十五套。

　　以中行求等，得一④十五，約之，積得三十九萬二千貫，沈得七百九

---

① 沉：明鈔本、庫本均作“沉香”。
② 璹：明鈔本、庫本均作“璹瑁”。
③ 乳：明鈔本、庫本均作“乳香”。
④ 得一：原脱，據明鈔本、庫本補。

十二裹，瑇得五百六十八斤，乳得八百一十五套。

以左行求等，得五十，約之，積得二萬九千四百貫，沉得六十四裹，瑇得三十斤，乳得七十五套。列爲《定率圖》① 三行，副置求之。

今先欲去《定圖》下位，乳香套數一十五與左下七十五，互乘左右兩行。右積得四百四十一萬貫，沉得一萬五百②，瑇得六千六百，乳得一千一百二十五；左積得四十四萬一千貫，沉得九百六十③，瑇得四百五十，乳得一千一百二十五。

驗左積少，右積多，當以左行直減右行畢，仍置《定圖》左行數。

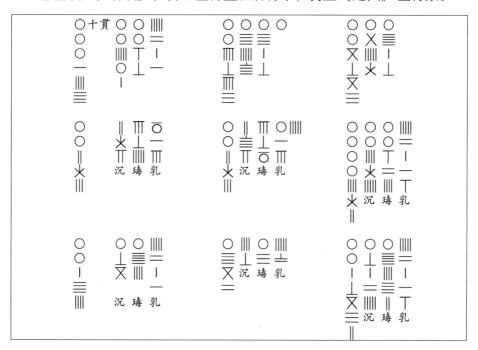

右積得三百九十六萬九千貫，沉得九千五百四十，瑇得六千一百五十。

---

① 定率圖：庫本有"率圖""定率圖""維圖"之名，"維圖"下注云："按：以上三圖名，舊本未載，今依前題補之，以便檢閱。"當是。

② 沉得一萬五百：庫本作"沉香一萬五百裹"，以下瑇瑁、乳香並沿例作全名及補裹、斤單位，較佳。

③ 九百六十：明鈔本、庫本俱作"九百六十一"，誤。

次驗中左兩行，各有下位段。又以左下七十五互乘中行，乃以中行下八百一十五互乘左行畢。中積得二千九百四十萬貫，沉得五萬九千四百，璹得四萬二千六百，乳得六萬一千一百二十五；左積得二千三百九十六萬一千貫，沉得五萬二千一百六十，璹得二萬四千四百五十，乳得六萬一千一百二十五。驗左積少，中積多，以左行同名直減中行畢，仍置《定圖》左行數。

右○十貫

沉　璹

中

左

沉　璹

沉　璹

卜圖①　　　宮圖

中積得五百四十三萬九千貫，沉得七千二百四十，璹得一萬八千一百五十。今驗右中兩行數多，又求等，約之。其右行求得三十，約之，右積得一十三萬二千三百貫，沉得三百一十八②，璹得二百五斤；中行求得一十，約之，中積得五十四萬三千九百貫，沉得七百二十四，璹得一千八百

---

① 卜圖：原作"干圖"，與後文重，茲據庫本、王鈔本改。正文二處同改。
② "一十八"下，庫本依例有"裏"字，較佳。以下庫本并存留裏、斤等單位字，不一一出校。

一十五。

今又欲去中左行之璿瑁，乃以中行一千八百一十五互乘右行，右積得二億四千一十二萬四千五百貫，右沉得五十七萬七千一百七十，右璿得三十七萬二千七十五。次以《卜圖》右璿二百五互乘中行，中積得一億一千一百四十九萬九千五百貫，中沉得一十四萬八千四百二十，中璿得三十七萬二千七十五。今驗《宮圖》右積多，中積少，乃以中行直減右行畢，仍置《卜圖》中行數。

干圖　　　　　　　　　　　　　　　支圖

今驗《干圖》右行段數，只有沉香四十二萬八千七百五十裏，以爲法。以右上積一億二千八百六十二萬五千貫爲實，實如法而一，得三百貫，爲沉香一裏價。便以中行沉七百二十四乘三百貫，得二十一萬七千二百貫，減中積五十四萬三千九百貫，餘三十二萬六千七百貫，爲中積，便減去中行沉香段之數。次以左上沉六十四乘三百貫，得一萬九千二百貫。減左積二萬九千四百貫，餘一萬二百貫，爲左積。便減左上沉香裏數，去之。

今驗《支圖》中行，其下只有璿瑁一千八百一十五，以爲法。以中積三十二萬六千七百貫爲實，實如法而一，得一百八十貫，爲瑇瑁價。

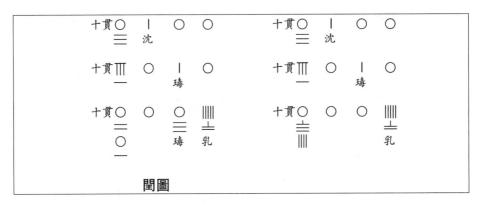

闆圖

今驗《闆圖》左行有瑇瑁三十斤，以乘價一百八十貫，得五千四百貫。減左積一萬二百貫，餘四千八百貫，爲左積。其下積有乳香七十五套，以爲法。以積四千八百貫爲實，實如法而一，得六十四貫，爲乳香套價。此題並係俱正補①草。

均貨推本

問：有海舶赴務抽畢，除納主家貨物外，有沉香五千八十八兩，胡椒一萬四百三十包，包四十斤。象牙二百一十二合，大小爲合，斤兩俱等。係甲乙丙丁四人合本博到。緣昨來湊本，互有假借。甲分到官供稱：甲本金二百兩，鹽四袋鈔一十道；乙本銀八百兩，鹽三袋鈔八十八道；丙本銀一千六百七十兩，度牒一十五道；丁本度牒五十二道，金五十八兩八銖。已上共估直四十二萬四千貫。甲借乙鈔，乙借丙銀，丙借丁度牒，丁借甲金。今合撥各借物歸元主名下爲率，均分上件貨物。欲知金、銀、袋鹽、度牒元價及四人各合得香、椒、牙幾何？

【庫本】按：題意謂甲金、乙鹽、丙銀、丁牒，原本不同，互借爲同本，買得香、椒、牙三色。今有互借各物及同本貫數，求原本以分所買之

---

① 補：原作“鋪”，據庫本、王鈔本改。

物，蓋方程而兼衰分之法也。甲乙二條內，鹽鈔二色，寔即一色。先言鹽袋數，乃一鈔之數，以鈔數乘之，始爲鹽數，是鈔數既贅，又不明言其故，皆故爲隱晦也。

【王鈔本】銳案："四袋鈔，三袋鈔，必當時鹽鈔有此名目。題中鹽四袋鈔一十道，鹽三袋鈔八十道，並當以七字爲句。校者誤以四袋、三袋絕句，遂誤認鹽鈔爲二色，而疑其故爲隱晦，非也。"萱齡案：銳案未必然。

【附】《札記》卷四：李氏案：原本兩"鹽"字皆脫，是明人亦以四袋鈔、三袋鈔爲句，與李氏説合。

答曰：甲金每兩四百八十貫文，本一十二萬四千貫文，合得沉香一千四百八十八兩，胡椒三千五十包一十一斤五兩五十三分兩之七，象牙六十二合。

乙鹽每袋二百五十貫文，本七萬六千貫文，合得沉香九百一十二兩，胡椒一千八百六十九包二十一斤二兩五十三分兩之六，象牙三十八合。

丙銀每兩五十貫文，本一十二萬三千五百貫文，合得沉香一千四百八十二兩，胡椒三千三十七包三十九斤五兩五十三分兩之二十三，象牙六十一合四分合之三。

丁度牒每道一千五百貫文，本一十萬五百貫文，合得沉香一千二百六兩，胡椒二千四百七十二包八斤三兩五十三分兩之十七，象牙五十合四分合之一。

術曰：以方程求之，衰分入之，正負入之。置共錢，以人數約之，得數，列如人數，各爲行積。次置諸色各物數，爲段子，對本色。有分者通之，可約者約之，爲定率。以第一行爲右，以第二行爲副，以第三行爲次，第四行爲左。每以下位互遍乘之，每驗其積，以少減多。如同名相減，異名相加，正無人負之，負無人正之。如同名相加，異名相減，正無人正之，負無人負之。得一段爲法，以除積爲實。除之，各得諸價。以諸價列右行，以各物數列左行，以兩行對乘，得各本率。以諸色求等，約之，得列衰。併諸衰爲總法，以列衰遍乘各物諸數，各爲實。諸實並如總法而一，各得其物。除不盡者，以斤兩通而除之，或又分母命之。

草曰：置估直四十二萬四千貫，以四人約之，得一十萬六千貫，爲各積。以人數列四位，次置甲金二百兩於右上，以四袋乘鈔一十道，得四十袋①於右副，爲右行。次置乙鈔八十八道，以三袋乘之，得鹽二百六十四袋②及銀八百兩，爲副行。次置丙銀一千六百七十兩、度牒一十五道，爲次行。次置丁度牒五十二道、金五十八兩八銖，爲左行。驗得《首圖》左行上段金帶八銖是三分兩之一，乃以分母通乘左行諸數，只以分子一内入左上金内，其左積得三十一萬八千貫，左金得一百七十五兩，左度牒得一百五十六道，爲《次圖》。驗《次圖》四行皆可求等，右行求得四十，約之；副行求得八，約之；次行求得五，約之；左行求得一，約之。各得數，爲《定率圖》。

（圖：首圖、次圖、定率圖——列示右行、副行、左行之算籌數字及金、鹽、銀、度牒等。）

---

① "四十袋"下，庫本注："按：此條以四袋爲一鈔，相乘爲鹽數，是二色止爲一色，不如即用鹽爲正。"

② "六十四袋"下，庫本注："按：此條以三袋爲一鈔。"

　　右積得二千六百五十貫，金五兩，鹽一袋；副積得一萬三千二百五十貫，鹽三十三袋，銀一百兩；次積得二萬一千二百貫，銀三百三十四兩，度牒三道；左積得三十一萬八千貫，金一百七十五兩，度牒一百五十六道。乃以《定圖》次行之度牒三因左行左積，得九十五萬四千貫，金五百二十五兩，度牒四百六十八道。次以《定圖》左下度牒一百五十六道乘次行積，得三百三十萬七千二百貫，銀五萬二千一百四兩[1]。

	定率圖					維圖			
右行	十貫		金	鹽		十貫		金	鹽
	積					積			
副行	十貫		鹽	銀		十貫		鹽	銀
	積					積			
次行	十貫			銀	度牒	十貫		銀	度牒
	積								
左行	十貫		金		度牒	十貫		金	度牒
	積		後圖屢變，每取《定率圖》數用之			積			

　　乃驗《維圖》左及次行之下度牒等，當相減之，以積爲端，當以左之少積來減次之多積。按術曰“同名相減”，其次行之金空，而左行之金五百二十五兩，有爲正。次空爲無。按術曰“正無人負之”，即以左行之金正，加入次行金位，爲負，乃成《音圖》。仍置《定圖》左行諸數。

---

[1] “四兩”下，庫本注：“按：此下落‘度牒四百六十八道’八字。”是。

　　乃驗《音圖》次行積得二百三十五萬三千二百貫正，金五百二十五兩負，銀五萬二千一百四兩正，餘三行皆正。

	音圖			爻圖	
十貫	金正 鹽正		十貫	金正 鹽正	
十貫	鹽正 銀正		十貫	鹽正 銀正	
積 十貫	金負 銀正		積 十貫	金負 銀正	
積 十貫	金正 度牒正		積 十貫	金正 度牒正	

　　今驗《音》次行之負金，當以右行之正金補之，而其數不等。先以右金五約次金五百二十五，得一百五。以乘《音圖》右行畢，其右積得二十七萬八千二百五十貫，金五百二十五兩正，鹽一百五袋正。其副次左三行，如《音圖》故，乃成《爻圖》。

　　今視《爻圖》右行之金正與次行之金負適等，即用右行直加次行，按術以同名相加。乃以右之金正減其次之金負，爲空，按術以異名相減之。其次鹽空，爲無人，按術以正無人正之。乃以《爻圖》右積二十七萬八千二百五十貫加次積二百三十五萬三千二百貫內，得二百六十三萬一千四百五十貫。其次金空，次鹽一百五袋正，次銀五萬二千一百四兩正。仍置

《定圖》右行數，而成《政圖》①。

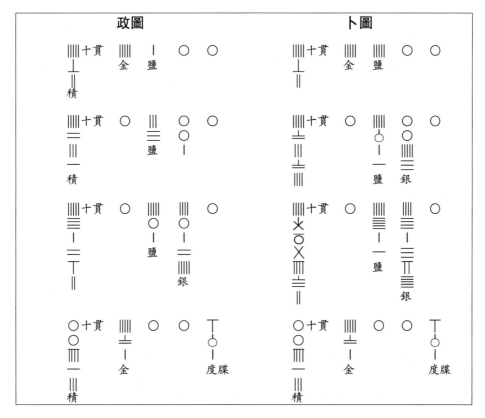

今視《政圖》，從省。乃擇其諸行本色可求等，首金可，鹽亦可。蓋
金多鹽少，乃以《政圖》副次兩行鹽數三十三與一百五求等，得三，故以
三約三十三，得一十一，以乘次行。又以三約一百五，得三十五，以乘副
行畢。其副積得四十六萬三千七百五十貫，鹽一千一百五十五袋，銀三千
五百兩。次積二千八百九十四萬五千九百五十，鹽一千一百五十五袋，銀
五十七萬三千一百四十四兩，皆正。列成《卜圖》。

---

① 政圖：原作"正圖"，據下文及庫本改。

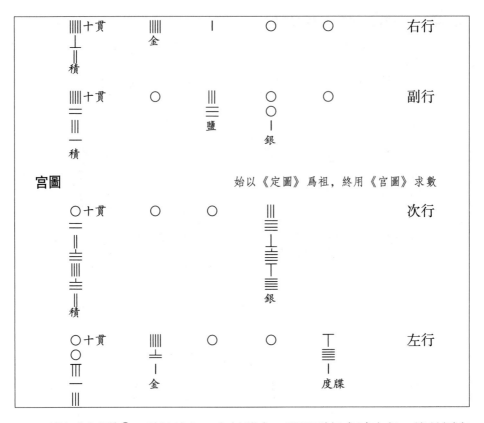

乃視《卜圖》①，副行積少，次行積多，即以副行求減次行，皆是同名相減之。既畢，仍置《定圖》副行數。其次行乃得積二千八百四十八萬二千二百貫，銀得五十六萬九千六百四十四兩，列爲《宮圖》。

驗《宮圖》次行下只有銀五十六萬九千六百四十四兩，獨一數，以爲法。以次積二千八百四十八萬二千二百貫爲實，實如法而一，得五十貫，爲銀一兩價，而成《干圖》。

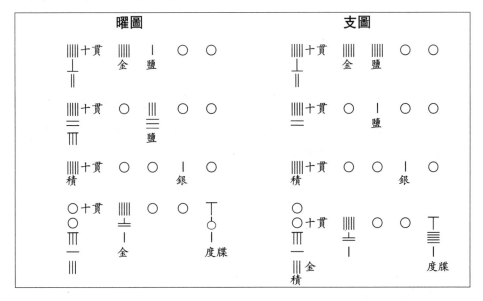

乃以《干圖》副行銀一百兩乘兩價五十貫，得五千貫。以減《干圖》副行之積一萬三千二百五十貫訖，副積餘八千二百五十貫，其下鹽得三十三袋，銀空，而成《曜圖》。

乃以《曜圖》副行之積八千二百五十貫爲鹽實，以其下鹽三十三袋爲法，除之，得二百五十貫，爲鹽一袋價，而成《支圖》。

乃以《支圖》右行鹽一袋遍乘副行畢，其副積只得二百五十貫。次以副行直減右行畢，右積餘二千四百貫，金五兩，鹽空，而成《閏圖》。

乃以《閏圖》右積二千四百貫爲實，金五兩爲法，除之，得四百八十貫，爲金一兩價，成《定圖》。次以《閏圖》左金一百七十五兩遍乘右行直，減左行訖，左積得二十三萬四千貫，度牒一百五十六道，左金空，而成《定圖》。

閏圖				定圖			
○十貫 實	‖‖	○	○ ○	⫿十貫 金	｜ 金	○	○ ○
‖‖‖ 價	○	｜ 鹽	○	‖‖‖ 價	○	｜ 鹽	○
‖‖‖ 價	○	○	｜ 銀	‖‖‖十貫 價	○	○	｜ 銀
○十貫 積	‖‖ 金	○	○ ⊤○｜ 度牒	○○ 實	○	○	○ ⊤○｜ 度牒

今驗《定圖》左積二十三萬四千貫，爲實。以左下度牒一百五十六道爲法，除之，得一千五百貫，爲度牒一道價，以成《終圖》。既得金銀每兩、鈔鹽每袋、度牒每道各色之價，次列甲乙丙丁四人乘之。

終圖

　復以《首圖》右金二百兩併左金五十八兩八銖，得二百五十八兩。以八銖爲三分兩之一，通分內子，得七百七十五，於左甲。其右價四百八十貫，乃以左甲母三約之，爲一百六十貫，於右甲。次以右鹽四十袋併副鹽二百六十四袋，得三百四袋，於左乙。次以副銀八百兩併次銀一千六百七十兩，得二千四百七十兩，爲左丙。又以次行度牒一十五道併左度牒五十二道，得六十七道，爲左丁。以兩行對乘之。

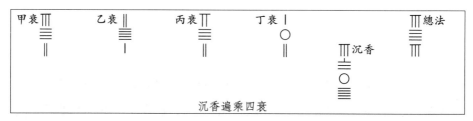

以右甲一百六十乘左甲七百七十五兩，得一十二萬四千貫，爲甲元本。以右乙二百五十貫乘左乙三百四袋，得七萬六千貫，爲乙元本。以右丙五十貫乘左丙二千四百七十兩，得一十二萬三千五百貫，爲丙元本。以右丁一千五百貫乘左丁六十七道，得一十萬五百貫，爲丁元本。列四人各得元本，求得等五百貫。皆以五百貫爲法，除之，甲得二百四十八，乙得一百五十二，丙得二百四十七，丁得二百一，各爲列衰於右行。併右行列衰，得八百四十八，爲總法。

次置博到沉香五千八十八兩，遍乘列衰，各爲沉香實。次置胡椒一萬四百三十包，亦遍乘列衰，爲椒實。次置象牙四百二十四條，以大小爲合，半之，得二百一十二合，亦遍乘列衰，爲牙實。

沉香遍乘四衰

甲得一百二十六萬一千八百二十四，乙得七十七萬三千三百七十六，丙得一百二十五萬六千七百三十六，丁得一百二萬二千六百八十八，各爲沉香實。以總法八百四十八除之，甲得沉香一千四百八十八兩，乙得沉香九百一十二兩，丙得沉香一千四百八十二兩，丁得沉香一千二百六兩。

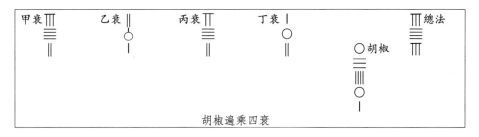

胡椒遍乘四衰

　　甲得二百五十八萬六千六百四十，乙得一百五十八萬五千三百六十，丙得二百五十七萬六千二百一十，丁得二百九萬六千四百三十，各爲椒實。以總法八百四十八除之。

　　甲得三千五十包，不盡二百四十包。以包率四十斤乘之，得九千六百斤。又以法除之，得一十一斤不盡二百七十二斤。以十六兩通之，得四千三百五十二兩。又以法除之，得五兩，不盡一百一十二。求等，得一十六。約之，得五十三分兩之七。約甲，得椒三千五十包一十一斤五兩五十三分兩之七。

　　乙得一千八百六十九包，不盡四百四十八包。以四十斤乘之，得一萬七千九百二十。又以法除之，得二十一斤。不盡一百一十二斤，以十六兩通之，得一千七百九十二兩。又以法除之，得二兩，不盡九十六兩。求等，得十六。約之，得五十三分兩之六，爲乙合得椒一千八百六十九包二十一斤二兩五十三分兩之六。

　　丙得三千三十七包，不盡八百三十四。以四十斤通之，得三萬三千三百六十斤。又以法除之，得三十九斤。不盡二百八十八，以十六兩通之，得四千六百八兩。又以法除之，得五兩。不盡三百六十八兩，求等，得十六。約之，得五十三分兩之二十三，爲丙合得椒三千三十七包三十九斤五兩五十三分兩之二十三。

　　丁得二千四百七十二包，不盡一百七十四。以四十斤通之，得六千九百六十斤。又以法除之，得八斤。不盡一百七十六，以十六兩通之，得二千八百一十六。又以法除之，得三兩。不盡二百七十二，求等，得十六。

約之，得五十三分兩之一十七，爲丁合得椒二千四百七十二包八斤三兩五十三分兩之一十七。

甲得五萬二千五百七十六合，乙得三萬二千二百二十四合，丙得五萬二千三百六十四合，丁得四萬二千六百一十二合，各爲牙實。皆以總法八百四十八除之，甲合得牙六十二合；乙合得牙三十八合；丙合得牙六十一合，不盡六百三十六，求等，得二百一十二，約之，得四分合之三；丁合得牙五十合，不盡二百一十二，求等，得二百一十二，約之，得四分合之一。

【庫本】按：此條於方程正負之用，通分乘除之變，多所發明。步算雖繁，寔有條而不紊也。

互易推本①

問：出度牒差人營運，每三道易鹽一十三袋，鹽二袋易布八十四疋，布一十五疋易絹三疋半，絹六疋易銀七兩二錢。今趂到銀九千一百七十二兩八錢。欲知元關度牒道數幾何？

答曰：度牒一百八十道。

術曰：以粟米互乘易法求之。列各數，以本色相對，如雁翅。以多一事者相乘，爲實。以少一事者相乘，爲法，除之。

---

① 《札記》卷一："《互易推本》，館本作'易牒知原'。"庫本卷六下錢穀類題注："按：舊本此問無題，今增入。"

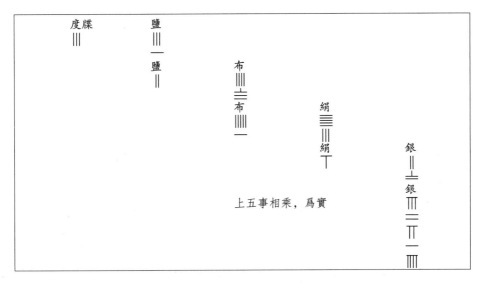

上五事相乘，爲實

　　草曰：先以度牒三道乘鹽二袋，得六。以乘布一十五，得九十。又乘絹六疋，得五百四十。乃乘銀九萬一千七百二十八錢，得四千九百五十三萬三千一百二十錢，爲實。次以鹽一十三袋乘布八十四，得一千九十二。以乘絹三疋五分，得三千八百二十二。乃乘銀七十二錢，得二十七萬五千一百八十四錢，爲法。除實，得一百八十道，爲元關度牒。

菽粟互易①

　　問：菽三升易小麥二升，小麥一斗五合易油麻八合，油麻一升二合易粳米一升八合。今將菽十四石四斗欲易油麻，又將小麥二十一石六斗欲易粳米幾何？

　　答曰：油麻五石一斗二升。粳米一十七石二斗八升。

------

① 《札記》卷一："《菽粟互易》，館本作'粟米交易'，與《易牒知原》俱入卷六下錢穀類。"庫本題注："按：舊本此問無題，今增。"

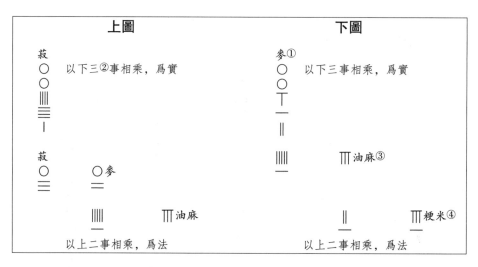

術曰：以粟米換易求之。置元易率，本色對列，如雁翅。以多一事者相乘，爲實。以少一事者相乘，爲法，除之，各得。或問數不干其率者，不置。

草曰：置四率六數，列六位率，如雁翅，皆化爲合。先將菽一十四石四斗化作一萬四千四百合，乃對前二句率數四位，如雁翅。至欲易油麻止，共五事，爲《上圖》。次將小麥二十一石六斗化作二萬一千六百合，乃對後兩句率四位，如雁翅。至欲易粳米止，共五事，爲《下圖》。其《上圖》，以菽一萬四千四百合乘麥二十，得二十八萬八千。又乘油麻八合，得二百三十萬四千，合爲油麻實。次以菽三十合乘麥一十五，得四百五十合，爲法。除之，得五千一百二十合。展爲五石一斗二升，爲油麻。其《下圖》，以小麥二萬一千六百合乘油麻八合，得一十七萬二千八百合。又乘粳米一十八合，得三百一十一萬四百合，爲粳米實。以小麥一十五合乘油麻一十二合，得一百八十合，爲法。除之，得一萬七千二百八十。展作一十七石二斗八升，爲粳米。

---

① 麥：原無，據明鈔本、庫本補。

② 三：原作“二”，據下文及庫本改。

③ 油麻：原無，據明鈔本、庫本補。

④ 粳米：原無，據明鈔本、庫本補。

數書九章卷第十八

推計互易①

問：庫率糯穀七石出糯米三石，糯米一斗易小麥一斗七升，小麥五升踏麴二斤四兩，麴一十一斤醞糯米一斗三升。今有糯穀一千七百五十九石三斗八升，欲出穀、做米、易麥、踏麴，還自醞餘穀之米，須令適足，各合幾何？

列算圖

穀	米	四因二斤四兩，乃作九斤，得麥二斗		穀	米	下四位退乘
	米 ○	麥			米 ○	麥

元圖 麥 麴 　　　　**變圖** 麥 麴

麴 米 　　　　　　　　　麴 穀

以首位穀七因米一斗三升，變爲穀，以米三石因一十一斤麴　　　　　上四位進乘

---

① 此條庫本移置卷六下錢穀類，題曰"計米易麴"，注："按：舊本此問無題，今增。"

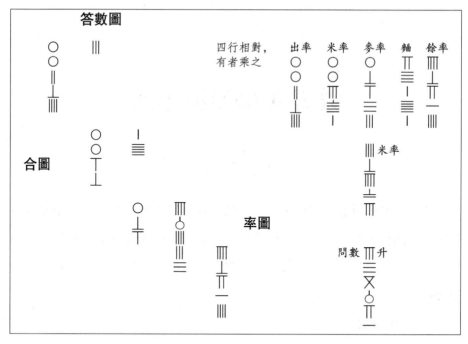

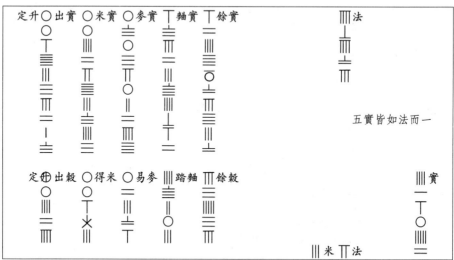

答曰：共穀一千七百五十九石三斗八升。出穀九百二十四石。得米三百九十六石。易麥六百七十三石二斗。踏麯三萬二百九十四斤。餘穀八百三十五石三斗八升。醞米三百五十八石二斗。

術曰：以粟米換易求之。置諸率，隨本色對列，如雁翅。有分者通之，異類者變之，以上位者進乘之，以下位者退乘之，得合數。有對者相乘之，無對者直命之，爲諸率。併上下無對者，爲法率。諸率可約者約之。以今有物遍乘諸率，不乘法率。各爲實。諸實並如法而一，各得。其已變者，復互易乘除之，即得所求。

草曰：置糯穀七，出米三，於右行上、副兩位。次置糯米一斗，麥一斗七升，於副行副、中兩位。次置小麥五升，踏麴二斤四兩，於次行中、次兩位。次置麴一十一斤，醖米一斗三升，於左行次、下兩位。隨本色對列，如雁翅訖。乃驗次行二斤四兩，是四分斤之一。以母四通次行兩位，以子一內次行次位。其中位得二十，次位得九。又驗左行下位是糯米，是異類於糯穀，合變爲糯穀。乃以問中首句率穀七米三變之，以七因米一斗三升，得九斗一升於左下，爲穀。却以米三因麴一十一斤，爲三十三斤麴於左行，得《變圖》數。

以左行三十三乘次行二十，得六百六十。次以得六百六十乘副行一十，得六千六百。次以六千六百乘右上七，得四萬六千二百，各於元位。却以右行副位三因副行一斗七升，得五斗一升。又以五斗一升乘次行九，得四百五十九。又以四百五十九乘左下九十一，得四萬一千七百六十九，列爲《合圖》數。

乃驗《合圖》四行，其副、中、次三位有對者，以對相乘，合之。其右上左下無對者，直命之。皆爲率，列右行。上得四萬六千二百，爲出糯穀率；副位得一萬九千八百，爲得糯米率；中得三萬三千六百六十，爲易得麥率；次得一萬五千一百四十七，爲踏到麴率；下得四萬一千七百六十九，爲餘下糯穀率。併上下二率，共得八萬七千九百六十九，爲法率。今六率共求等，得一，約之，只得元率，爲《率圖》。

始用今有糯穀一千七百五十九石三斗八升，皆化爲升，遍乘五率，不乘法率，得八十一億二千八百三十三萬五千六百升，爲出穀實；得三十四億八千三百五十七萬二千四百升，爲糯米實；得五十九億二千二百七十萬三千八十升，爲易麥實；得二十六億六千四百九十三萬二千八百八十六，爲踏麴實；得七十三億四千八百七十五萬四千三百二十二升，爲餘穀實。其五實皆如法八萬七千九百六十九而一，得九百二十四石，爲出穀；得三百九十六石，爲做到糯米；得六百七十三石二斗，爲易到小麥；得三萬二百九十四斤，爲踏到麴；得八百三十五石三斗八升，爲餘下穀。今將餘下穀變爲米，乃以米率三因餘穀八百三十五石三斗八升，得二千五百六石一斗四升，爲實。以糯穀率七爲法，除之，得三百五十八石二升，爲醞米。

【庫本】按：術中互乘、進乘、退乘、對乘，皆通分法也。張邱建云："學者不患乘除之爲難，而患通分之爲難。"此術曲盡其妙，今各釋於後。

第一圖互乘，以右上穀七乘左下米一十三，得九十一。應以右下米三除之，方得穀數。今不除，便如得穀數，又以米三乘之矣，故以米三乘麴一十一，得三十三，與穀數九十一相當，仍同於麴一十一與米一十三相當也。

第二圖，左進乘自下而上，右退乘自上而下。左四位連乘至穀，應以右上三位連乘之數除之，得踏麴三十三所用穀數。今不除，爲寄右上三位連乘之數，爲分母。右四位連乘至穀，即如麴三十三所醞穀數，同寄右上三位連乘之數爲分母也。併之，即如踏麴用穀、麴所醞穀總數[1]，同寄右上三位連乘之分母也。

第三圖對乘，左下一位麴數[2]，以前寄分母右上三位連乘之數乘之，即同寄一分母也。左下二位相乘[3]，應以右上第三位[4]除之，得踏麴所用麥數。不除，爲寄右上第三位麴數。又以右上二位相乘之數乘之，是應

---

① 醞穀總數：《札記》卷四：案：此即《率圖》中之法率。
② 左下一位麴數：《札記》卷四：案：館本以《合圖》上四位，改作左行，下四位，改作右行，故以麴數三十三，爲左下一位。
③ 左下二位相乘：《札記》卷四：案：謂麴三十三、麥二十。
④ 右上第三位：《札記》卷四：案：謂麴九。

用麥數內，同寄右上三位連乘之分母也。左下三位連乘，應以右、中二位①相乘之數除之，得易麥應用米數。不除，爲寄右、中二位相乘之數。又以右上第一位米數乘之，是應用米數內，同寄右、上三位連乘之分母也。

右總穀②、出穀、餘穀、易米、易麥、踏鞠六數，皆同寄一分母，則用以乘除，求得數，即與本數無異。故以題中總穀數乘寄分母各數，以寄分母總數除之，即得所求各數也。

再，此術不獨用法之巧，即圖式布置，亦皆具精義，熟玩之，可以得其往來變通之故。原第三《合圖》仍斜排爲《上圖》，第四《率圖》即各寄寄母數直，列爲《下圖》。今《合圖》改爲《正圖》，列於右。各得寄母數，並列於左。

【附】《札記》卷四：案：館本移改舊圖，別無意義，但取左右分列，易於立說耳。今仍原本。

煉金計直③④

問：庫有三色金，共五千兩。內八分金一千二百五十兩，兩價四百貫文；七分五釐金一千六百兩，兩價三百七十五貫文；八分五釐金二千一百五十兩，兩價四百二十五貫文。並欲煉爲足色，每兩工食藥炭錢三貫文，耗金九百七十二兩五錢。欲知色分及兩價各幾何？

答曰：色一十分。兩價五百三貫七百二十四文五百三十七分文之二百一十二。

術曰：以方田及粟米求之。置共數，以耗減之，餘爲法。以三色分數

---

① 右中二位：《札記》卷四：案：謂麥十七及鞠九。
② 總穀：《札記》卷四：案：謂法率。
③ 《札記》卷一："《煉金計直》，館本作'三合均價'，與《計米易鞠》《推求本息》《儻直推原》俱入卷六下錢穀類。"庫本題注："按：舊本此問無題，今增。"
④ 此條庫本移置卷六下錢穀類，題曰"三合均價"，注："按：舊本此問無題，今增。"

各乘兩數，併之，爲色分實。以三色價數各乘兩數，爲寄。以工藥價乘共金，併價寄，共爲價實。二實皆如法而一，即各得。

草曰：置共金五千兩，減耗九百七十二兩五錢外，餘四千二十七兩五錢，爲法。次置一千二百五十兩，乘八分，得一萬分於上。置一千六百兩，以七分五釐乘之，得一萬二千分，加上。置二千一百五十兩，乘八分五釐，得一萬八千二百七十五分，又加上。共得四萬二百七十五分，爲分實。

次置一千二百五十兩，乘四百貫，得五十萬貫，爲寄。次置一千六百兩，乘價三百七十五貫，得六十萬貫，加寄。次置二千一百五十兩，乘價四百二十五貫，得九十一萬三千七百五十貫，又加寄。次置共金五千兩，乘工藥錢三貫，得一萬五千貫，又加寄。共得二百二萬八千七百五十貫，爲價實。

二實併如法四千二十七兩五錢而一，其色得一十分，其價每兩得五百三貫七百二十四文。不盡一貫五百九十，與法求等，得七十五，俱約之，爲五百三十七分文之二百一十二。

上分○	得⫴分	八分半金○兩	⫼分	次乘下，得
				副，以併上
色分實⫼	寄○文	八分金○兩	○文八分價	次乘下，得副
寄○文	得○文	七分半○金	○文七分價	次乘下，得
				副，併上
寄○文	得○文	八分半金○	○文八分半價	次乘下，得
				副，併上
寄○文	得○文	共金○	工藥錢○文	次乘下，得
				副，併上

其色實餘盡得十一分，爲金色。其價除得五百三貫七百二十四文，爲十分金每兩價。不盡一貫五百九十文，與法求等，得七半，俱以約之，爲五百三十七分文之二百一十二。

推求本息

問：三庫息例，萬貫以上一釐，千貫以上二釐五毫，百貫以上三釐。甲庫本四十九萬三千八百貫，乙庫本三十七萬三百貫，丙庫本二十四萬六千八百貫。今三庫共納到息錢二萬五千六百四十四貫二百文。其典率，甲反錐差，乙方錐差，丙蒺藜差。欲知元典三例本息各幾何？

【庫本】按：此即衰分題也。其差有反錐、方錐、蒺藜之名，蓋以一二三遞減，如立錐，爲反錐。以一四九平方遞加，爲方錐。以一三六三數遞加，爲蒺藜。是必古有其名也。至以各差求各本，則因各本原依各差入之也。

【附】《札記》卷四：案：反錐即平三角形，於《四元玉鑑》爲茭草形。今反用之，故名反錐。方錐於《四元玉鑑》爲四角垛。蒺藜即立三角形，於《四元玉鑑》爲三角形，又爲茭草落一形。

答曰：甲庫共納息九千五十三貫文：一釐息二千四百六十九貫文，二釐半息四千一百一十五貫文，三釐息二千四百六十九貫文。

乙庫共納息一萬五十一貫文：一釐息二百六十四貫五百文，二釐半息二千六百四十五貫文，三釐息七千一百四十一貫五百文。

丙庫共納息六千五百四十貫二百文：一釐息二百四十六貫八百文，二鰲半息一千八百五十一貫文，三鰲息四千四百四十二貫四百文。

術曰：置諸庫諸色之差，照鰲率，爲三行。縱併之爲約率，橫命之爲乘率。先以約率各約自庫之本，各得，以遍乘未併乘率。然後各以鰲率橫乘之，次以縱併之，爲各庫共息。

	乘率	乘率	乘率	
甲庫反錐差				併此行，得六
乙庫方錐差				併此行，得一十四
丙庫疾蔾差				併此行，得一十
	上	中	下	

甲約率	乙約率	丙約率

甲得文	甲本〇文	甲約	
			下除中，得上

乙得文	乙本〇文	乙約	
			下除中，得上

丙得文	乙本〇文	丙約	
			下除中，得上

甲乘率　上　　　中　　　下　　　甲得文

遍乘三率

甲上率　　中率○文　下率　　

乙率　　　　　　　　　　　　　乙得○文

遍乘三率

乙上率○文　中率○　下率○文

丙率

遍乘三率

丙上率	上 ○文	中率 ○文	下①率 ○文	○	
					右行
甲上率	○	中 ○	下 ○文		
					兩行對乘
					左行
	| 釐	〓 釐	||| 釐		
甲上息	○文	中息 ○文	下息 ○文	甲共息 ○文	
乙上率	○	中率 ○	下率 ○		
					兩行對乘
	| 釐	〓 釐	||| 釐		

---

① 下：原作"中"，與上欄重，明鈔本同，據上下文例改。

乙上息〇　　　〇　　　〇　　　乙共息〇

丙上率〇　　中率〇　　下率〇文

兩行對乘

丙上息〇　　中息〇　　下息〇　　丙息〇文

甲共息〇文　乙共息〇文　丙共息〇文

併此三項共
息，得問題
總息數

草曰：置甲庫反錐差，自下置一二三於右行。次置乙庫方錐差，自上置一四九於中行。次置丙庫蒺藜差，自上置一二六於左行。各爲三庫上、中、下三等乘率。乃縱併甲差三二一，得六，爲甲約率。縱併乙差一四九，得一十四，爲乙約率。縱併丙差一三六，得一十，爲丙約率。直命九位數，各爲上、中、下乘率。乃先以約率，各約自庫之本。乃以甲約率六約甲本四十九萬三千八百貫,得八萬二千三百貫,爲甲得;次以乙約率一十四約乙本三十七萬三百貫,得二萬六千四百五十貫,爲乙得;次以丙約率一十約丙本二十四萬六千八百貫,得二萬四千六百八十貫,爲丙得。以各得乘未併乘率,其甲所得八萬二千三百貫,乘反錐乘率三二一,得二十四萬六千九百貫,爲上率;得一十六萬四千六百貫,爲中率;得八萬二千三百貫,爲下率。其乙所得二萬六千四百五十貫,以乘方錐差一四九,得二萬六千四百五十貫,爲上率;得一十萬五千八百貫,爲中率;得二十三萬八千五十貫,爲下率。其丙所得二萬四千六百八十貫,以乘蒺藜差一三六,得二萬四千六百八十貫,爲上率;得七萬四千四十貫,爲中率;得一十四萬八千八十貫,爲下率。

　　然後各以息釐數乘各庫,三乘。此是變文爲庫。其甲以一釐乘上率二十四萬六千九百貫,得二千四百六十九貫,爲上息;以二釐五毫乘中率一十六萬四千六百貫,得四千一百一十五貫,爲中息;以三釐乘下率八萬二千三百貫,得二千四百六十九貫,爲下息。併上、中、下三息,得九千五十三貫文,爲甲庫共息。其乙庫以一釐乘上率二萬六千四百五十貫,得二百六十四貫五百文,爲上息;以二釐五毫乘中率一十萬五千八百貫,得二千六百四十五貫,爲中息;以三釐乘下率二十三萬八千五十貫,得七千一百四十一貫五百,爲下息。併上、中、下三息,得一萬五十一貫文,爲乙庫共息。其丙庫以一釐乘上率二萬四千六百八十貫,得二百四十六貫八百,爲上息;以二釐五毫乘中率七萬四千四十貫,得一千八百五十一貫,爲中息;以三釐乘下率一十四萬八千八十貫,得四千四百四十二貫四百,爲下息。併上、中、下三息,得六千五百四十貫二百文,爲丙庫共息。却併三庫共息,得二萬五千六百四十四貫二百文,爲總息。

推求典本

問：典庫今年二月二十九日，有人取解一號主家，聽得當事共計算①本息一百六十貫八百三十二文，稱係前歲頭臘月半解去，月息利②二分二釐。欲知元本③幾何？

答曰：本一百二十貫文。

術曰：以粟米求之。置積日，乘息分數，增三百，爲法。以三百乘共錢，爲實。實如法而一，得本。

【附】《札記》卷四："置積日，乘息分數，增三百，爲法"，案：此問所云"二分二釐"，與今時略同。謂出錢一貫，每月納息二十二文也。云"增三百"者，以十文爲率也。假令出錢一十文，每月當納息二分二釐，以四百六十四日乘之，得一百二文八釐。文下爲分，分下爲釐。合以每月三十日除之，爲出錢十文，歷四百六十四日之總息。今省不除，便以一百二文八釐爲總息。內寄三日爲分母。以分母三十通出錢十文，得三百，爲本。加入總息，得四百二文八釐，爲本息共數。是爲本三百，歷四百六十四日，共計本息四百二文八釐也。於今有術，四百二文八釐爲所有率，三百文爲所有數，一百六十貫八百三十二文爲所求率，而今有之，得所求數一百二十貫也。然取徑迂迴，義法隱晦。今設二法於後，以顯明之。

其一，以貫率之。置每貫每月二十二文，以四百六十四日乘之，得一十貫二百八文，爲實。合以一月三十日爲法，除之，得共息。今不除，便以一十貫二百八文爲共息。亦以法三十通一貫，得三十貫，爲本。併共息，得四十貫二百八文，爲本息共數。是爲本三十貫，歷四百六十四日，共計本息四十貫二百八文也。

---

① 計算：《永樂大典》卷一六三四三引本條及庫本均作"筭"。
② 利：據《永樂大典》卷一六三四三引本條及庫本，此字當衍。
③ 元本：《永樂大典》卷一六三四三及庫本作"原本"，下同。

其一，以文率之。置每文每月二釐二毫起息，以四百六十四乘之，得一十文二分八毫，爲實。合以三十除之，今不除，便以一十文二分八毫爲其息。亦以法三十通一文，仍得三十文，爲本。併其息，得四十文二分八毫，爲本息共數。是爲本三十文，歷四百六十四日，共計本息四十文二分八毫也。

草曰：置前年頭臘月半，係四十五日。併去年三百六十，又加今年五十九日，共得四百六十四，爲積日。乘息二分二釐，得一百二文八釐，增三百文，得四百二文八釐，爲法。以三百文乘共錢一百六十貫八百三十二文，得四萬八千二百四十九貫六百文，爲實。實如法而一，得一百二十貫文，爲元本。

前年頭臘月半一	後臘月全	去年十二月	今年正月	二月	併此二項數，共爲積日
積…日	…分	得…文	○…	…文爲法	
增○數	本息…文	本息…文	實○文		商除格，當以法之文，自實之文下起步，商亦始於文，實多，則商、法皆步約，置之
○文商	○文	實…文	…文法		法進一步，商約十

商約百

商約貫

商約十貫

法不進，乃命
上商除實

法一退

【庫本】按：題意謂前年十一月半典錢，去年未取，今年二月二十九日取去，按日計利，共合本息錢一十六千八百三十二文，月息每千二十二文，問本錢若干。法當以積日乘息二十二文，以三十日除之，得一千文之共息，加一千文，爲一千文之本息共數，然後置今本息共數，以一千乘之，一千之本息共數除之，即得今本錢數。草中以十文爲本，以二分二厘爲息，不以三十除之爲共息，而以三十乘十文得三百爲本，其理一也。

傗直推原

問：房廊數內一戶，日納一百五十六文八分足。爲準指揮：未曾經減者減三分，已曾經減三分者減二分，已曾經減二分者更減二分。今本戶累經減者，欲知元額房錢幾何？

答曰：元額三百五十文。

術曰：以衰分求之。列一十分兩行各三位，列減分對減右行，以餘者相乘，爲法。以左行元列相乘，得納錢，爲實。實如法而一，得元額錢。

減 ‖‖‖分　　　　　‖分　　　　　‖分
○分　　　　　　○分　　　　　○分　　　右行
一　　　　　　　一　　　　　　一　　　以減分損左行

○分　　　　　　○分　　　　　○分　　　左行
一　　　　　　　一　　　　　　一

　　　　　　　　　　　　　　　　　　　右行
　　　　　　　　　　　　　　　　　　　右行相乘，爲法；
○　　　　　　　　○　　　　　　○　　　左行
　　　　　　　　　　　　　　　　　　　左行相乘，爲因率

○乘率　　　　　　　　見納文　　　　　　　以因率乘見
○　　　　　　　　　　　　　　　　　　　納，爲實
○
一

得文額○文　　　實○文　　　　　法

草曰：列一十分三位於左行，又列一十分三位於右行。其右上減去初減三分，右中減去次減二分，右下減去更減二分。右行餘七八八，以相乘，得四百四十八，爲法。乃以左行三位一十分相乘，得一千，爲乘率。以乘見日納錢一百五十六文八分，得一百五十六貫八百文，爲實。實如法而一，得三百五十文，爲本戶元額房錢。

附 録

附 考

（清）焦循

　　或謂李冶之説天元一爲演秦九韶之法，蓋以秦爲宋人，李爲元人，元宜在宋後也。循按《元史》，冶以至元二年卒於家，年八十八，是爲宋度宗咸淳元年。上溯生年，爲金世宗大定十九年，當宋孝宗淳熙六年。冶卒後十六年，元世祖始并宋。又按，秦九韶之名，不著《宋史》，惟周密《癸辛雜識續集》言：“九韶字道古，秦鳳間人。”《數學九章叙》自稱其籍爲魯郡。近盧氏《補宋史藝文志》因以九韶爲魯郡人，蓋失考核。年十八，在鄉里爲義兵首。既出東南，多交豪富。性極機巧，星象、音律、算術以至營造等事，無不精究。從李梅亭學駢儷、詩詞、花庵《中興絶妙詞選》云：“李公甫名劉，號梅亭。”遊戲、裘馬、弓劍，莫不能知。性喜侈好大，嗜進謀身。或以曆學薦于朝，得對，有《奏槀》及所述《數學大略》。淳祐四年，韓祥請召山林布衣造曆，從之。薦九韶宜在此時。《數學大略》即《數學九章》。與吴履齋交尤稔，履齋即吴潛。吴有地在湖州西門外，當苕水所經入城，面勢浩蕩，乃以術攫取之，以術攫取説，亦荒渺。果如是，則忤履齋矣，何得又有從履齋事？建堂其上，位置皆出自心匠。齋錢如揚，遍謁臺幂賈秋壑，宛轉得瓊州，至郡數月罷歸。又言：吴履齋在鄞，亟往投之。吴時入相，使之先行，曰：“當思所處。”秦復追隨之，吴旋得謫。賈當國，徐撫秦事，竄之梅州。在梅，治政不輟，竟殂于梅。《癸辛雜識》所紀甚詳，今撮其略。

　　考賈鎮淮揚，時在理宗淳祐十年，當元憲宗時。履齋之謫，在景定初年。其殂梅之時，與冶之卒相先後，年齒未必大于李。況李居河北，秦處浙西，同時異國，不得謂李演秦説也。九韶爲秦鳳間人，若以秦鳳路言之，建炎間已入於金。九韶爲義兵首，年已十八，則年百餘歲矣。然秦鳳路所屬之階、成、岷、鳳四州，終金之世，未嘗去宋，九韶蓋此四州人，周密本舊時地名稱之耳。但爲義兵首，不知在何年，其年齒遂無可考。冶本傳，冶登金進士第，《中州集》：李冶，中通子，冶字仁卿，正大七年收世科。辟知鈞州事。歲壬辰，城潰，冶北渡，流落忻、崞間，聚書環堵。世祖在潛邸，聞其賢，召之。《太宗紀》："四年，攻鈞州，克之。"《世祖紀》："歲甲辰，帝在潛邸，思有爲于天下，延藩府舊臣及四方文學之士，問以治道。辛亥，憲宗即位，盡屬以漠南漢地軍國庶事，遂南駐瓜忽都之地。"是冶以元太宗四年北渡，其召見潛邸，則在憲宗辛亥以前。《測圓海鏡自叙》標"戊申秋九月"，去甲辰止五年，則此書蓋創始于流落忻、崞時也。《自叙》云："老大以來，得洞淵九容之説，日夕玩繹而嚮之，病我者，使爆然落去而無遺餘。山中多暇，客有從余求其説者，于是又爲衍之，累一百七十問。"本傳云："冶晚家元氏，買田封龍山下，學徒益衆。"按言"山中多暇"，則是買田聚徒之日，蓋甲辰召對後，即歸元氏山下。言"客有求其説者"，即學徒益衆之一。乃叙稱"病我者使爆然落去"，稱"又爲衍之"，可見先已有成槀，至元氏山中，復理之耳。所云"老大以來"，蓋指忻、崞聚書時事。壬辰已五十五，故稱老大。九韶《數學九章叙》標淳祐七年，是年歲次丁未，比戊申止前一年，冶書之不本於秦明矣。

郭守敬《授時術》，用天元一算勾股弧矢容圓。郭卒於仁宗三年，年八十六。上溯欒城叙書之年，相距七十載，邢臺時纔十六歲。方冶學洞淵九容之説，蓋猶未生。邢臺之學，實欒城啓之，乃始祖。至元十三年召修《授時術》，而冶已前卒，故一代製作，遂首推邢臺，無復知有欒城矣。學者稱秦在李前，或叙郭于李上，均非實也。王德淵《海鏡後叙》云："敬齋先生病且革，語其子克修曰：'吾生平著述，死後可盡燔去。獨《測圓海鏡》一書，雖九九小數，吾嘗精思致力于此，後世必有知者。'"嗚乎，百餘年來，不絶如綫，至今日而其學大著。精神所結，鬼神護之，欒城自信，詎虚言哉！

秦九韶爲周密所醜詆，至于不堪，而其書亦晦而復顯。密以填詞小説之才，實學非其所知。即所稱與吳履齋交稔，爲賈相竄于梅州，力政不輟，則秦之爲人，亦瑰奇有用之才也。密又述楊守齋之言，稱斷事不平，薦湯如墨，恐遭其毒手，此亦影響之言。又言以劍命隸殺所養子，又言聞透渡而色喜。密自標聞于陳聖觀，又惡知聖觀之非謗耶？乃九韶之履歷，頗賴此以傳，則謗之正所以著之耳。《元史·李冶傳》不言其天元一之學，且誤“海鏡”爲“鏡海”，自叙稱取天臨海鏡之義，則必不名鏡海矣。“益古演段”爲“益古衍疑”，明儒之苟率，又何至箬溪始然耶？

癸辛雜識續集下

秦九韶，字道古，秦、鳳間人。年十八，在鄉里爲義兵首，豪宕不羈。嘗隨其父守郡，父方宴客，忽有彈丸出父後，衆賓駭愕，莫知其由。頃加物色，乃九韶與一妓狎，時亦抵筵，此彈之所以來也。既出東南，多交豪富。性極機巧，星象、音律、算術以至營造等事，無不精究。邇嘗從李梅亭學駢儷、詩詞、遊戲、毬馬、弓劍，莫不能知。性喜奢好大，嗜進謀身。或以曆學薦於朝，得對，有《奏藁》及所述《數學大略》。與吳履齋交尤稔，吳有地在湖州西門外，地名曾上，正當苕水所經入城，面勢浩蕩，乃以術攫取之。遂建堂其上，極其宏敞。堂中一間橫亘七丈，求海楠之奇材爲前楣，位置皆自出心匠。凡屋脊雨罾搏風，皆以塼爲之。堂成七間，後爲列屋，以處秀姬管絃，製樂度曲，皆極精妙，用度無算。將持盍於諸大閫，會其所養兄之子與其所生親子妾通，事泄，即幽其妾，絶其飲食而死。又使一隸偕此子以行，授以毒藥及一劍，曰：“導之無人之境，先使仰藥。不可，則令自裁。又不可，則擠之於水中。”其隸僞許而送之所生兄之寓鄂渚者，歸告事畢。已而寖聞其實，隸懼而逃，秦并購之。於是罄其所蓄自行，且求其子及隸，將甘心焉。語人曰：“我且齋十萬錢如揚，惟秋壑所以處我。"既至，遍謁臺幕，洪恕齋勳爲憲，起而賀曰："比傳令嗣不得其死，今君訪求之，是傳者妄也。可不賀乎？"秦不爲〔答〕。久之，賈爲宛轉得瓊州，行未至，怒迓者之不如期，取馭卒戮之。至郡數月罷歸，所攜甚富。己未透渡，秦喜色洋洋然。既未有省者，則又曰："生活皆爲人攬了也。"時吳履齋在鄞，亟往投之。吳時將入相，使之先行，曰："當思所處。"秦復追隨之。吳旋得謫，賈當國，徐摭秦事，竄之梅州。在梅，治政不輟，竟殂於梅。其始謫梅，離家之日，大堂前大楣中斷，人謂不祥。秦亡後，其養子復歸，與其弟共處焉。余嘗聞楊守齋云："往守雪川日，秦方居家，暑夕與其姬好合於月下。適有僕汲水庭下，意謂其窺己也。翌日，遂加以盜名，解之郡中。且自至白郡，就欲黥之。"楊公頗知其事，以其罪不至此，遂從杖罪斷遣。秦大不平，然匿怨相交如故。楊知其怨己，每闚其亡而往謁焉。直至替滿而往別之，遂延入曲室，堅欲苟留。楊力辭之，遂薦湯一盃，皆如墨色。楊恐甚，不飲而歸。蓋秦向在廣中，多蓄毒藥，如所不喜者，必遭其毒手，其險可知也。陳聖觀云。

跋

《數書九章》十八卷，宋淳祐間魯郡秦九韶譔。會稽王應遴董父借閣鈔本而録也。予轉假録之，原無目録，予爲增入。時萬曆四十五年新正五日，清常道人趙琦美記。以上轉録自《宜稼堂叢書》本《數書九章》卷末。

數學九章攷證

昌平王萱齡學

秦九韶，錢氏大昕《十駕齋養新録》云："秦九韶《數學九章》十八卷，其目曰大衍，曰天時，曰田域，曰測望，曰賦役，曰錢穀，曰營建，曰軍旅，曰市易，蓋自出新意，不循古《九章》之舊。有淳祐七年九月自序。攷《直齋書録》有《數術大略》九卷，魯郡秦九韶道古撰。前二卷大衍、天時二類，於治曆、測天爲詳。《癸辛雜識》又作《數學大略》，蓋即此書而異其名耳。直齋所録《崇天》《紀元》二曆，云‘近得之蜀人秦九韶道古’，然則九韶先世蓋魯人，而家於蜀者也。李梅亭集有《回秦縣尉九韶謝差校正啓》云：‘善繼人志，當爲黃秦之校讎；肯從吾游，小試丹鉛之點勘。’秦少游元祐中嘗校對黃本書籍，九韶豈其苗裔耶？李梅亭嘗爲成都漕，九韶差校正，當在其時。其任何縣尉，則無可攷矣。嘉熙以後，蜀土陷没，寄居東南，故得與直齋往還也。予又攷《景定建康志》，得二事，其一通關題名有‘秦九韶，淳祐四年八月以通直郎到任，十一月丁母憂，解官離任’，其一制幕題名，寶祐間，九韶爲沿江制置司參議官。又《癸辛雜識》稱九韶秦鳳間人，與吳履齋交尤稔，嘗知瓊州，數月罷歸，晚竄梅州以卒。合此數書觀之，九韶生平仕宦蹤跡，略可見矣。”王萱齡鈔本《數學九章》卷首

著　録

《直齋書録解題》卷一二：《數術大略》九卷，魯郡秦九韶道古撰。前世算術，自《漢志》皆屬曆譜家。要之，數居六藝之一，故今《解題》列之雜藝類，惟《周髀經》爲蓋天遺書，以爲曆象之冠。此書本名《數術》，而前二卷大衍、天時二類，於治曆、測天爲詳，故亦置之於此。秦博學多能，尤邃曆法，凡近世諸曆，皆傳於秦。所言得失，亦悉著其語云。

《錢遵王述古堂藏書目録》卷二：淳祐秦九韶《数書九章》十八卷，四本，閣本鈔。清錢氏述古堂鈔本

《四庫全書總目》卷一〇七：《數學九章》十八卷，《永樂大典》本。宋秦九韶撰。九韶始末未詳，惟據原序自稱其籍曰魯郡。然序題淳祐七年，魯郡已久入於元。九韶蓋署其祖貫，未詳實爲何許人也。是書分爲九

類：一曰大衍，以奇零求總數，爲九類之綱；二曰天時，以步氣朔晷影及五星伏見；三曰田域，以推方圓冪積；四曰測望，以推高深廣遠；五曰賦役，以均租稅力役；六曰錢穀，以權輕重出入；七曰營建，以度土功；八曰軍旅，以定行陣；九曰市易，以治交易。雖以九章爲名，而與古九章門目迥別。蓋古法設其術，九韶則別其用耳。宋代諸儒尚虛談而薄實用，數雖聖門六藝之一，亦鄙之不言。即有談數學者，亦不過推衍河洛之奇偶，於人事無關。故樂屢爭而不決，曆亦每變而愈舛，豈非算術不明，惟憑臆斷之故歟？數百年中，惟沈括究心是事，而自《夢溪筆談》以外，未有成書。九韶當宋末造，獨崛起而明絕學，其中如《大衍類·蓍卦發微》，欲以新術改《周易》揲蓍之法，殊乖古義。古曆會稽題數既誤，且爲設問以明大衍之理，初不計前後多少之曆過，尤非實據。《天時類·綴術推星》，本非方程法，而術曰方程，復於草中多設一數，以合方程行列，更爲牽合。所載皆平氣平朔，凡晷影長短，五星遲疾，皆設數加減，不過得其大概。較今之定氣定朔用三角形推算者，亦爲未密。然自秦、漢以來，成法相傳，未有言其立法之意者，惟此書大衍術中所載立天元一法，能舉立法之意而言之，其用雖僅一端，而以零數推總數，足以盡奇偶和較之變，至爲精妙。苟得其意而用之，凡諸法所不能得者，皆隨所用而無不通。後元郭守敬用之於弧矢，李冶用之於勾股方圓，歐邏巴新法易其名曰借根方，用之於九章八線，其源實開自九韶，亦可謂有功於算術者矣。至於田域、測望、賦役、錢穀、營建、軍旅、市易七類，皆擴充古法，取事命題，雖條目紛紜，曲折往復，不免瑕瑜互見，而其精確者居多。今即《永樂大典》所載，於其誤者正之，疎者辨之，顛倒者次第之，各加案語於下，庶得失不掩，俾算家有所稽考焉。

　　《清經世文續編》卷八《學術八》：元和沈狎鷗欽裴嘗爲李雲門校《九章算術·細草圖說均輸》一章，多所增訂。又補《海島算經細草》。晚得秦道古《數書九章》鈔本於張古愚家，訂譌補脫，歷有年所，著有

《秦書刊誤》，以老病未卒業。歿後，其弟子宋勉之搜得殘稿數卷，採其説入《札記》。居京師時，嘗手録徐氏所步《玉鑒細草》數段。因欲補撰全草。《遺稿》四册，爲長洲馬遠林釗所藏，余師張嘯山先生曾見之。其草與羅氏大同小異，實不如羅之詳。然四象朝元第三、第五兩問，羅草方廉隅諸數，皆不符原述，竟無説以處。此沈氏所演，獨與術脗合，此則勝於羅草者也。馬君謀刻之，而未果。後馬君殉難，《遺稿》遂不可蹤跡矣。江陰宋勉之景昌著《數書九章札記》，以狎鷗所校明鈔本爲主，而參以李四香所校四庫館本，搜衆説而折衷之，足資後學考證。無錫周敬甫安邑精究琴理，著《琴律細草》一卷。篤好天元一術，校讀算書，每有所得，輒題於眉上。嘗以郁刻秦古道《數書九章》謬訛錯出，演算不易，故用力尤勤，而辨正爲多，有沈、李、毛、宋諸家所未及者。竊擬編次其説，爲《數書校議》一册，庶幾鄉先哲之學術，可以不没云。

　　《思適齋集》卷一〇《數書九章序（代夏方米）》：敦夫太史校其家道古《數書》開雕，屬文燾爲之覆算，其題問與術草不相應，或術與草乖甚，且算數有誤，則當日書成後，未經親自覆勘耳。至《綴術推星》題，推五星逐度，用遞加遞減之法；《揆日究微》題，於節氣影差，逐日不同，皆以平派求之。此則法有古今，弗可概論也。大衍求一術，向以爲即郭守敬《曆源》、李冶《測圓海鏡》之天元一法及歐羅巴借根方法。今案：借根方之兩邊加減，雖與天元一相消不同，而其術即天元一法，無待論矣。若大衍術，實非天元一法，未可以其有立天元一之語，遂以郭守敬及李冶所謂天元一者當之。《潛揅堂集》亦言大衍術與李敬齋自言得自洞淵者有異，不信然乎？聞李尚之嘗謂《孫子算經》中"三三數之，五五數之，七七數之一"題，爲大衍求一術所自出。予謂道古自序，實已自言之，何也？是書大旨爲《九章》廣其用，如《賦役》章首題，答數至一百七十五條，每條步算之數至十餘位，而得數皆無不合。《均貨推本》題，方程而兼衰分，劉徽云："世人多以方程爲難。"道古此題，其難更何如矣。開方衍變，圖式備詳，足資後人參攷。凡此皆大有功於《九章》者。自序乃云"獨大衍術不載《九章》"，其意以爲以各分數之奇零求各分數之總數，九章無此法，而孫子有之，此《九章》後可以立法者，故隱以語人，使自得之也。試爲衍之。甲三乙五丙七爲元數，連環求等，皆得一，不約，便以元數爲定母。以定母相乘，得一百五，爲衍母。以各定母約衍母，得甲三十五、乙二十一、丙一十五，各爲衍數。滿定去衍得奇，甲二、乙一、丙一，以奇與定用大衍求乘率，仍得甲二、乙一、丙一。對乘衍數，得甲七十、乙二十一、丙一十五，爲各用數。次置三三數之賸二，以二乘七十，得一百四十。五五數之賸三，以三乘二十一，得六十三。七七數之賸二，以二乘一十五，得三十。五併所得，爲二百三十三，是爲總數。滿衍母倍數，去之，餘二十三，即所求數。凡所求數在衍母限內者，其數最小，爲第一數。若大於此數者，遞加一衍母數，無不合者。或列各定爲母於右行，各立天元一爲子於左行，以母互乘子，亦得衍數。是反覆推之，而其術乃憭然也。作者之謂聖，述者之謂明，道古此術，其述而進於作乎？他如《推求本息》題，各差有反錐方、錐蒺藜之名，少廣投胎術，即益積之異名，是必古有其名，而算數之書，爲世所不經見者猶多也。清道光二十九年徐渭仁刻本

《皕宋樓藏書志》卷四八：《數書九章》十八卷，舊鈔本，焦里堂舊藏。（宋）魯郡秦九韶撰。案：《四庫全書》著録本係從《永樂大典》録出者，此則原本也。

宋秦九韶《數書九章》，其《古術會積》設問云云，"淳祐丙午十一月丙辰朔，初五日庚申冬至，初九日甲子"，余以開禧術推之，是年十一月壬辰朔，二十四日乙卯冬至，與秦書不合。再推淳祐丁巳天正冬至，置歲積七百八十四萬八千二百三十三，滿氣蔀率一千六百二十五，去之，餘一千一百零八，爲入蔀歲。以歲餘八萬八千六百八乘之，得凡千八百一十七萬七千二百六十四。滿紀率一百一萬四千，去之。不滿八十三萬三千六

百六十四，爲氣骨。如日法一萬六千九百而一，得四十九，爲大餘。不盡五千五百六十四，爲小餘。其大餘數起甲子算外，癸丑即冬至日辰，與《會天書》合。又推于本天正經朔，置前歲積，以歲率六百一十七萬二千六百八乘之，得四十八萬四千四百四十億六千五百八十萬一千六百六十四，爲氣積。滿朔率四十九萬九千六十七，去之。不滿四十二萬三千一百一十，爲閏骨。以閏骨減氣積，餘四十八萬四千四百四十億六千五百三十七萬八千五百五十四，爲朔積。滿紀法一百一萬四千，去之。不滿四十一萬五百五十四。如日法一萬六千九百而一，得二十四，爲大餘。不盡四千九百五十四，爲小餘。其大餘數起甲子算外，戊子即天正經朔日辰，亦與《會天書》合。則知會天術者，迺本開禧術而稍增損者也。并愈知秦書設問之任意，而余校正之不謬也。則此書洵可寶矣，因錄一副本，而以原本歸於雨樓。嘉慶二十年歲在乙亥六月廿三日，沈欽裴書於松風閣。清光緒萬卷樓藏本

《儀顧堂題跋》卷七《原本數書九章跋》：《數書九章》十八卷，題曰魯郡秦九韶。舊抄本。《宋史・藝文志》不列其名，明《文淵閣書目》始著于錄。以《永樂大典》本參校，分卷不同，編次亦異，皆館臣所更定。提要所謂"疏者辨之，誤者正之，顛倒者次第之"是也。此則猶原本耳，題曰"魯郡"，著舊望也。案：韶字道古，秦鳳間人。年十八，爲義兵首。後寓湖州，累官知瓊州。與吳履齋契合，爲賈似道所陷，謫梅州而卒。周密《癸辛雜識》敘其事甚詳，毀之者亦甚至。焦里堂力辨其誣。愚謂九韶既爲履齋所重，爲似道所惡，必非無恥之徒。能于舉世不談算法之時，講求絕學，不可謂非豪傑之士。父季槱，寶慶中官潼川守，九韶隨侍，見四川石魚題字。其人乃貴公子，非土豪武夫。其爲義兵首也，當以故家世族爲衆所推。自序所云"際時狄患，歷歲遙塞，不自意全于矢石間"者，當在紹興十二年蒙古破興元府時，至淳祐七年卻近十年，故曰"菁茬十襈"也。焦里堂謂爲義兵首，不知何年，殆未細考耳。密以詞曲

賞鑒遊賈似道之門，乃姜特立、廖瑩中、史達祖一流人物。其所著書謗正人，而于侂胄、似道多恕詞，是非顛倒可知。觀九韶所作十系，洞達事機，言之成理，其于經世之學，實有所得。惜宋季競尚空談，不能用其長耳。《大典》本題作《數學九章》，明《文淵閣目》同。此本作《數書九章》，豈明以後人所改歟？清刻《潛園總集》本

郁松年《數書九章札記序》：余既刻《清容》《剡源》二集，益思得宋元人秘笈。毛君生甫爲予言，秦道古《數書九章》思精學博，其中若大衍求一、正負開方兩術，尤爲闡自古不傳之秘。第其書轉相鈔録，譌脱滋多。元和沈廣文曾得明人趙琦美鈔本於陽城張太守家，訂譌補脱，歷有年所，以老病未卒業。其弟子江陰宋君景昌，能傳其學。余因屬毛君索其原本，會廣文病甚，不可得，得其副於武進李太史家。毛君又出其家藏元和李茂才所校四庫館本，并屬宋君爲之讎校。嗣廣文没，宋君又於其家搜得《秦書刊誤》殘稿數卷。於是以趙本爲主，參以各本。其文字互異，義得兩通者，存其舊；其傳寫錯落，無乖算術者，隨條改正；其術草紕繆，或誤後學者，採衆説而折衷之，別爲《札記》，以資考證。書成，將署余名，余以未經究心，仍歸之宋君，而爲之敘其原起，以付諸梓。太守名敦仁，茂才名鋭，太史名兆洛，廣文名欽裴，皆當世有道之士也。秦道古《宋史》無傳，其出處始末，僅載於《癸辛雜志》，而詞多詆毁，或失其平。近者江都焦孝廉循力辨其誣，洵足爲覆盆之照。故兼録於卷末，以俟知人論世之君子。道光二十有二年壬寅二月既望，上海郁松年泰峰氏撰。《宜稼堂叢書》本

《時務通考》卷二三《算學四》：正負開方法，始於秦道古。開方之用進退步法，始於《九章》之少廣及《孫子算經》。然古人祇以馭平方立方之帶縱者，未嘗有正負相間之諸乘方也。自天元術出，而始有正負開方，其法始見於宋秦道古九韶《數書九章》。蓋其時天元始出，因其以天元相乘而有正負，又因其以乘代除而層累益增，開方之有翻法益積，由此

起矣。

正負開方，以投胎換骨二法爲最古。天元一及二三四元所求得開方式，其法多少廣章所未備。而顧氏《海鏡釋術》所演諸法，又大與古異。元和李氏所校《海鏡》，亦附有開方術一條，其法已至簡矣，然尚非古法。惟江都焦氏所引秦道古《數學九章》中投胎換骨二法，謂一本於古《九章》，斯爲得之。其法極精簡詳明，定與天元四元相輔而行，迥非後來諸家所及。

正負開方法，多宗開方説。正負開方之法，始見于秦氏《數書九章》。惟其言不詳，讀之者不能盡通其義。元和李氏著《開方説》三卷，發明《海鏡》中開方之例，條理井然。世之言開方者，咸宗。惟《李氏遺書》中所刊之本，勘校未精，訛譌不能卒讀。近有長沙丁氏校刊于《白芙堂叢書》中，可稱善本。學者取其書閲之，自能明正負開方之法。<small>清光緒二十三年點石齋石印本</small>

《甘泉鄉人稿》卷九：宋秦氏九韶《數書九章》十八卷，亦二十二年刻成。宋氏景昌《札記》，泰峰序云：“秦道古《數書》，元和沈廣文欽裴曾得明人趙琦美鈔本於陽城張太守敦仁家，訂譌補脱有年。其弟子江陰宋君景昌傳其學，余屬毛君生甫索得其副於武進李太史兆洛家。毛君又出元和李茂才鋭所校四庫館本，並屬宋君爲之讐校。廣文没後，宋君又於其家得《秦書刊誤》殘稿。於是以趙本爲主，參以各本，別爲《札記》。”<small>清同治十一年刻光緒十一年增修本</small>

《讀書敏求記》卷一：《數書九章》十八卷。《數書九章》，淳祐七年魯郡秦九韶撰，清常道人從會稽王應遴借閣鈔本校録。<small>清雍正四年松雪齋刻本</small>

《鐵琴銅劍樓藏書目録》卷一五：《數書九章》十八卷，舊鈔本。宋秦九韶撰并序。其書分九類，以明實用，故曰九章，非舊所謂九章也。第一大衍術中，詳言立天元一法，推明數術之原，所謂“即形上之義以通形下之數”。李氏《測圓海鏡》所言，即本之，其實西法亦出於此。至國朝梅氏而始宣其蘊，則是書爲算家最精微之作。四庫著録本從《永樂大典》録出。此本卷末有趙清常跋云："《數書九章》十八卷，宋淳祐間魯郡秦九韶撰，會稽王應遴堇父借閲鈔本而録也。予轉假録之，原無目，予爲增入之。時萬曆十五年新正五日，清常道人趙琦美記。"清光緒常熟瞿氏家塾刻本

《愛日精廬藏書志》卷二三：《數書九章》十八卷，舊抄本，脈望館藏書。（宋）魯郡秦九韶撰。《四庫全書》著録本係從《永樂大典》録出者，此則原本也。（秦氏原序及趙畸美跋【略】）清光緒十三年吳縣靈芬閣集字版校印本

《書目答問》卷三：《數書九章》十八卷，宋秦九韶。附《札記》，宋景昌。《宜稼堂叢書》本。清光緒刻本

《疇人傳三編》卷三：宋景昌字冕之，亦字勉之，江陰人。諸生。又爲武進李鳳臺兆洛講學弟子，曾助輯《地理韻編》。好學明算，有聲於時，著《數書九章札記》四卷，上海郁泰峰氏松年爲之序曰【略】。又譔《詳解九章算法札記》一卷、《楊輝算法札記》一卷。其友人毛嶽生字生甫，寶山人。生及晬而孤，用祖蔭襲雲騎尉，後改補文學弟子員，與李鳳臺、俞孝廉正燮皆友善。績學，能爲韓、柳文章。治古曆，亦致力於秦書者，校算攷覈，多相發明，《札記》頗采其説。道光二十二年，郁氏取秦書十八卷、楊書六種並刻入《宜稼堂叢書》中以傳。清皇清經解續編本